INDÚSTRIA DO PETRÓLEO NO BRASIL E NO MUNDO

Blucher

BR PETROBRAS

Albino Lopes d'Almeida

INDÚSTRIA DO PETRÓLEO NO BRASIL E NO MUNDO

FORMAÇÃO, DESENVOLVIMENTO E AMBIÊNCIA ATUAL

Créditos das imagens da capa

Acima:

Plataforma semissubmersível P-52 operando no campo de Roncador na Bacia de Campos
Autor: Steferson Faria / Banco de Imagens Petrobras

Navio-plataforma FPSO Cidade de São Paulo no campo de Sapinhoá na Bacia de Santos
Autor: André Motta de Souza / Banco de Imagens Petrobras

Construção do Gasoduto Atalaia-Itaporanga
Autor: Acervo NEDL / Banco de Imagens Petrobras

Abaixo:

Cavalo de pau produzindo na região de produção de Carmópolis
Autor: André Motta de Souza / Banco de Imagens Petrobras

Mulher trabalhando na área de dutos do Hub de Duque de Caxias no Terminal de Campos Elísios - TECAM
Autor: André Motta de Souza / Banco de Imagens Petrobras

Plataforma fixa de Mexilhão operando na Bacia de Santos
Autor: André Motta de Souza / Banco de Imagens Petrobras

Blucher

Rua Pedroso Alvarenga, 1245, 4° andar
04531-934 – São Paulo – SP – Brasil
Tel 55 11 3078-5366
contato@blucher.com.br
www.blucher.com.br

Segundo Novo Acordo Ortográfico, conforme 5. ed.
do *Vocabulário Ortográfico da Língua Portuguesa*,
Academia Brasileira de Letras, março de 2009.

Impressão e acabamento: Yangraf Gráfica e Editora

FICHA CATALOGRÁFICA

D'Almeida, Albino Lopes
    Indústria do petróleo no Brasil e no mundo:
formação, desenvolvimento e ambiência atual /
Albino Lopes d'Almeida – São Paulo: Blucher, 2015.

    Bibliografia
    ISBN 978-85-212-0887-7

1. Indústria petrolífera - Brasil   2. Petróleo –
Brasil   I. Título

14-0822   CDD 338.272820981

Índice para catálogo sistemático:
1.   Indústria petrolífera - Brasil

Apresentação

É com grande prazer que a Escola de Gestão e Negócios da Universidade Petrobras apresenta o livro A indústria do Petróleo no Brasil e no mundo, do professor Albino Lopes D'Almeida, que por muitos anos colaborou como instrutor dos cursos da Petrobras de educação continuada, de formação e de desenvolvimento gerencial.

Após mais de 30 anos como consultor sênior na Petrobras, o professor deixa a empresa, e para que retenhamos parte do conhecimento transmitido em suas aulas, não existe oportunidade melhor do que a publicação deste livro.

Leitura obrigatória para aqueles que estão começando a trabalhar no setor ou que se interessam pelo desenvolvimento da indústria petrolífera no mundo, o livro começa abordando os fundamentos do mercado internacional de energia em geral, do petróleo de forma mais detalhada, e permite ao leitor ter contato com temas extremamente relevantes para a sociedade atual. Além do panorama energético mundial e de uma visão histórica sobre a indústria petrolífera no Brasil e no mundo, o livro termina apresentando um resumo de anos de experiência do autor com o financiamento de grandes projetos na área financeira da Petrobras.

Assim, o autor revela sua busca por unir conhecimentos teóricos a problemas práticos, isto é exatamente o tipo de solução que a Universidade Petrobras espera estimular em seus cursos, e que este livro certamente contribuirá para continuar a promover.

Izabel Cristina Vieira Santana
Gerente da Escola de Gestão e Negócios
Recursos Humanos/Universidade Petrobras

Recursos Humanos
Universidade Petrobras
Escola de Gestão e Negócios

Agradecimentos

Este livro é a conclusão de um trabalho de uma década e envolve minha vida profissional e acadêmica. Para que o objetivo fosse alcançado, tive a colaboração indispensável de diversas pessoas e instituições ao longo de vários anos.

Minha gratidão eterna a meus pais, Horácio e Elvira, que me deram as condições fundamentais para essa trajetória e tiveram o discernimento de perceber que a educação é o meio mais correto e digno para se obter mobilidade social.

Agradeço à minha esposa Gabriela e às minhas filhas Paula e Bruna pela atenção e carinho permanentes que fazem com que a vida seja mais agradável e valiosa. E que, além disso, resolveram vários problemas cotidianos, o que me permitiu maior foco no trabalho de pesquisa.

Meu reconhecimento ao Colégio Almeida Mello, ao Colégio Pedro II (CPII), à Escola de Engenharia da Universidade Federal do Rio de Janeiro e à COPPE/UFRJ, onde passei quase metade da minha vida, os quais me deram uma ampla base de conhecimentos, além de contribuírem para a minha formação como cidadão.

Na Petrobras, a maior empresa brasileira, tive o orgulho e a honra de trabalhar por mais de 33 anos em atividades tão diferentes como perfuração e finanças; em locais como Salvador, Linhares, Aracaju, Macaé e Rio de Janeiro; e em inúmeras viagens no país e no exterior. Ela formou o profissional que eu sou, ampliou minha visão de mundo e me fortaleceu com valores de comprometimento, perseverança, amizade, esforço, objetividade e nacionalismo.

Na Universidade Petrobras ministrei cursos durante vários anos, uma atividade prazerosa que me deu valioso retorno intelectual e emocional. Agradeço à instituição por viabilizar a edição deste livro, no qual ela dá continuidade à sua longa e bem-sucedida tradição de gerar e disseminar conhecimento.

E minha profunda gratidão ao geofísico Adauto Carneiro Pereira e aos economistas Roberto Wagner Mendonça e Thiago Periard do Amaral que, além da incontestável capacidade profissional, foram extremamente generosos no trabalho de revisão do texto e nas sugestões apresentadas.

Albino Lopes d'Almeida

Conteúdo

Lista de Figuras

Lista de Tabelas

Introdução

O objetivo deste livro é apresentar a indústria do petróleo, mostrando sua formação, estruturação e características desde seu início, há pouco mais de 150 anos, até os dias de hoje; acompanhar os fatos determinantes das suas transformações mais importantes e o relacionamento entre os Estados nacionais e as grandes companhias petrolíferas; avaliar as condições desse mercado nos dias atuais e possíveis tendências para as próximas décadas; e disponibilizar valores quantitativos, atualizados, que permitam um dimensionamento das grandezas das variáveis envolvidas.

O público-alvo deste livro é amplo, desde profissionais que já atuam no setor e desejam ter uma visão mais estruturada da atividade, até um grupo externo à indústria e que pretende nela entrar ou, ao menos, com ela se relacionar, em razão do seu peso e importância no cenário econômico nacional e mundial. O enfoque proposto é informativo, com eventuais descrições técnicas sendo adequadas e compreensíveis a um público variado.

O livro pode ser dividido, *grosso modo*, em duas partes. A primeira, do capítulo 1 ao 7, enfoca o cerne da atividade do petróleo; já a segunda parte, do capítulo 8 ao 11, enfoca assuntos que podem não ser nucleares da indústria do petróleo mas têm um forte relacionamento com ela.

O capítulo 1 apresenta a área de energia, mostrando os principais elementos da matriz energética mundial, desde as fontes mais tradicionais – como carvão, gás natural, energia hidráulica e nuclear – até as ditas alternativas, como energia eólica, solar e biocombustíveis. É feita uma análise qualitativa e quantitativa desses vários elementos, ao longo do tempo e entre as diversas regiões do mundo. São abordadas, ainda, fontes não convencionais de hidrocarbonetos, como o *shale gas*, que está mudando a realidade energética nos Estados Unidos.

O capítulo 2 cobre a fase inicial da moderna indústria do petróleo, com o seu desenvolvimento a partir do poço do coronel Drake (1859), as características dos segmentos que compõem essa indústria e seus inter-relacionamentos. São destacadas as razões do rápido e intenso sucesso do petróleo, sua importância estratégica, as variações do preço do barril e o relacionamento entre países e empresas de petróleo. São apresentadas as características das companhias estatais e privadas, nesse caso com destaque para as "Sete Irmãs", grupo de empresas que dominaram a atividade petrolífera até meados do século XX.

No capítulo 3 é enfocada a expansão da indústria do petróleo no século XX, com o crescimento acelerado do seu *market share* e a tomada da liderança energética, ultrapassando o carvão e sua marcante importância econômica e estratégica, particularmente nos conflitos bélicos. São avaliadas as várias mudanças ocorridas a partir do final da Segunda Guerra Mundial, como o processo de nacionalização/estatização das companhias de petróleo, a concentração de reservas no Oriente Médio, a criação da Organização dos Países Produtores de Petróleo (OPEP) e o aumento do preço do barril, como consequência das "crises do petróleo". O final do século XX também é coberto com as decorrências do "contrachoque do petróleo" e do então predominante modelo econômico-ideológico neoliberal: financeirização do mercado petrolífero, comercialização do petróleo como *commodity*, fusões, aquisições e privatização de empresas, crescimento das parapetroleiras (empresas fornecedoras de serviços para as companhias de petróleo) e mudanças nos contratos entre empresas e Estados nacionais.

O capítulo 4 mostra a ambiência atual, com as características do início do século XXI, como o aumento expressivo e elevada volatilidade nos preços do barril de petróleo, fortalecimento das empresas estatais, regras ambientais mais rígidas, consumo adicional de petróleo concentrado na Ásia e em países emergentes e desvalorização do dólar norte-americano. Nesse capítulo também são avaliadas as perspectivas e tendências para as próximas décadas.

A partir do capítulo 5 é enfatizada a atividade petrolífera no Brasil, mostrando a etapa inicial, com características quase artesanais, que se estendeu do século XIX até 1953; a fase de crescimento, com a criação da Petrobras e o período do monopólio estatal; e, a partir de 1995, a abertura do mercado a empresas privadas e internacionais, com a instituição do regime de concessão de blocos. Tal modelo é detalhado com suas características, resultados das várias licitações, conceitos e valores referentes às participações governamentais e o regime aduaneiro Repetro.

O capítulo 6 aborda a fase do pré-sal, com as descobertas e desenvolvimento ocorridos na época, com destaque maior para a Bacia de Santos. E também a institucionalização do novo marco regulatório, que envolveu a introdução do modelo de partilha para blocos do pré-sal e especiais; a capitalização da Petrobras e cessão onerosa de alguns blocos; a criação de nova empresa estatal para representar a União na gestão dos blocos e consórcios; e a criação de um fundo soberano para a aplicação dos recursos gerados com o pré-sal, com objetivos de longo prazo.

O capítulo 7 é focado na história, situação atual e perspectivas da Petrobras, a empresa que se tornou quase sinônimo da indústria do petróleo brasileira, a grande referência do setor e que permanece com notável liderança em reservas e produção de petróleo e gás natural, capacidade de refino e investimentos no país.

Nesse ponto inicia-se a segunda parte do livro, com a apresentação de temas complementares que se relacionam com a indústria de petróleo e gás natural.

No capítulo 8 a ênfase é na crise de energia ocorrida no Brasil no início do século XXI, que conduziu à criação do Programa Prioritário de Termeletricidade (PPT), que trouxe consequências importantes para a área energética nacional, em especial quanto ao segmento de gás natural.

O capítulo 9 trata da captação de recursos por meio de projetos estruturados (*project finance*) para o desenvolvimento da indústria de petróleo e gás natural no país. São apresentados os conceitos básicos desse tipo de atividade e contextualizado o momento de necessidade então enfrentado. E tais estruturações são exemplificadas por vários projetos implementados, com destaque para Marlim (recursos para o campo que foi o maior produtor de petróleo do país durante muitos anos) e Gasene (financiamento para o maior gasoduto exclusivamente no território nacional), movimentando valores da ordem de bilhões de dólares.

O capítulo 10 discorre sobre impactos no meio ambiente e acidentes relacionados à indústria do petróleo. São destacadas as preocupações ambientais, como as decorrentes do Protocolo de Kyoto, e apresentados vários acidentes ocorridos, como o de Macondo, no Golfo do México, em 2010.

O capítulo 11 insere vários assuntos relacionados à ambiência atual da indústria do petróleo nacional e suas perspectivas: a prevista expansão do parque de refino, a implementação e controle do conteúdo local (estímulo aos fornecedores nacionais de bens e serviços), os casos de unitização (quando um reservatório se estende por dois ou mais blocos) e as áreas relacionadas de petroquímica e fertilizantes. É abordada, ainda, a construção de um poço, mostrando suas possíveis classificações e a nomenclatura empregada no Brasil para referenciá-lo.

Ao final do livro estão as fontes de consulta e bibliografia utilizadas neste livro.

1

Energia

As fontes de energia primária podem ser divididas em dois grandes ramos: as renováveis e as não renováveis.

As primeiras são aquelas que podem ser repostas num curto período de tempo e se relacionam com processos naturais permanentes (Sol, água, ventos, marés...) ou com processos agrícolas (biomassa). Assim os principais exemplos desse tipo de energia são: hidráulica, eólica, solar, geotérmica, derivados de cana-de-açúcar (etanol) e carvão vegetal (lenha).

Já as fontes não renováveis se referem a recursos minerais que levaram milhões de anos para se formar e que não podem ser repostos num tempo adequado ao seu uso. Os principais exemplos são o petróleo, o carvão mineral, o gás natural e a energia nuclear (que demanda urânio).

A unidade de medida habitualmente utilizada para medir a energia primária é a tonelada equivalente de petróleo (TEP), que corresponde ao calor liberado na combustão de 1 tonelada de petróleo bruto. Assim, a TEP funciona como fator de equivalência energética, permitindo somar a contribuição das várias fontes primárias, considerando a capacidade calorífica de cada uma delas.

Quando se fala de petróleo, a unidade mais empregada é o barril (bbl); para o carvão, é usada a tonelada (ton); e, para mensurar o gás natural, usa-se o metro cúbico (m^3) ou o pé cúbico ($pé^3$). Petróleo e gás natural, por terem a mesma origem, podem ser encontrados no mesmo reservatório (gás associado) e, nesse caso, a unidade empregada é o barril de óleo equivalente (boe), que considera o volume de petróleo (em bbl) mais 1/1.000 do volume do gás (em m^3) multiplicado por 159. O fator 1/1.000 considera a eficiência energética média do gás natural em relação ao petróleo, e 159 representa o fator de conversão de m^3 para bbl.

As fontes mais importantes na matriz energética mundial são, atualmente, em ordem decrescente, petróleo, carvão, gás natural, hidráulica e nuclear, que respondem por quase 98% do consumo total. A participação de cada uma delas varia no tempo e no espaço (entre países/regiões). No tempo porque algumas fontes têm tido sua participação reduzida, como é o caso do petróleo, que lidera a matriz energética mundial e deve manter essa posição por mais um bom tempo, mas tem perdido participação: era de 53% nos anos 1970, e de 33% em 2013. Por outro lado o gás natural apresenta um crescimento constante nas últimas quatro décadas e, hoje, já representa quase 24% do consumo energético mundial (BP, 2014).

No espaço porque, embora o petróleo lidere na maior parte dos continentes, há regiões onde isso não ocorre: o gás natural é o mais consumido na Europa, enquanto na Ásia quem ocupa essa posição é o carvão mineral. Na China, a lenha e os biodigestores ainda têm participação significativa; no Brasil, os derivados de cana (etanol, bagaço) têm correspondido a mais de 10% da produção energética desde o início dos anos 1980, e em 2013 alcançavam

16%. Na França, a energia nuclear corresponde a quase 40% do consumo total e, na Noruega, é a energia de origem hidráulica que domina (mais de 64%).

Mas o uso intenso de energia é razoavelmente recente na história da humanidade, já que durante longos períodos o homem utilizou basicamente a sua força física, a dos animais domesticados, o sol, o vento (para navios e moendas de grãos), correntes fluviais (moviam rodas d'água) e madeira de árvores (para cozinhar ou para aquecimento). Originariamente colhedor e caçador, o homem, ao tornar-se sedentário, passou a agricultor e pecuarista, produzindo para consumo próprio. Posteriormente passou a plantar para demanda externa e tornou-se artesão, atendendo a solicitações de sua pequena comunidade. Ao longo dos séculos o homem passou a se movimentar para locais mais distantes e consumir mais energia, porém sem aumentos significativos.

Mas a grande mudança ocorreu a partir da Revolução Industrial, com o advento da máquina-ferramenta e a substituição do trabalho animal pela força das máquinas, quando foram disponibilizados bens de produção e consumo que geraram maior bem-estar para as populações. Os centros de produção se afastaram dos pontos de geração de energia (quedas-d'água, rios, moinhos de vento) e as grandes fábricas substituíram as oficinas de artesãos (mudança na organização do trabalho e nas relações de produção), proporcionando o fortalecimento do capitalismo e lançando as bases para a formação do sindicalismo.

Ocorreu um processo de urbanização devido à liberação da mão de obra no campo (chegada da mecanização), já que era necessária nas fábricas, onde a tecnologia incipiente demandava muitos braços. Como consequência, houve um aumento da demanda de energia tanto para uso na iniciante indústria quanto para atender os núcleos habitacionais que se formavam e cresciam. A atividade agrícola viria a aumentar, posteriormente, com a irrigação e uso de fertilizantes (D'Almeida, 2000).

O consumo energético mostrou crescimento intenso especialmente no decorrer do século XX, devido à expansão industrial, intensificação da urbanização e crescimento econômico e populacional. Considerando apenas as cinco principais fontes, o consumo de energia dobrou entre 1920 e 1950 (de 943 para 1.845 milhões TEP). Depois, em apenas vinte anos, quase triplicou (5.172 milhões TEP). Era a fase da recuperação econômica pós-Segunda Guerra Mundial, com a reconstrução da Europa Ocidental (devido à utilização de recursos do Plano Marshall) e Japão, além da significativa melhora de vida nos países do Primeiro Mundo (época do *welfare state*, o Estado do bem-estar social).

Houve um curto período de estagnação no consumo energético no início da década de 1980, como consequência dos "choques do petróleo" e da crise financeira internacional. Mas, logo depois, o consumo voltou a aumentar, impulsionado pelo crescimento econômico dos Estados Unidos (elevados ganhos de produtividade industrial e uma das menores taxas de desemprego da sua história) e do Sudeste Asiático (cuja economia dobrou no período de 1985-1995). Isso superou por ampla margem o declínio da antiga União Soviética, cujo consumo energético chegou a sofrer redução de mais de 30% na década de 1990, e de outros países do antigo bloco comunista europeu, que fecharam parte de suas fábricas ineficientes. Já no século XXI ocorreu um forte crescimento na Ásia, principalmente na China e Índia, países com crescimento do PIB da ordem de 10% ao ano e consumo de energia ainda mais alto.

Em 2013, o consumo energético mundial situou-se em 12,7 bilhões TEP, o que mostra um aumento em termos absolutos, mas com uma curva de crescimento bem mais suave nos últimos quarenta anos. Isso se justifica pelo aumento do custo da energia a partir da década de 1970 – as "crises do petróleo" –, o que levou ao aumento da eficiência energética, sinalizando o interesse dos governos e empresas em reduzir a participação da energia na composição dos custos dos seus produtos. A globalização, expandindo a competição para nível mundial, também contribuiu para isso.

Outro fator é a preocupação ambiental, característica do último quarto do século XX, uma vez que as principais fontes de energia são potencialmente agressivas ao meio ambiente. A pressão popular, especialmente nos países do Primeiro Mundo, teve um efeito positivo na redução da intensidade energética.

Hoje, China e Estados Unidos são responsáveis, juntos, por mais de 40% do consumo mundial, seguidos, ao longe, por Rússia, Índia e Japão, conforme Figura 1.1, confeccionada a partir de dados da British Petroleum (BP). Enquanto países europeus perderam posições na lista dos maiores consumidores (Alemanha, Reino Unido, Itália), outros – como Canadá, Brasil e Coreia do Sul – conseguiram ascender. No Brasil o consumo total de energia em 2013 situou-se em 296,2 milhões TEP (pouco mais de 2% do total mundial). O setor industrial é o responsável pela maior fatia do consumo energético.

Ainda assim, a distribuição do consumo entre países e regiões é extremamente irregular. Segundo o relatório "Estado da insegurança alimentar no mundo", divulgado pela Organização das Nações Unidas para a Alimentação e a Agricultura (FAO), em outubro de 2012 havia quase 870 milhões de pessoas sofrendo de desnutrição, o que representava 12,5% da população mundial, atingindo 23,2% nos países em desenvolvimento. Bilhões de pessoas vivem em condições de extrema pobreza e almejam um melhor padrão de vida: 20% da população mundial (1,3 bilhão de pessoas), sendo metade na África, encontrava-se em 2013 sem acesso à energia elétrica e serviços dela advindos, como iluminação, refrigeração, locomoção, acesso à água e esgoto; no mesmo período, 30% dos lares urbanos brasileiros não tinham acesso a saneamento básico, segundo o Instituto Brasileiro de Geografia e Estatística (IBGE).

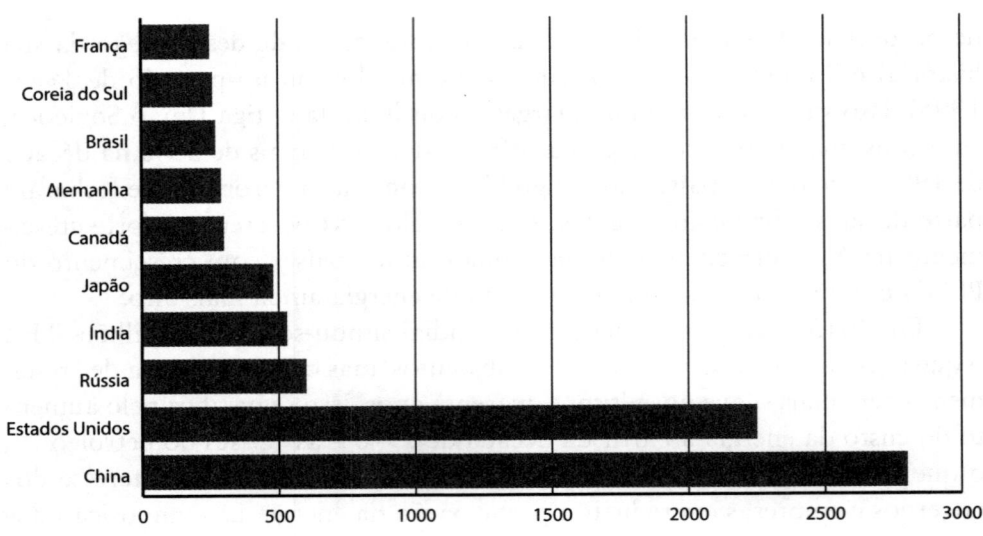

Figura 1.1 – Consumo de energia em 2013 (em milhão TEP)
Fonte: BP

Há, claramente, uma relação entre o consumo de energia e o estágio do desenvolvimento econômico e o padrão de vida da população. Os países desenvolvidos – aqui entendidos como os membros da Organização para a Cooperação e Desenvolvimento Econômico (OCDE) –, com pouco mais de 20% da população mundial, consomem quase 45% do total de energia. Mas há uma tendência de que essa parcela diminua mais, já que as economias do Primeiro Mundo se especializam na geração de serviços ou de bens de alta tecnologia (informática, biotecnologia, microeletrônica), com baixa demanda de energia por unidade, além de apresentarem menor crescimento demográfico. Em 2008, os países em desenvolvimento ultrapassaram os desenvolvidos no consumo energético total e, em 2013, alcançaram 57%, sendo que mais de 90% do incremento entre esses anos teve origem no par China e Índia. São os países em desenvolvimento que puxam o crescimento da população, da atividade econômica e do consumo adicional de energia.

A discrepância no consumo *per capita* de energia entre os países é marcante e mostra a desigualdade no padrão de vida de seus habitantes e no acesso a serviços básicos que a vida moderna pode oferecer. Na virada do milênio, a utilização de energia elétrica apresentava os seguintes valores (em Kwh anual/habitante): Canadá = 15.991, Estados Unidos = 12.456, Austrália = 9.245, Argentina = 2.092, Brasil = 2.078, China = 808, Angola = 147 e Moçambique = 60. São categorias de consumo que mostram claramente a estanqueidade no desenvolvimento econômico de alguns países. Mesmo com o crescimento do século XX, o consumo energético *per capita* da China ainda é baixo, mas a demanda futura é explosiva, como em outros países com desenvolvimento mais tardio e com grandes demandas sociais. No Brasil, em 2013, o consumo anual de eletricidade *per capita* atingiu 2.560 Kwh.

O peso da energia na economia tem caído nas últimas décadas, exceto em indústrias com grande consumo energético, como a química, de alumínio, aço, cimento, papel, vidro e refino de petróleo (IEA, 2013).

O petróleo lidera a matriz energética brasileira com folga (39,3%), seguido dos derivados de cana (16,1%), gás natural (12,8%) e energia hidráulica (12,5%). A lenha (carvão vegetal) liderou a matriz energética brasileira até o início dos anos 1970, com grande utilização nas indústrias siderúrgica e metalúrgica. A partir de então vem perdendo espaço, e hoje se encontra na quinta posição (8,3% do total), ainda assim com participação superior a fontes mais tradicionais, como o carvão mineral e a energia nuclear. A composição da matriz energética nacional em 2013 é apresentada na Figura 1.2, confeccionada a partir de dados do Boletim Energético Nacional (BEN) da Empresa de Pesquisa Energética (EPE).

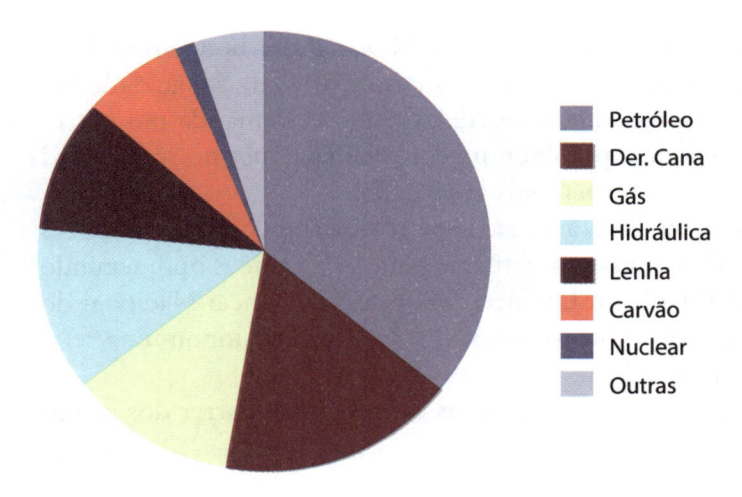

Figura 1.2 – Oferta interna de energia no Brasil em 2013
Fonte: BEN

1.1 Fontes de energia

A seguir temos uma visão geral sobre as principais fontes primárias que compõem a matriz energética mundial.

A razão "reservas/produção" (R/P) é um índice que indica quanto tempo as reservas de um país (ou de uma empresa) levariam para ser exauridas considerando o nível de produção presente. Naturalmente essa relação varia no tempo, com o numerador aumentando pela descoberta de novas reservas ou a melhora do fator de recuperação das já descobertas; ou sendo reduzido pelo consumo acima da reposição. O denominador também é alterado pelo crescimento da produção (expansão econômica, aumento vegetativo da população) ou pela sua redução, em decorrência de melhora na eficiência energética, mudança do perfil de consumo ou decadência econômica.

1.1.1 Petróleo

O petróleo é hoje a principal fonte energética mundial – quase 33% da matriz –, liderança que tomou no fim dos anos 1960 para não mais perder. O consumo em 2013 ficou em torno de 90 milhões de barris por dia (bpd), mas seu comportamento não é uniforme, aumentando na época do outono/inverno no Hemisfério Norte, com o uso para calefação. As reservas mundiais alcançam 1,687 trilhão de barris (bbl), possibilitando uma relação reservas/produção (R/P) de 53,3 anos.

A capacidade de refino mundial alcançou 94,9 milhões bpd, em mais de seiscentas refinarias, com utilização de pouco mais de 80% da capacidade nominal. No final do século XX as taxas de crescimento da demanda por petróleo e crescimento populacional apresentaram equivalência, mas no século XXI a primeira tem aumentado de forma mais acentuada.

Em 2013 a produção média brasileira de petróleo alcançou 2,023 milhões bpd e, ao final desse ano, as reservas se situavam em 14,7 bilhões bpd, segundo o critério da Society of Petroleum Engineers (SPE) e da Agência Nacional do Petróleo, Gás Natural e Biocombustíveis (ANP). Isso proporcionou uma relação R/P de quase vinte anos.

A fonte petróleo será analisada com mais detalhe no decorrer dos próximos capítulos.

1.1.2 Carvão

Diretamente ligado à Primeira Revolução Industrial, o carvão contribuiu bastante para a então hegemonia econômica britânica e representou 97% da matriz mundial por volta de 1880. Era muito empregado na geração de energia para as bombas que retiravam água das minas de carvão, aumentando a sua produtividade.

Foi a fonte de energia mais consumida até o fim dos anos 1960, quando foi ultrapassado pelo petróleo. Seu consumo total permaneceu estável nos últimos quinze anos do século XX, quando sofreu forte campanha dos ambientalistas (devido às emissões de enxofre e nitratos), o que fez com que seu consumo na

Europa Ocidental caísse em 30% nos anos 1990, substituído principalmente pelo gás natural; e na França, em particular, substituído pela energia nuclear. Essa queda foi compensada (e, no século XXI, revertida) pelo crescimento da Ásia, onde mantém altíssima participação na matriz energética de países como China e Índia, nos quais o consumo cresceu mais de 170% no século XXI, principalmente para geração elétrica.

Os preços também subiram bastante no século XXI (mais que triplicaram) e o mercado não é globalizado, com os preços na Ásia sendo mais altos que na Europa, por sua vez superiores aos dos Estados Unidos. O volume comercializado internacionalmente também aumentou, mas não é tão relevante como no caso do petróleo.

As reservas mundiais de carvão, próximas a 890 bilhões de toneladas, são suficientes para 113 anos no nível de produção atual. Nos últimos vinte anos essa relação caiu quase para a metade, pois o consumo disparou e as reservas caíram mais de 10%. Estados Unidos e Rússia possuem as maiores reservas (juntos têm mais de 44% do total mundial), e a China é a maior produtora (47,4%) e consumidora (mais da metade do mundo); o Japão é o principal importador, enquanto Austrália e Indonésia são os principais exportadores.

Embora utilizado nos vários continentes, o carvão é hoje uma fonte energética predominantemente asiática, continente cujo consumo cresceu 145% século XXI e representa mais de 70% da demanda mundial, que atingiu 3,82 bilhões TEP em 2013. No Brasil as reservas situam-se em torno de 6,6 bilhões de toneladas e concentram-se na região Sul do país, com destaque para a jazida de Candiota (RS), que responde por mais de 20% do total. Mas as reservas têm baixa qualidade, e o consumo de carvão mineral representa 13,7 milhões TEP (0,4% do total mundial).

Estão em desenvolvimento tecnologias *clean coal* para captura e estocagem de CO_2. A qualidade do carvão é função da quantidade de carbono em sua estrutura, variando desde a turfa (em torno de 50% de carbono), passando pelo linhito e pela hulha, até o antracito (mais de 90%). Reservas superficiais apresentam, naturalmente, menor custo de extração.

1.1.3 Gás natural

O gás natural apresenta uma melhor distribuição geográfica no planeta, é uma energia mais limpa (combustão uniforme, sem fuligem) e tem baixo risco de contaminação, já que se dispersa rapidamente na atmosfera por ser mais leve que o ar. É operacionalmente barato (não precisa ser refinado), além de as usinas termelétricas poderem ser instaladas mais perto dos mercados de consumo. No entanto, o gás ocupa grandes volumes (baixa densidade calórica) e demanda infraestrutura de transporte mais cara e complexa. Por isso, antes das "crises do petróleo" o gás era pouco competitivo, uma espécie de "patinho feio" em relação ao petróleo.

Porém, com o aumento do preço do petróleo e o desenvolvimento tecnológico (principalmente na capacidade de compressão), o gás passou a ter importância crescente, e sua produção dobrou nas últimas décadas, principalmente em função do seu uso no transporte e na produção de eletricidade, com o emprego de turbinas a gás em ciclo combinado (TGCC), em que se utiliza vapor, além do gás natural, para acionar as turbinas da usina termelétrica. Mas ainda é uma atividade subordinada à lógica de exploração da indústria petrolífera, já que muitos campos são de gás associado e o petróleo é mais rentável. Frequentemente ocorre queima de gás para possibilitar a produção de maiores volumes de petróleo.

É fundamental a qualidade do gás tanto na entrada do gasoduto quanto ao longo do transporte: ele deve ser limpo (sem material particulado), doce (sem compostos de enxofre) e seco (sem água e outras frações pesadas). Deve ser medido o seu poder calorífico na entrada e na entrega e reduzidas as perdas, que ocorrem nas válvulas e compressores.

O gás natural é a principal fonte energética na Argélia, Argentina, Irã, Rússia e outros países da ex-União Soviética, além de possuir elevada participação no Canadá e Venezuela. As reservas provadas mundiais somam 185,7 trilhões de m³ (dobraram nos últimos 26 anos) e se concentram no Irã, Rússia e Catar, que juntos detêm 48,3% do volume total – conforme Figura 1.3, confeccionada a partir de dados da BP (2013). A Organização dos Países Exportadores de Petróleo (OPEP) responde por 51% do total de reservas. Por empresas, lideram a iraniana NIOC, a Turkmengas, a russa Gazprom e a Qatar Petroleum.

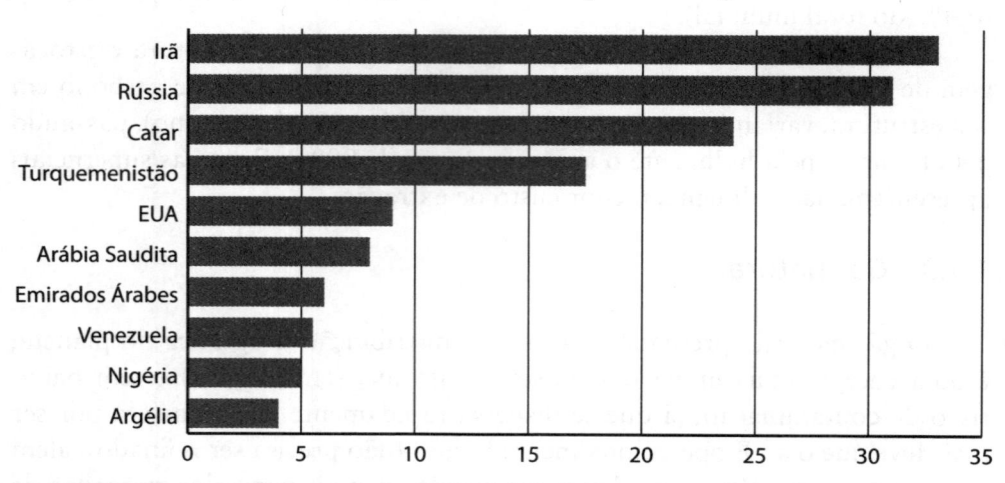

Figura 1.3 – Reservas de gás natural em 2013 (em trilhão m³)
Fonte: BP

Os maiores produtores são Estados Unidos e Rússia (juntos representam mais de 38% do total). O Turquemenistão aumentará sua participação a partir da entrada em produção do campo gigante Galkynysh, o maior do mundo em terra. O maior campo de gás não associado é o North Field/South Pars, em águas rasas junto à fronteira entre Irã e Catar. Promissoras descobertas têm ocorrido em Moçambique e no Mediterrâneo Oriental, em águas territoriais de Chipre e Israel. A relação R/P (reservas por produção) para o gás natural no mundo situa-se em 54,8 anos. Esse valor tem sido reduzido porque o consumo tem aumentado em taxas mais elevadas que as de reposição de reservas. A Gazprom é a maior empresa produtora de gás natural no mundo; seu volume é o triplo da segunda colocada, a iraniana NIOC. Outras produtoras russas significativas são a estatal Rosneft e a privada Novatek.

A Europa Ocidental permanece muito dependente do fornecimento russo e – em menor escala – argelino, embora tenha reduzido seu consumo nos últimos anos devido à crise econômica e maior utilização de fontes alternativas. Com a crise entre a Rússia e a Ucrânia pelo controle da Crimeia e outras regiões fronteiriças, em 2014, cresceu a preocupação em relação ao fornecimento do gás russo, já que vários gasodutos atravessam solo ucraniano para chegar ao oeste da Europa. Tradicionalmente, a Rússia fornece gás para a Europa por meio de acordos bilaterais, com preço variável; mas a Comunidade Europeia deseja negociar um acordo global com preços uniformes.

Um grande projeto – desenvolvido pela Rosneft e parceiras ocidentais, com orçamento de US$ 45 bilhões – é o gasoduto South Stream, que trará o gás russo até a Itália, evitando o território da Ucrânia e passando pelo mar Negro (trecho marítimo de 931 km e profundidade de até 2,2 mil metros), Bulgária, Sérvia, Hungria e Eslovênia, além de um ramal para atender Croácia e Bósnia.

Outra consequência do atrito russo-ucraniano foi o acordo de fornecimento de 38 bilhões de m³/ano de gás natural pela Gazprom para a chinesa CNPC por um período de trinta anos, envolvendo valores de US$ 400 bilhões. Tal acordo reduz as alternativas do Turquemenistão de monetizar suas crescentes reservas.

O consumo tem aumentado no Oriente Médio devido à crescente demanda industrial e à substituição de óleo combustível por gás natural na geração energética. O gás ocupa parcela crescente no portfólio das empresas de petróleo e gás no século atual.

Ainda não há um mercado globalizado de gás natural, e os preços variam bastante entre os continentes – conforme a Figura 1.4, que apresenta os valores médios a partir de 1995. Os preços sofrem também com a sazonalidade em razão das estações climáticas.

Na América do Norte os preços são bem mais baixos (caíram muito com o *shale gas*), tendo como principal referência o Henry Hub, entroncamento de gasodutos na Louisiana, em operação desde meados da década de 1980. Os preços na Ásia são ainda superiores aos da Europa, e ambos aumentaram ao longo deste século, apesar dos problemas econômicos que assolaram o continente europeu nos últimos anos. Na Ásia, as importações japonesas cresceram devido ao fechamento de usinas nucleares, e os invernos rigorosos de 2012 e 2013 fizeram com que os preços alcançassem até US$ 19,40/milhão BTU (British Thermal Unit). A discrepância do preço do gás entre continentes tenderá a ser reduzida com o tempo. Essas diferenças de preços ocorrem também com a eletricidade, embora com disparidades menores: o valor na Ásia é aproximadamente o dobro do praticado nos Estados Unidos.

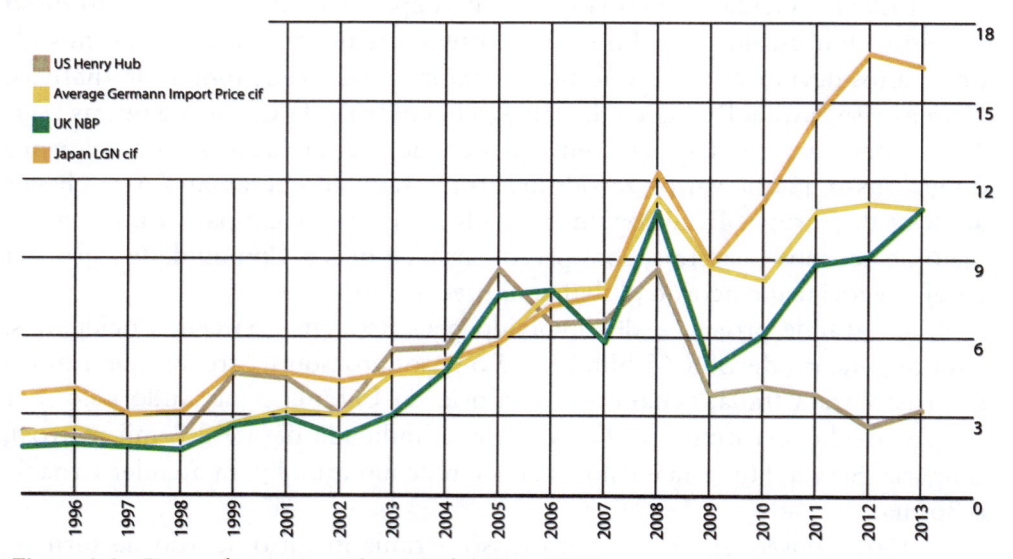

Figura 1.4 – Preços do gás natural (em US$/milhão BTU)
Fonte: BP

A dificuldade do transporte é reduzida com a tecnologia de liquefação (GNL), que resfria o gás a –162 °C e reduz o volume para aproximadamente 1/600 do valor inicial, possibilitando assim o comércio intercontinental. Mas este ainda é um processo trabalhoso e dispendioso. Antes da liquefação, é necessário um tratamento para a remoção de água, óleo e contaminantes (como gás carbônico e mercúrio) que danifiquem equipamentos ou interfiram no processo. A construção da planta de liquefação na fonte é o item mais caro do processo, dependendo da sua capacidade, tecnologia empregada e condições operacionais. São empregados navios especiais (metaneiros) com tanques de parede dupla para garantir isolamento térmico e evitar vazamentos ou rupturas. Há evaporação no transporte, cujo custo depende da distância, e há necessidade de plantas regaseificadoras no destino.

O primeiro país a ter uma unidade GNL foi a Argélia, em 1964, visando ao mercado francês. Em 1969, o Japão já tinha plantas de regaseificação e, atualmente, é o maior consumidor mundial, recebendo 36% do GNL comercializado, seguido pela Coreia do Sul, com cerca de 15%; os maiores importadores são as companhias de energia elétrica japonesas. Com o acidente na usina nuclear japonesa de Fukushima, em 2011, a demanda asiática por gás cresceu, levando ao aumento dos preços na região: a Ásia tornou-se o grande mercado para o GNL por ter demanda elevada e ser atendida por regiões geograficamente distantes.

O Catar é o maior fornecedor mundial, tendo exportado 105,6 bilhões m³/dia em 2013, seguido pela Malásia e pela Austrália. Alguns especialistas acreditam que a Austrália poderá se tornar o maior exportador mundial de GNL ao longo da década de 2010, mas há dificuldades pelos custos altos e pela demora na obtenção de licenças ambientais. Cingapura, que já é o maior *hub* de petróleo na Ásia, pretende ocupar o mesmo papel em relação ao GNL. A maior parte do gás natural do mundo é comercializada por meio de dutos, mas 31,4% já eram movimentados na forma liquefeita em 2013. Esse mercado deverá ganhar mais liquidez nos próximos anos com a conclusão de novas unidades de liquefação e um maior número de participantes na atividade.

No Brasil, o uso de gás em volumes significativos ocorreu a partir de 1999, com a importação do gás boliviano através do gasoduto Brasil-Bolívia (Gasbol). A construção do duto foi iniciada em 1996, e ele vai de Santa Cruz de La Sierra até Puerto Suarez, em território boliviano. Entra no Brasil por Corumbá (MS) e segue até Campinas (SP), onde se divide em dois ramais: um vai até Guararema (SP), onde se interliga com o sistema de dutos da Petrobras que atende a região Sudeste, e o outro segue para o Sul, até Canoas (RS). Sua extensão total é de 3.150 km, sendo 2.593 km em território nacional, atravessando 135 municípios (Figura 1.5).

O Gasbol permite o transporte de até 30 milhões de m³/dia, volume inicialmente não aproveitado em sua totalidade. Atualmente há a obrigação de pagar por um volume médio de no mínimo 19,25 milhões de m³/dia em cada mês (*take or pay* mensal) e por um volume médio de no mínimo 24,06 milhões de m³/dia ao final do ano (*take or pay* anual). Pelo contrato de importação – válido até 2019, quando deverá ser renegociado –, o preço do gás é reajustado trimestralmente, a partir das variações de uma cesta de óleos do mercado internacional. O gás representa quase metade das exportações bolivianas, e o Brasil é o principal cliente desse produto, com aproximadamente 75% do volume total.

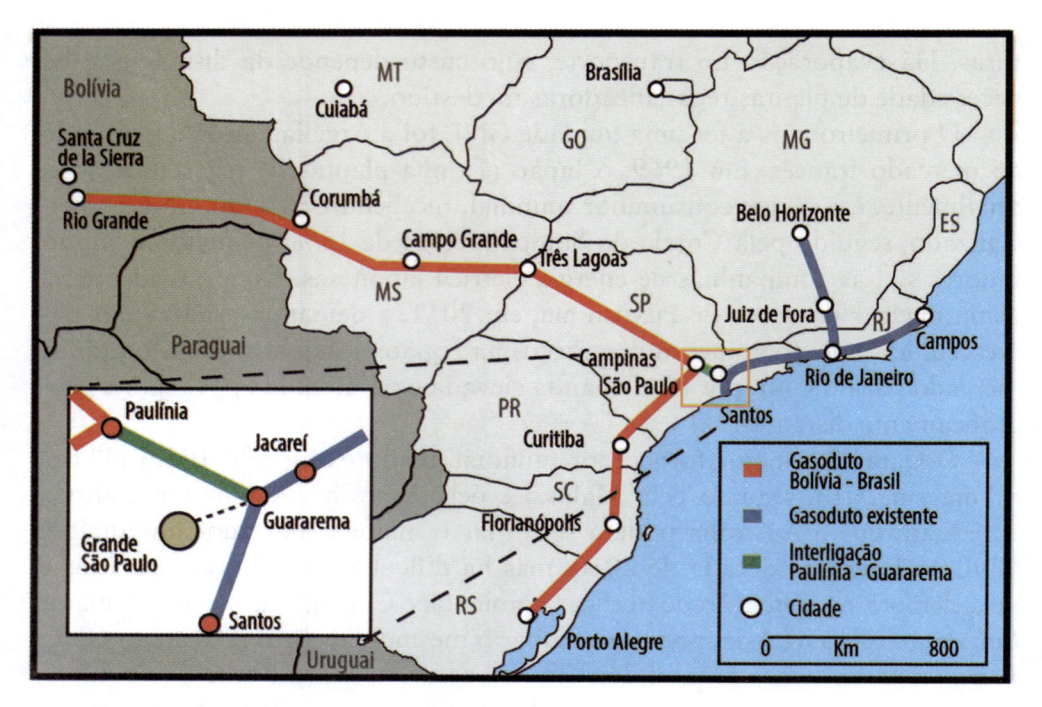

Figura 1.5 – Trajeto do gasoduto Brasil-Bolívia (Gasbol)
Fonte: Gaspetro

Em 2013 as reservas brasileiras somavam 434,028 bilhões de m^3 e a produção total foi de 77,189 milhões de m^3/dia, sendo que quase 60% chegaram ao mercado, já que o restante foi consumido na própria produção, queima (5,6%) e reinjeção. Com isso, a importação média ultrapassou 36 milhões de m^3/dia (Empresa de Pesquisa Energética, 2013). Os principais polos nacionais de processamento de gás natural estão localizados em Cabiúnas (RJ), Urucu (AM), Cacimbas (ES) e Caraguatatuba (SP).

A queima de gás no país tem sido reduzida ao longo do tempo: era quase total na década de 1950, alcançava 50% nos anos 1980 e neste século ficou sempre abaixo de 20% – conforme Figura 1.6, confeccionada a partir de dados da ANP. Em 2013 foi de 4,6% – principalmente nos campos marítimos –, mas, mesmo assim, ainda é alta quando comparada com os grandes centros mundiais (na parte americana do Golfo do México é em torno de 0,5% da produção). Estima-se que a queima de gás alcance 150 bilhões de m^3/ano em todo o mundo.

Na virada do século, o gás natural ocupava menos de 5% da matriz energética brasileira; em 2013, já respondia por 12,8%; e, em 2030, deverá representar pelo menos 16%, quando o país talvez alcance a autossuficiência.

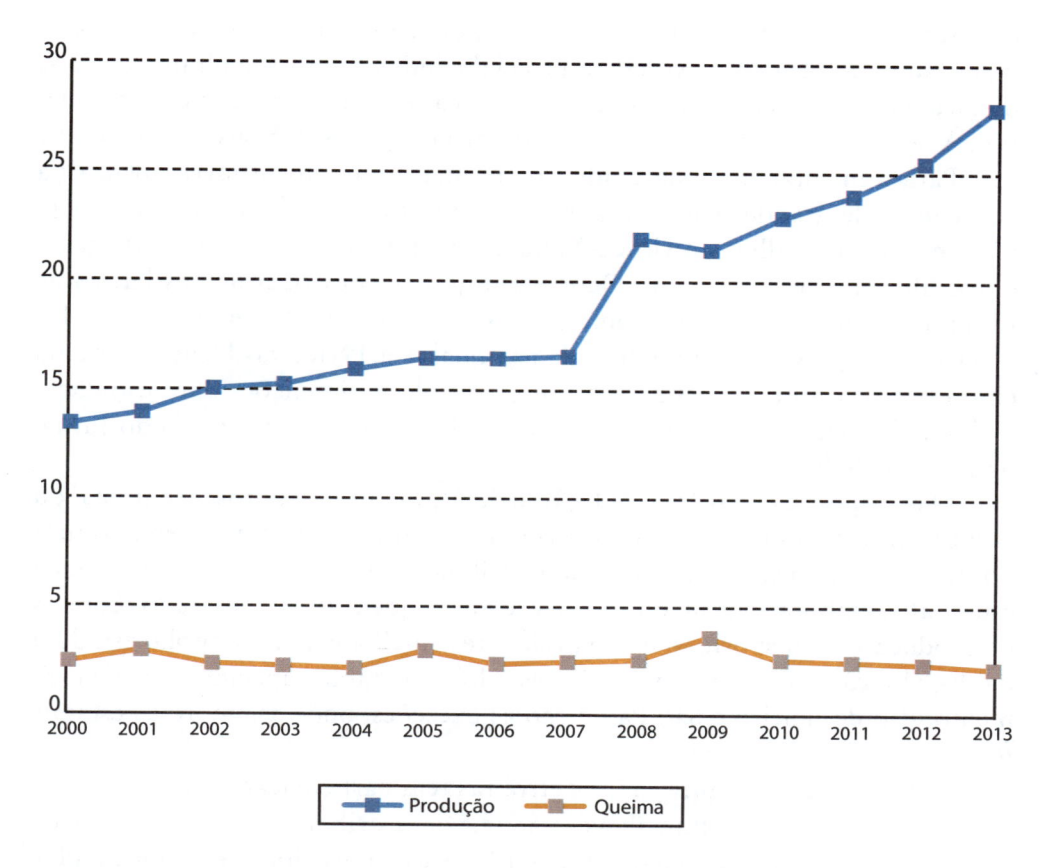

Figura 1.6 – Consumo de gás natural no Brasil (em bilhão m³/ano)
Fonte: ANP

O uso do gás natural veicular no país foi iniciado em 1991, com a liberação para seu uso em táxis e, em 1996, também para veículos particulares; e recebeu estímulos para sua expansão, como a redução do Imposto sobre a Propriedade de Veículos Automotores (IPVA). As conversões cresceram até 2006, caindo a partir daí. Mas, no final de 2013, a frota brasileira convertida superava 1,76 milhão de veículos, só inferior à do Paquistão, Argentina e Irã; e o consumo médio ultrapassava 5 milhões de m³/dia, fornecidos por 1,6 mil postos (IBP, 2013).

Ainda em 2013, em todo o mundo havia mais de 12 milhões de veículos e quase 18 mil postos de abastecimento. O uso de gás veicular teve início na Itália na década de 1930 e nos Estados Unidos no final da década de 1960, mas só a partir dos anos 1990 passou a ter uma participação mais efetiva na frota mundial.

No século XXI houve um forte desenvolvimento na atividade de gás natural no Brasil. Uma âncora inicial era a geração de energia termelétrica, mas não foi consumida totalmente a proposta de construção de 49 usinas para suprir a escassez de energia hidrelétrica ocorrida em 2001. A seguir se buscou a expansão do consumo também nos setores residencial e industrial. Neste último, o gás se destaca em linhas que exigem altos níveis de calor, como cerâmica e vidros planos. Ainda hoje o gás tem carga tributária menor que os combustíveis líquidos.

Para aumentar a capilaridade do sistema, houve forte investimento na construção de grandes gasodutos: malhas Nordeste e Sudeste, Gasene (conexão entre essas malhas), e Urucu-Manaus. Ao final de 2013, a rede de gasodutos ultrapassava 9.100 km. Ocorreram grandes descobertas nas bacias de Campos e Santos, as maiores fontes nacionais. No segundo semestre de 2012, a Petrobras, a HRT (empresa privada nacional) e a TNK Brasil (subsidiária da empresa russa no país) assinaram um protocolo de intenções para estudar a viabilidade técnica, econômica e ambiental de um projeto na região do Juruá, na Bacia de Solimões (AM).

O transporte, que sofre regulação federal, vai até os pontos de entrega, ou *city-gates*, estações de medição de vazão e de ajuste de pressão e temperatura do gás às especificações da rede de distribuição. Essa etapa sofre regulação estadual e, embora seus investimentos sejam pequenos se comparados com os de produção e transporte, sua expansão é restringida pelo monopólio estadual da distribuição, já que a maioria dos estados tem baixa capacidade de investimento. Rio de Janeiro e São Paulo são as exceções, onde as empresas estatais foram privatizadas.

Como mostra a Figura 1.7, a Petrobras tem participação, em geral minoritária, em 21 das 27 companhias estaduais de distribuição de gás, através de suas subsidiárias Gaspetro (em vinte) e BR. Não há distribuidoras nos estados do Acre, Roraima e Tocantins.

Quanto ao GNL, já estão em funcionamento três unidades de regaseificação: a de Pecém (CE), inaugurada em agosto de 2008 e com capacidade de regaseificar 7 milhões de m^3/dia; a do Rio de Janeiro, com 20 milhões de m^3/dia; e a da Bahia, na Baía de Todos-os-Santos, em Salvador, com capacidade de 14 milhões de m^3/dia, que entrou em produção em janeiro de 2014. Assim aumentam a segurança e flexibilidade do sistema.

Encontra-se em estudos a instalação de uma quarta unidade no Rio Grande do Sul, que contaria com a participação da empresa japonesa Mitsui. Em 2012 foram adquiridas 53 cargas de GNL provenientes principalmente de Trinidad e Tobago e Catar. Mas como o GNL tem caráter complementar, para atender picos de demanda, a quantidade de cargas é bastante variável: em 2011 foram apenas dezesseis.

Uma dificuldade para o gás natural no Brasil é que ele não possui mercado cativo, tendo uso complementar e intermitente na geração de energia elétrica (dependendo das chuvas) e no transporte (dependendo dos concorrentes). Essa demanda volátil provoca risco alternado de desabastecimento (e consequente desgaste de imagem para as empresas envolvidas) e excesso (necessidade de aplicar descontos). O atendimento prioritário é para as termelétricas, mas foi criado um mercado secundário de gás, que oferta ao parque industrial os volumes contratados mas não consumidos pelas usinas térmicas.

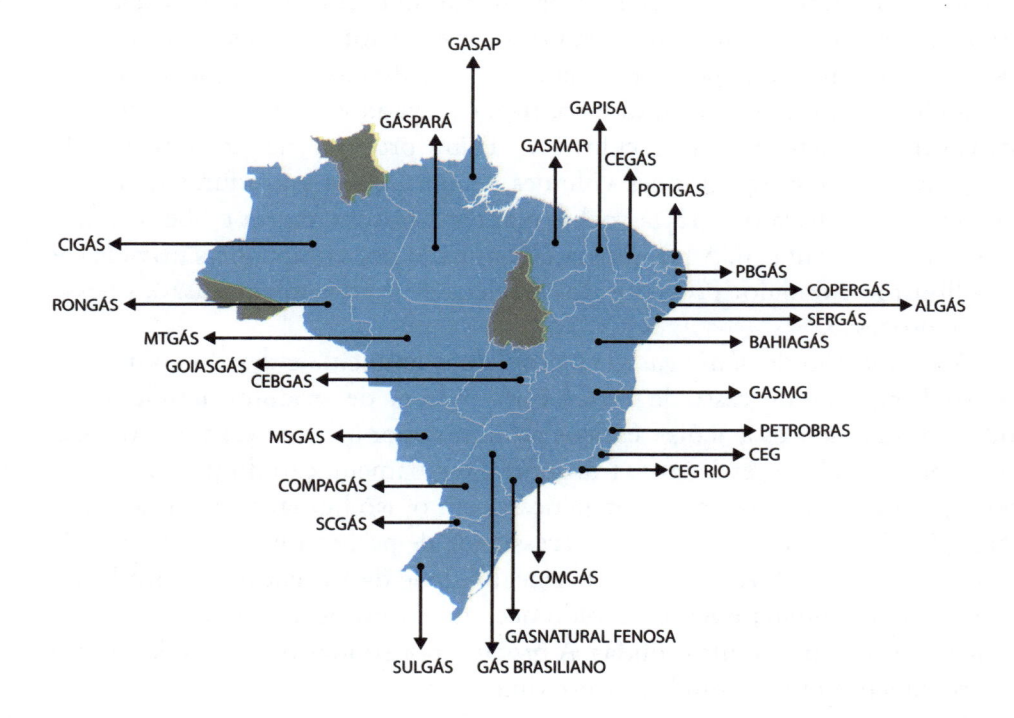

Figura 1.7 – Distribuidoras de gás natural no Brasil
Fonte: Petrobras

No passado, as empresas privadas queixavam-se também de indefinições no marco regulatório. Em dezembro de 2010 foi regulamentada a Lei 11.909 (sancionada em março de 2009) que trata da regulação, transporte, tratamento, processamento, exportação, importação, estocagem, liquefação, regaseificação e comercialização do gás natural. O prazo de concessão foi fixado em trinta anos e o limite de exclusividade para carregadores iniciais será de, no máximo, dez anos. Após esse período, terceiros terão livre acesso aos gasodutos de transporte.

O advento dos carros *flex fuel* (movidos a gasolina, álcool ou gás), a partir de 2003, tanto estimula o uso do gás quanto faz do álcool um forte concorrente. Com o fim do subsídio, em janeiro de 2006 o gás natural importado da Bolívia sofreu reajuste de 12% para as distribuidoras.

1.1.3.1   Gás de folhelho (*shale gas*)

A partir de meados da primeira década deste século, o *shale gas* teve grande crescimento no mercado norte-americano. No Brasil é frequentemente traduzido como gás de xisto, o que é incorreto, pois o gás é obtido a partir do folhelho, formação com baixa permeabilidade que dificulta a passagem do fluxo dos fluidos nela contidos. Para produzir essas formações são perfurados poços horizontais – que permitem maior área de drenagem no reservatório –, utilizando o fraturamento hidráulico, técnica criada em 1950 mas que teve intenso desenvolvimento no século XXI. É um processo de alta intensidade energética que emprega grandes volumes de água, areia e produtos químicos em alta pressão para quebrar a rocha, manter a fratura aberta e liberar o gás (maior área de contato). A tecnologia é dominada por companhias privadas, e a Halliburton é o maior provedor dos serviços de bombeamento usados nesse tipo de processo.

A exploração do *shale gas* gera problemas ambientais devido ao uso excessivo de água no processo de fratura e ao emprego de produtos químicos que podem contaminar os lençóis freáticos próximos, por meio de vazamentos. São preocupações referentes à água: transporte, regulamentação do uso, abastecimento, tratamento, descarte e competição com o uso humano, na agricultura e geração hidrelétrica. Há também necessidade de perfurar grande quantidade de poços, já que – devido à baixa permeabilidade da formação – a produção de cada um é limitada e há um rápido declínio da produção, o que leva à demanda contínua por muitas sondas. A procura por sondas terrestres deverá ter um crescimento muito grande nos próximos anos.

O *shale gas* é uma fonte não convencional de gás, com custos de exploração mais elevados, porém compensados pelo menor risco geológico. Os Estados Unidos são responsáveis por 80% da produção mundial, e 40% do gás produzido no país vem das formações de folhelho. Lá as condições são muito favoráveis devido à proximidade dos consumidores, facilidade na obtenção de crédito, amplo acesso à rede de transporte, mercado de fornecedores abundante e competitivo, grande quantidade de poços já perfurados e interesse dos proprietários dos terrenos (que recebem *royalties* sobre o volume produzido).

O *shale gas* permitiu um aumento explosivo da produção de óleo e gás não convencionais nos Estados Unidos: 40% e 20%, respectivamente, no período 2007-2012. A produção supera 1 milhão boe/dia. Com isso, houve uma significativa redução do preço do gás no mercado norte-americano, que chegou próximo a US$ 2/milhão BTU em meados de 2012. Entretanto, no final de 2013 atingiu mais de US$ 5/milhão BTU, com a demanda pressionada pelo rigoroso inverno, o mais intenso em décadas; e mesmo assim o preço permaneceu bem mais barato que no resto do mundo. O óleo encontrado nessas formações é de boa qualidade, bastante leve.

Nos Estados Unidos, o *shale gas* gera mais de 1 milhão de postos de trabalho, contribuindo para o aumento de 40% nos empregos diretos da indústria petrolífera do país entre 2007 e 2013. As principais áreas são Barnett, Haynesville e Eagle Ford (Texas), Marcellus (Pensilvania) e Bakken (Dakota do Norte), onde também é produzido óleo leve e de baixo teor de enxofre. Inicialmente foi uma atividade concentrada em companhias de menor porte, favorecidas pelo baixo custo de capital e o mercado de crédito favorável: Chesapeake, Devon, Encana. Mas, depois, passou a atrair empresas globais através de projetos de maior porte. Mesmo assim, a remuneração sobre os investimentos é baixa, e a BP resolveu criar uma unidade de negócio autônoma para essa atividade.

Espera-se que o *shale gas* norte-americano continue em crescimento intenso nas próximas décadas, com aplicação no transporte e na geração elétrica. Nesta última, deverá ultrapassar o carvão, o que permitirá limpar a matriz energética norte-americana, com redução da emissão de gases de efeito estufa. O gás deverá ser exportado como GNL, podendo vir a prejudicar atuais exportadores – como o Catar – e refinarias europeias, que perderão competitividade frente às norte-americanas, beneficiadas pelo menor custo; incomoda também a Rússia, que faz campanha contrária ao faturamento hidráulico para retardar sua expansão na Europa. E deverá reduzir as diferenças de preço do gás natural entre as várias regiões do mundo.

Há uma grande diferença no grau de desenvolvimento do *shale gas* entre Estados Unidos e o resto do mundo, onde são avaliadas reservas superiores a 6,6 trilhões pé^3. Na China, onde se estima que estejam as maiores reservas mundiais, há complicadores, pois as formações de *shale gas* são mais profundas, situam-se em regiões com escassez de água e apresentam gases corrosivos. Na Argentina o foco é na área de Vaca Muerta (província de Neuquén), onde haverá desenvolvimento conjunto entre a estatal YPF e a Chevron; mas ocorrem protestos de entidades ambientalistas e dos índios mapuches, além de divergências entre o governo central e o das províncias produtoras. Há boa expectativa para Canadá, Austrália e Polônia, mas há restrições para o desenvolvimento em países como França, Itália, Alemanha, Luxemburgo, República Checa e Bulgária, principalmente no que se refere ao uso do faturamento hidráulico.

No Brasil, as maiores esperanças quanto ao *shale gás* estão nas bacias terrestres de Parecis (MT), Parnaíba (MA, PI, TO), Recôncavo (BA), Paraná (PR, MS) e São Francisco (MG, BA). Quanto ao risco ambiental, uma preocupação são poços mal perfurados ou mal abandonados (tamponamento de forma inadequada) que possam contaminar aquíferos. O Brasil tem os dois maiores aquíferos do mundo: Alter do Chão, com volume de água de 86 mil km^3, nos estados do Pará, Amapá e Amazonas; e Guarani, com volume de água de 45 mil km^3 e 70% de sua extensão no Brasil (o restante está distribuído entre Argentina, Uruguai e Paraguai).

A primeira licitação no país envolvendo também blocos de *shale gas* ocorreu em novembro de 2013 e atraiu principalmente *players* de pequeno porte, interessados em campos de gás para abastecer suas termelétricas. Alguns blocos arrematados em São Paulo e Paraná podem estar sobrepostos aos aquíferos Serra Geral, Furnas, Bauru-Cauiá e Guarani, o que está gerando questões judiciais. Em abril de 2014 a ANP editou regulação específica para o uso do faturamento hidráulico, o que deverá reduzir a insegurança jurídica relativa ao uso dessa técnica no país.

Há ainda o GTL (*gas to liquid*), tecnologia que converte o gás natural em óleo sintético (hidrocarbonetos líquidos estáveis como gasolina e diesel) a partir de processos químicos e, portanto, demanda menor espaço e facilita o transporte. Foi uma grande promessa não amplamente viabilizada em termos mundiais, mas é muito utilizado no Catar. Naturalmente, o GTL é mais empregado quando a diferença (*spread*) entre os preços do petróleo e do gás natural se amplia.

1.1.4 Energia hidráulica

A energia de origem hidráulica é limpa, renovável e de operação barata. Pela facilidade de transmissão e armazenamento, é responsável por 16% da eletricidade gerada no mundo e por 70% da energia elétrica no Brasil. Mas tem retorno financeiro demorado, devido ao elevado investimento inicial na construção de barragens, e é exigente em condições geográficas, necessitando de rios caudalosos, com grandes desníveis e quedas-d'água (embora novas e mais eficientes turbinas reduzam essa exigência para poucos metros). Essa energia depende do regime de chuvas e pode causar problemas ambientais e sociais (desmatamento, morte de peixes, deslocamento de pessoas) por demandar extensas áreas físicas.

A primeira hidrelétrica do mundo foi construída no final do século XIX junto às Cataratas do Niágara (Estados Unidos). Ainda no reinado de D. Pedro II, o Brasil construiu a sua primeira hidrelétrica, com 0,5 Mw de potência e linha de transmissão de 2 km, em Diamantina (MG), utilizando as águas do Ribeirão do Inferno, afluente do Rio Jequitinhonha.

A maior usina hidrelétrica do mundo, a de Três Gargantas (22,5 mil Mw), no Rio Yang Tse, China, concluída em 2006, obrigou o reassentamento de 1 milhão de pessoas e inundou treze cidades e 1.350 aldeias (Sohr, 2009).

No Brasil, a usina de Balbina, ao criar um imenso reservatório, transformou-se num cemitério de árvores, com grande emissão de gases. As novas usinas, como a de Belo Monte e outras na Amazônia, demandam maior cuidado socioambiental, usam reservatórios com menores dimensões (usinas a fio d'água) e retiram deles as árvores; no entanto, têm, naturalmente, sua capacidade de armazenagem de energia reduzida.

A energia de origem hidráulica é mais usada em países de grande extensão territorial, como China, Canadá, Brasil, Estados Unidos e Rússia, que em conjunto representam mais da metade da capacidade instalada de geração hidrelétrica no mundo. Assim, é pouco empregada na maior parte da Europa, onde invadiria as fronteiras agrícolas e provocaria deslocamento de comunidades. Além disso, rios europeus, como o Reno, têm grande importância no transporte de produtos através dos países que corta. É, porém, a fonte predominante na Noruega, com participação de 64% na matriz do país.

Essa energia nunca alcançou nem 10% do consumo mundial, mas atinge mais de 25% na América Latina. Sua participação era declinante na virada do milênio, mas, graças ao consumo chinês, teve um crescimento muito elevado no século XXI: aumentou 42% no mundo e mais de 300% na China, que hoje lidera o consumo mundial, com participação superior a 24%. A seguir vêm Canadá e Brasil, ambos com mais de 10% do total.

No Brasil, a energia hidráulica teve grande crescimento nos governos militares. A maior usina nacional – e segunda do mundo – é Itaipu, concluída em 1984 no Rio Paraná, na fronteira com o Paraguai, com potência de 14.000 Mw. A seguir temos as usinas de Tucuruí (Rio Tocantins, PA, 8.370 Mw), Ilha Solteira (Rio Paraná, SP, 3.444 Mw) e Xingó (Rio São Francisco, entre SE e AL, 3.162 Mw). A maioria das grandes centrais hidrelétricas nacionais localiza-se nas bacias do Paraná – particularmente nas sub-bacias do Paranaíba, Grande e Iguaçu – e do São Francisco. Os potenciais das regiões Sul, Sudeste e Nordeste já estão quase integralmente explorados. Mas as cinco regiões do país são interligadas por cerca de 20.000 km de redes de linhas de transmissão.

Nas últimas décadas do século XX a atividade recebeu baixos investimentos, e só no século XXI foi retomada, com a construção de usinas na região amazônica. Foram realizados os leilões das usinas de Jirau e Santo Antônio, com potência prevista, respectivamente, de 3.300 Mw e 3.150 Mw, ambas no Rio Madeira. E, em abril de 2010, ocorreu a licitação de Belo Monte, no Rio Xingu, que deverá ser a quarta maior hidrelétrica mundial, com capacidade de 11.200 Mw na época de cheia e 4.500 Mw de capacidade mínima. Está prevista, também, a construção do chamado Complexo Hidrelétrico do Tapajós, que deverá contar com cinco usinas: São Luiz do Tapajós, Jatobá, Jamanxim, Cachoeira do Caí e Cachoeira dos Patos.

A expansão é dificultada por problemas de licenciamento ambiental, já que aumentou o controle social sobre as novas concessões, para evitar perda social e de biodiversidade. Por outro lado, caso as hidrelétricas não fossem construídas, seriam substituídas por termelétricas, cujo processo operacional é bem mais poluidor e o custo, mais elevado. O rendimento de uma usina térmica é inferior ao da hidrelétrica na conversão para eletricidade (maiores perdas na transformação).

Muitas vezes, com os reservatórios mais baixos, há necessidade de acionar as termelétricas, o que aumenta o custo ao consumidor final. Isso ocorreu em 2013, quando a geração hidráulica respondeu por 70,6% da eletricidade, parcela inferior às de anos anteriores, devido às condições hidrológicas desfavoráveis, o que provocou o aumento da geração térmica. Nos últimos anos o crescimento do consumo de eletricidade foi superior ao do consumo total de energia, o que indica um processo de eletrificação. O programa federal Luz para Todos beneficiava 15 milhões de pessoas em 2013, garantindo acesso à eletricidade a 99% da população brasileira.

1.1.5 Energia nuclear

A energia nuclear é gerada pela fissão (divisão) de átomos de urânio ou plutônio. É exemplo didático de aplicação militar que se moveu para atividades civis: das bombas atômicas que destruíram as cidades japonesas de Hiroshima e Nagasaki, em 1945, à primeira usina inaugurada em 1956 no Reino Unido. Só passou a ter relevância econômica a partir de 1970, mas sua participação cresceu 34 vezes desde então, respondendo por quase 40% da matriz energética da França, por exemplo. Apesar das elevadas reservas de combustível nuclear, é uma fonte cara, pois exige altos investimentos e longo prazo para construção e obtenção de licenças.

Austrália, Cazaquistão e Rússia possuem as maiores reservas de urânio do planeta, com o Brasil ocupando a sétima posição (309 mil toneladas). O preço do urânio tem aumentado no século XXI (embora ainda não seja alto), mas o seu processo de enriquecimento corresponde a mais de um terço do custo total de geração. Reprocessar combustível nuclear é viável, pois ele conserva 40% do seu potencial, mas gera plutônio, que é usado em armas nucleares.

A energia nuclear acabou não tendo o sucesso que foi preconizado no seu início, e isso se deveu, principalmente, à ocorrência de acidentes e ao gerenciamento do lixo atômico – o transporte e tratamento de resíduos e dejetos que se mantêm radioativos por centenas de anos, mesmo após processos de reciclagem. Durante algum tempo, o "lixo nuclear" foi exportado para países do Terceiro Mundo com os chamados "navios da morte", mas, com a atuação mais ampla de organizações não governamentais – como o Greenpeace –, esse processo foi interrompido, e os países com usinas nucleares tiveram que procurar uma solução interna para o problema.

Quanto aos acidentes, houve o vazamento de radioatividade em Three Mile Island (Estados Unidos, 1979) e – o mais grave de todos – em Chernobyl (Ucrânia, então União Soviética, em 1986), onde uma explosão elevou a temperatura a 2,5 mil °C, milhões de pessoas foram expostas à radiação, 200 mil pessoas tiveram que ser reassentadas e até hoje anomalias genéticas ocorrem na região. Em março de 2011, houve um acidente nos reatores da usina de Fukushima (Japão), após um tsunami. No Brasil ocorreu um acidente com césio-137 em Goiânia, em 1987, a partir de um aparelho usado de radioterapia que foi abandonado e, a seguir, manuseado por catadores de lixo, contaminando centenas de pessoas.

Em alguns países industrializados, há a tendência de não substituir por plantas novas as já existentes que chegam ao final da vida útil. A Alemanha, por exemplo, estabeleceu o ano de 2022 como limite para o uso da energia nuclear; o Japão, 2030; Suíça e Bélgica também eliminarão suas usinas atômicas. Hoje existem no mundo cerca de 440 usinas nucleares distribuídas por trinta países, produzindo em torno de 15% da geração elétrica mundial. Os principais produtores atuais são Estados Unidos (mais de cem reatores) e França, responsáveis em conjunto por metade do consumo mundial. As usinas existentes estão produzindo mais eletricidade, e o aumento da geração foi obtido pela repotencialização e melhoria do desempenho.

Neste século, ocorreu um crescimento na capacidade de geração de energia nuclear com a construção de usinas principalmente na Ásia e Leste Europeu, utilizando uma nova geração de reatores mais baratos e seguros (*pebble bed reactors*). Contudo, essa fase de crescimento foi comprometida pelo acidente de Fukushima: entre 2010 e 2013, o consumo mundial caiu mais de 10%. No Japão, a atividade foi quase extinta, com queda de 95% nesse período: o país, que ocupava a quarta posição no consumo mundial, saiu da lista dos vinte maiores. A Coreia do Sul também pretende reduzir o consumo de energia nuclear em 50%, substituindo-a, principalmente, por GNL.

No Brasil, o Programa Nuclear Brasileiro foi uma das respostas às crises do petróleo ocorridas na década de 1970. Era um programa ambicioso de construção de até oito usinas na região de Angra dos Reis, situada entre os dois principais centros econômicos do país, São Paulo e Rio de Janeiro. Na prática, apenas duas foram concluídas: Angra I e Angra II, com capacidade de 650 Mw e 1.350 Mw, respectivamente. Os altos custos, o atraso na conclusão das obras, as críticas ao uso de tecnologia obsoleta e o desempenho inicial intermitente desestimularam o prosseguimento do programa nuclear nacional. Desde 2003, o país iniciou o processo de enriquecimento de urânio, apesar da posição contrária de grupos ambientais.

Angra III, cuja construção foi suspensa em 1986, está sendo retomada e demandará investimentos da ordem de R$ 13 bilhões, sendo quase 50% desse valor financiado pelo Banco Nacional de Desenvolvimento Econômico e Social (BNDES). A usina tem conclusão prevista para junho de 2016, utilizará inicialmente urânio importado e adicionará mais 1,4 mil Mw à oferta nacional.

A energia nuclear representa menos de 5% da matriz energética mundial e 1,3% da brasileira.

1.1.6 Fontes alternativas

O alto custo do petróleo, a ocorrência de suas reservas em regiões politicamente instáveis, a necessidade de segurança no abastecimento energético e a preocupação com o meio ambiente têm estimulado a busca por fontes renováveis alternativas limpas, sem emissão de gases poluentes, como compostos de enxofre, nitrogenados e monóxido de carbono. Porém, sua competitividade é prejudicada pela falta de economia de escala e pelo alto custo inicial para a construção das plantas, o que mostra a necessidade de estímulos governamentais (incentivos fiscais, subsídios, prêmios...) para o seu desenvolvimento. Em 2012, esses subsídios alcançaram US$ 100 bilhões em todo o mundo, mas especula-se que para as energias fósseis esse número cresça para US$ 554 bilhões (IEA, 2013).

A participação das energias renováveis no consumo energético mundial é de 13,2% (nos países do Primeiro Mundo, 8%), mas no Brasil alcança 41%. Já representou quase 45%, mas caiu com o aumento recente do consumo de derivados de petróleo e gás natural frente aos derivados de cana e energia de origem hidráulica. A Europa Ocidental sempre estimulou o desenvolvimento de fontes alternativas renováveis e continua liderando esse segmento, mas ele tem sido prejudicado nos últimos anos pela crise econômica e pela incerteza política. Os Estados Unidos introduziram, a partir de 2007, o Renewable Fuel Standard (RFS), uma política que requer que volumes crescentes de biocombustíveis sejam adicionados à gasolina e óleo diesel a cada ano.

1.1.6.1 Energia eólica

É produzida pela transformação da energia cinética dos ventos em energia elétrica, com a utilização de turbinas eólicas. A conversão de energia é realizada por meio de um aerogerador (gerador elétrico acoplado a um eixo que gira acionado pela ação do vento nas pás da turbina), dependendo da intensidade e direção do vento. Os aerogeradores devem agrupar-se em parques eólicos para que haja economia de escala e a produção de energia se torne economicamente viável.

Embora ambientalmente perfeita, a energia eólica demanda equipamentos ainda caros, e a inconstância dos ventos (comportamento aleatório e instável em termos de intensidade e frequência) prejudica o fornecimento regular. Por não ser estocável, obriga a que seja despachada na frente de outras energias, mesmo que não seja a de menor custo.

O primeiro país a investir fortemente em energia eólica foi a Dinamarca, país em que, no entanto, a sua capacidade de expansão é limitada em virtude do restrito espaço territorial; a Europa é responsável por 40% do consumo total, e a empresa líder mundial na geração de energia eólica é a Iberdrola. Houve um crescimento muito intenso na capacidade de geração no século XXI, com um aumento de mais de dezoito vezes no período (Figura 1.8).

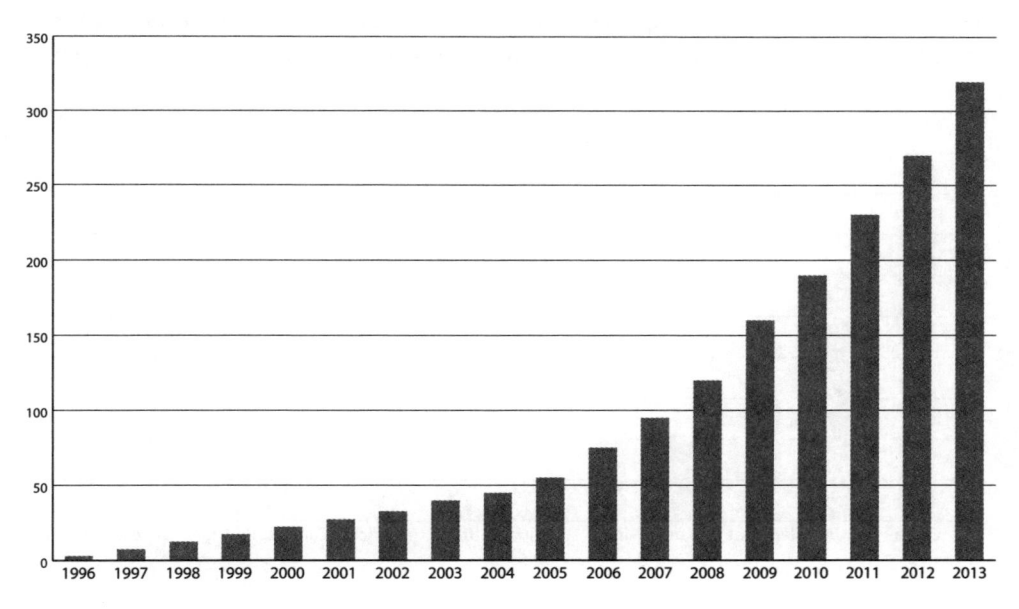

Figura 1.8 – Capacidade instalada de energia eólica no mundo (em Gw)
Fonte: GWEC

Segundo o Global Wind Energy Council (GWEC), a capacidade instalada no mundo em 2013 atingiu 318 Gw, com quase 40% na União Europeia, mas tendo China (91 Gw) e Estados Unidos (61 Gw) na liderança individual (Figura 1.9).

No Brasil, a primeira turbina eólica foi instalada em Fernando de Noronha, em 1992. Em 2012, a capacidade instalada no país atingiu 2,5 Gw (crescimento de 66% em relação ao ano anterior), distribuída entre noventa usinas e quase mil aerogeradores, mas representando apenas 0,5% da matriz energética nacional. A maioria das instalações se situa no Nordeste (em torno de 70%), região em que a participação na geração elétrica passa a ser mais significativa. Contudo, alguns parques eólicos no Rio Grande do Norte, embora concluídos, ficaram inativos por falta de linhas de transmissão. O Brasil tem um dos melhores ventos do mundo: forte (velocidade superior a 6 m/s no RN), com direção e intensidade constantes e quase sem rajadas.

Desde dezembro de 2009 têm sido realizados leilões de energia eólica pela Câmara de Comercialização de Energia Elétrica (CCEE), com deságio crescente. Nos últimos anos os investimentos aumentaram e o custo de geração caiu, incluindo o custo dos equipamentos, tradicionalmente alto e, por vezes, demandando importação (principalmente a turbina, que representava quase 80% do custo). As torres, que tinham 50 metros de altura, alcançam hoje 100 metros: quanto mais altas as torres, maior a captação de vento e produção de energia. Os fabricantes de equipamentos – alguns também sócios nos empreendimentos – reduziram suas taxas de retorno para ampliar o mercado no país.

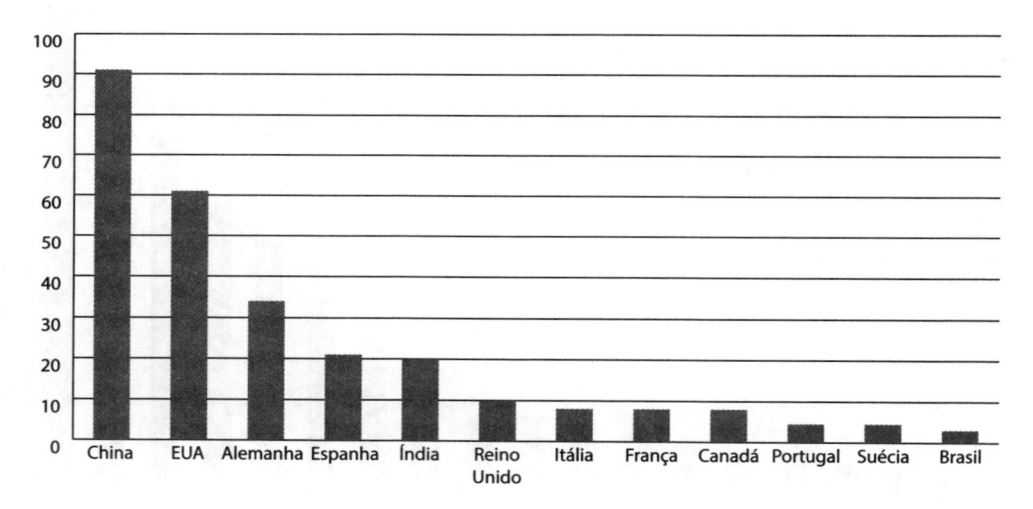

Figura 1.9 – Capacidade instalada de energia eólica em 2013 (em Gw)
Fonte: GWEC

1.1.6.2 Energia solar

A energia solar é a energia eletromagnética que se origina do Sol e incide na superfície terrestre, sendo uma fonte inesgotável e gratuita de energia. Ela pode ser convertida em energia elétrica ou térmica. No primeiro caso, pelo uso de células fotovoltaicas de silício (painéis); no segundo, empregando coletores planos e concentradores, relacionados basicamente aos sistemas de aquecimento de água.

A energia solar pode se apresentar em sistemas autônomos (instalações isoladas) ou integrada à rede pública. Demanda grandes áreas de absorção, o que a encarece, sendo mais indicada para regiões rurais, onde a verticalização predial é baixa e, consequentemente, o consumo por unidade de área também. Outro problema é a armazenagem, já que é obtida durante o dia, quando o maior consumo é noturno, para iluminação; e obtida no verão, quando há mais demanda no inverno, para aquecimento. Isso obriga ao uso de baterias, que contêm metais pesados, agressivos à natureza quando do seu descarte.

Uma forma efetiva de estimular a disseminação desse tipo de energia é a integração à rede pública, permitindo ao consumidor que instalar equipamentos de geração vender o eventual excesso para as concessionárias, constituindo uma conta corrente na sua conta de luz.

Em 2012, a capacidade instalada no mundo atingiu 100 Gw, o que representa setenta vezes a que havia na virada do milênio. A Alemanha é responsável por quase um terço do total, seguida pela Itália, com um sexto. O consumo mundial aumentou mais de 1.000% entre 2008 e 2013, com Alemanha, Itália e Espanha representando, em conjunto, mais da metade do total.

O Brasil, país tropical, possui um ótimo índice de radiação solar, principalmente no Nordeste, com média anual comparável às melhores regiões do mundo; mas o consumo é concentrado na região Sudeste. O país conta com quase 5,2 milhões de m² em coletores solares para aquecimento e mais de 70% do consumo é residencial, incluindo projetos habitacionais que recebem incentivos fiscais. A indústria tem uma demanda energética que a matriz solar não é capaz de atender com eficácia. Embora o consumo nacional tenha aumentado 42% de 2012 para 2013, sua participação permanece irrelevante em termos mundiais e mesmo na matriz energética do país.

1.1.6.3 Etanol

Biomassa é a denominação genérica para matérias de origem vegetal ou animal que podem ser aproveitadas como fonte de produção de calor ou eletricidade, como queima de madeira, carvão vegetal, biogás (metano obtido da fermentação anaeróbica de matéria orgânica) e processamento industrial de celulose e bagaço de cana-de-açúcar. É eficiente como combustível automotivo, aproveita restos, reduzindo o desperdício; sequestra CO_2 no crescimento do vegetal, mas o libera na sua queima, e pode sofrer escassez sazonal nos períodos de entressafra.

No Brasil, o maior potencial de aproveitamento está no setor sucro-alcooleiro. Na região Sudeste, a safra concentra-se de abril a novembro, meses de baixo índice pluviométrico, quando os reservatórios de água estão baixos, aumentando a segurança do setor elétrico nacional, mas obrigando a gastos com estocagem para atender a entressafra. O ciclo de produção da cana-de--açúcar é curto (um ano), e o tempo para a implantação de uma usina é reduzido (24 a 30 meses da concepção à conclusão).

Em 1975, como alternativa à crise do petróleo, foi instituído o Proálcool (Programa Nacional do Álcool), que, beneficiado por estímulos fiscais, entrou efetivamente em ação em 1979. O álcool – mais tarde, designado por etanol – oriundo da fermentação da cana-de-açúcar é utilizado como substituto da gasolina (o álcool hidratado é usado diretamente como combustível) ou sendo misturado a ela (caso do álcool anidro, que demanda destilação mais complexa). A partir da década de 1980, o álcool passou a ter participação significativa na matriz energética nacional, reduzindo sobremaneira a importação de gasolina até 2010.

A safra de etanol de 1985-1986 alcançou 11,9 bilhões de litros, quando a absoluta maioria dos automóveis fabricados no país usava esse combustível. A partir de então, os incentivos fiscais foram paulatinamente retirados, até sua completa extinção em 1999; ainda assim, a sua produtividade aumentou constantemente, principalmente na região Sudeste. Porém, com o aumento do preço internacional do açúcar em 1989/1990, a produção de álcool se estabilizou, sem acompanhar o crescimento da frota e gerando temor de desabastecimento, o que levou o governo federal a aumentar as importações e adicionar metanol ao combustível.

Essa fase foi ultrapassada, e, em 2008, o etanol passou a ser mais consumido no Brasil que a gasolina, devido à expansão dos carros *flex fuel*, veículos que usam tanto gasolina quanto etanol, lançados em 2003 e que corresponderam a 85% dos veículos comercializados no país em 2009, e ao seu maior nível de adição à gasolina, que chegou a 25%. Também comparativamente, o etanol apresentava preços mais baixos, maior octanagem e menor taxa de evaporação que a concorrente. Foi a sua fase de ouro no país.

A partir de 2010, houve uma melhora dos preços internacionais de açúcar, desviando o foco dos canavieiros nacionais. A safra brasileira de cana foi menor, devido também a intempéries climáticas e queda de produtividade pelo desgaste dos canaviais. Com isso, aumentou o preço do etanol, que perdeu competitividade em quase todas as unidades federativas: por ter rendimento inferior, o etanol, para ser competitivo, precisa ter preço máximo equivalente a 70% do preço da gasolina. Ao mesmo tempo, houve a expansão da frota nacional de automóveis (motorização crescente principalmente nos veículos leves), que acompanhou as melhoras econômicas e sociais.

Dessa forma, cresceu muito o consumo de gasolina no país – quase 80% entre 2000 e 2013 contra menos de 20% no mundo no mesmo período –, e o

Brasil, que há muitos anos a exportava, teve que retornar as importações para atender o mercado doméstico. O percentual de carros *flex* que usavam o etanol caiu de 85% para 27% num período de três anos, e mais de cem usinas de etanol, fortemente endividadas, tiveram sua operação paralisada (desativadas ou em recuperação judicial) a partir de 2008.

Com o aumento de preços no primeiro semestre de 2011, o etanol foi reclassificado de "produto agrícola" para "combustível estratégico", sua adição à gasolina foi reduzida de 25% para 20% a partir de outubro de 2011 e a ANP passou a ser responsável pela sua estocagem e comercialização. Com o aumento do preço da gasolina no final de 2012, o etanol esboçou uma tênue recuperação. Em maio de 2013, o governo federal anunciou incentivos fiscais ao setor (desoneração do PIS-Cofins), retornou a adição do etanol à gasolina ao patamar de 25%, estimulou a renovação de canaviais (ou implantação de novos) e a estocagem de etanol (linhas de crédito do BNDES). Em outros países esse fator de adição é bem inferior: nos Estados Unidos é de 10% (tendência a subir para 15%); no Paraguai, 12%; e na China, Austrália, Colômbia e Tailândia, 10%.

O mercado nacional de etanol é bastante pulverizado, suprido principalmente por empresas privadas e liderado pelo grupo Shell-Cosan, que constituiu a Raizen, responsável por menos de 10% da produção no país. As posições seguintes são ocupadas pela Petrobras, ETH (do grupo Odebrecht), Biosev (do grupo francês Louis Dreyfus) e Copersucar.

Têm ocorrido processos de desnacionalização (a participação estrangeira já alcança 20%), mecanização e concentração do setor no país. Em 2009 houve a aquisição da Santelisa Vale pelo grupo Louis Dreyfus, e a Petrobras comprou 46% do Açúcar Guarani (anteriormente pertencente ao grupo francês Tereos) em maio de 2010. Em novembro de 2012, a Copersucar comprou o controle da *trading* americana de etanol Eco-Energy. A empresa resultante deterá 12% de participação no mercado global de etanol, devendo passar a ser a maior comercializadora de etanol do mundo.

O etanol demanda investimentos em logística, já que para sua movimentação o modal rodoviário ainda predomina largamente. A crescente distância entre novas plantações e as usinas pode inviabilizar alguns empreendimentos.

Em março de 2011 foi criada a Logum, empresa responsável pela construção, desenvolvimento e operação de um sistema logístico intermodal de transporte e armazenagem de etanol (carga, descarga, movimentação e estocagem, operação de portos e terminais aquaviários). Ela tem participação acionária de alguns dos principais *players* desse mercado: Petrobras, Copersucar, Raizen, Odebrecht (todas com 20%), Camargo Correa e Uniduto (10% cada).

O sistema logístico envolverá poliduto, hidrovias, rodovias e cabotagem, com capacidade total estimada em 20 bilhões de litros/ano. O etanolduto terá aproximadamente 1,3 mil km de extensão, desde Jataí (GO) até Paulínia (SP), e atravessará 45 municípios, ligando as principais regiões produtoras em São Paulo, Minas Gerais, Goiás e Mato Grosso à refinaria de Paulínia. O trecho do etanolduto subterrâneo entre Ribeirão Preto – principal polo produtor – e Paulínia – maior centro distribuidor – tem 206 km de extensão, diâmetro de 24 polegadas e entrou em funcionamento em meados de 2013, operado pela Transpetro (Petrobras Transporte S.A.). Há expectativa de que ele venha a retirar das rodovias cerca de 80 mil caminhões ao ano, mas no primeiro semestre de 2014 ainda apresentava elevada ociosidade.

Desde a virada do milênio, tem crescido o uso do bagaço e da palha de cana (esta tem menor umidade e, portanto, maior capacidade calorífica) para geração de energia termelétrica. Com as inovações tecnológicas, foi reduzida a escala mínima para a eficiente geração elétrica. E, como as usinas de etanol são pequenas, em grande quantidade, bem distribuídas pelo território nacional e situadas perto dos centros de consumo, são reduzidos os investimentos de transmissão e as perdas.

Assim, os derivados de cana passaram a ocupar a segunda posição na matriz energética brasileira, alcançando mais de 16%. Entre as vantagens competitivas nacionais estão: disponibilidade de solo, água, clima, baixo custo e tecnologia (alta produtividade). Segundo a Empresa de Pesquisa Energética (EPE), a demanda prevista para 2017 pode ser alcançada com o uso de apenas 2,56% das áreas agricultáveis do país. A área cultivada no país em 2011 atingiu 68 milhões de hectares, segundo o IBGE. O apoio tecnológico da Empresa Brasileira de Pesquisa Agropecuária (Embrapa) foi fundamental para o desenvolvimento do agronegócio no país.

A Petrobras Biocombustíveis (PBio) e a São Martinho aplicarão R$ 520 milhões para aumentar a capacidade de moagem da usina Boa Vista (Quirinópolis, GO) para 8 milhões de toneladas anuais, o que a transformará na maior unidade de produção de etanol do mundo.

A Figura 1.10 apresenta a produção brasileira de etanol a partir de 1976, com dados obtidos no Ministério da Agricultura, Pecuária e Abastecimento (MAPA). O volume da última safra voltou ao nível de 2008-2010, sendo que o estado de São Paulo responde por quase metade da produção nacional.

Em termos mundiais, o etanol teve seu apogeu na década de 1980, caiu nos anos 1990 e recuperou-se no século atual. Estados Unidos e Brasil lideram a produção mundial, que em 2013 alcançou 90 bilhões de litros anuais. Nos Estados Unidos a produção é à base de milho, ao contrário da opção pela cana-de-açúcar no Brasil.

Na produção a partir da cana há baixo consumo de energia e baixa emissão de gases de efeito estufa, além de o rendimento por unidade de área ser o

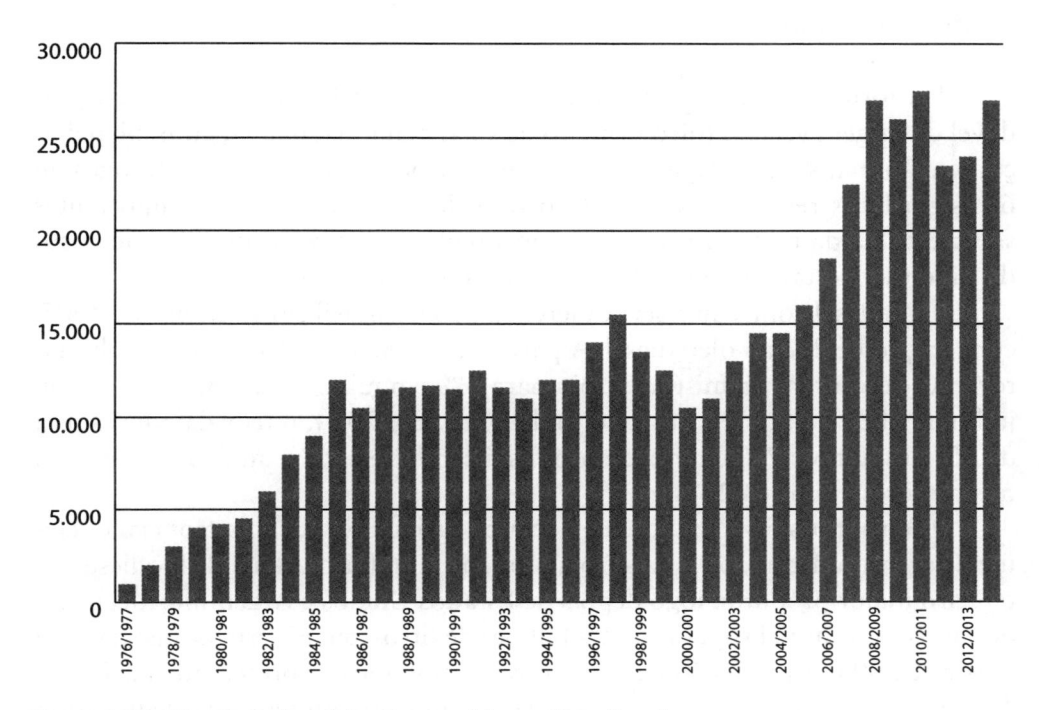

Figura 1.10 – Produção brasileira de etanol (em milhão litros)
Fonte: MAPA

dobro da produção oriunda do milho. Um dos objetivos dos produtores é o estabelecimento de padrões para transformar o etanol numa *commodity*, já que o comércio internacional ainda é pequeno, concentrado, volátil e sofre barreiras tarifárias, principalmente nos Estados Unidos. A Europa está se tornando uma grande importadora de etanol para atender às metas de substituição de fontes ambientalmente agressivas.

O uso do etanol pode modificar a geografia agrícola dos países, com a substituição do plantio de outras culturas pela da cana-de-açúcar ou milho. Assim, há o risco de provocar desmatamentos ou competir pelo uso da terra com outros produtos, com o consequente aumento do preço de alimentos.

Desenvolvem-se, também, tecnologias de "segunda geração", para produção de etanol de celulose, usando o bagaço de cana ou gramíneas, com a perspectiva de aumentar em até 40% a produção de etanol sem aumentar a área plantada. No Brasil, sua produção comercial deverá ser iniciada em 2015.

Prosseguem pesquisas para a produção de bioQAV (bioquerosene de aviação), devido à demanda mundial crescente e ao desenvolvimento de novas tecnologias.

1.1.6.4 Biodiesel

Há forte expectativa quanto ao uso de biodiesel, combustível biodegradável de origem vegetal (óleo oriundo de soja, mamona, palma, girassol, babaçu, pinhão-manso, canola, algodão), animal (sebo bovino, suíno, de frango) ou óleos/gorduras residuais (OGR) da fritura de alimentos. Pontos importantes são a escolha da matéria-prima mais adequada (que representa 80% do custo do biodiesel), o tamanho da planta e a tecnologia empregada.

O biodiesel começou a ser comercializado no Brasil em setembro de 2005, com adição de 2% ao óleo diesel. A partir de 2008, a adição tornou-se obrigatória. O percentual da mistura subiu para 3% em julho de 2008, para 4% em julho de 2009 e para 5% em janeiro de 2010. Em 2014, o teor da adição será de 6% em julho e 7% em novembro. Está sendo testada a adição de até 20% nos motores atuais (B-20).

O Brasil possui 90 milhões de hectares agricultáveis, clima tropical e regime de chuvas adequado. O país é o maior consumidor mundial de biodiesel e o terceiro maior produtor, logo depois de Estados Unidos e Argentina, alcançando um volume anual superior a 2,9 bilhões de litros, em 67 usinas, instaladas a partir de 2004. A produção nacional nos últimos anos é apresentada na Tabela 1.1, com dados coletados na ANP. O Rio Grande do Sul tem representado em torno de 30% do total.

Tabela 1.1 – Produção brasileira de biodiesel	
Ano	**Produção brasileira de biodiesel (10^6 litros/ano)**
2005	0,74
2006	69,00
2007	404,33
2008	1.167,12
2009	1.608,44
2010	2.386,40
2011	2.672,76
2012	2.717,48
2013	2.923,29

Fonte: ANP

Entre as vantagens do biodiesel estão a redução do consumo do óleo diesel mineral (queda nas importações), a diminuição da poluição ambiental e a inclusão social, com a geração de emprego em áreas geográficas degradadas (desmatamento) ou não atrativas para outras atividades; além da interiorização, da aquisição obrigatória de matéria-prima junto a pequenos agricultores (hoje há 100 mil fornecedores entre eles) e da imunidade à sazonalidade.

Entre as dificuldades estão a baixa produtividade dos arranjos familiares, baixos preços de remuneração aos produtores, dificuldades tecnológicas, solos pobres e compactados, qualidade do produto final por vezes inferior aos padrões estabelecidos pela ANP e geração excessiva de glicerina, não totalmente absorvida pelo mercado como lubrificante (difícil de ser descartada, devendo ser queimada a 1,2 mil °C). A distribuição é ineficiente, já que as usinas produtoras estão situadas longe dos mercados consumidores, o que aumenta os custos logísticos. Por fim, há o risco de esgotamento do solo e o surgimento de novos parasitas.

Quase 70% da produção brasileira é originária da soja, seguida pela gordura animal e pelo algodão. A mamona tem se mostrado inadequada para uso exclusivo em motores diesel, pois seu óleo é muito denso e viscoso; assim, o percentual máximo na mistura é de 30%. Há boa expectativa quanto à palma (dendê), variedade mais produtiva e resistente que é uma boa alternativa para a região Norte, uma zona tropical úmida e com boa pluviosidade durante todo o ano.

O mercado interno de biodiesel é forte e demandante, crescendo em função do consumo de diesel; e é fechado, não admitindo importação. O parque produtor é descentralizado, com pequenas usinas alimentadas por óleo oriundo de pequenos produtores rurais (agricultura familiar). O mercado produtor também é pulverizado, liderado pela Petrobras Biocombustíveis (Pbio) e pela Granol, mesmo assim com *market share* em torno de apenas 10% cada. Mas há tendência de concentração.

A comercialização se dá por um sistema de quatro leilões anuais (fevereiro, maio, agosto e novembro) comandados pela ANP, que visa a aumentar o número de participantes (fornecedores de biodiesel) desse mercado, garantindo o volume necessário à demanda (entrega física posterior) e competitividade nos preços praticados. Mas os preços-teto definidos pela ANP geram constantes reclamações dos produtores.

Existem estudos para a geração de biodiesel a partir de microalgas, que poderia apresentar como vantagens um maior potencial de produção (sete a trinta vezes superior ao das oleaginosas), a possibilidade de produção contínua, sem período de plantio e entressafra, e uma taxa de sequestro de carbono também superior à dos vegetais terrestres. O processo envolve reprodução em tanques, coleta e extração do óleo a ser processado.

Em termos mundiais, a Europa é o principal mercado importador de biodiesel, recebendo cargas da Argentina e Indonésia. Na Argentina, a fonte é a soja; já na Indonésia, a produção é oriunda da palma, assim como no Peru,

Equador e Colômbia; e a Alemanha usa a colza como fonte. As primeiras exportações de biodiesel brasileiro para a Europa ocorreram em meados de 2013, e o futuro é considerado promissor.

Os Estados Unidos têm um mercado fechado, com produção elevada para suprir o consumo interno. A produção é oriunda de pequenos produtores, baseada na soja, e há incentivos tributários. No entanto, nesse país o etanol é mais importante que o biodiesel devido ao forte mercado de transporte individual.

Permanece o risco do uso do solo competindo com produção de alimentos e aumentando o preço de óleos usados na alimentação, especialmente a soja. Em 2007 o preço das oleaginosas subiu no mercado internacional, causando prejuízos aos produtores de biodiesel, que não tinham como repactuar os preços acertados; ao mesmo tempo ocorreu, na América do Norte, a "crise da *tortilla*", devido ao aumento do preço do milho usado para fabricar o etanol. Em 2012, com a seca nos Estados Unidos (a pior no Meio-Oeste norte-americano desde 1936), subiram os preços das *commodities* agrícolas, como soja e milho, afetando produtos alimentícios que deles dependem, como carne bovina, suína, frango, pão, massa e óleo de soja.

1.1.6.5 Outras fontes

Há também a possibilidade do uso de células de hidrogênio, seguindo o Protocolo de Kyoto. As grandes dificuldades são o transporte e a armazenagem do hidrogênio, pois é um elemento inflamável, corrosivo, difícil de conter (alta fluidez) e com chama invisível. Para compensar, há vantagens como a abundância na natureza, a elevada densidade energética e o fato de não conter carbono. Muitos cientistas acreditam que o hidrogênio será o combustível do futuro, alterando os paradigmas energéticos atuais. No Brasil, a primeira célula a combustível, que transforma hidrogênio em energia, entrou em funcionamento na Universidade de São Paulo (USP) em agosto de 2004; o protótipo custou R$ 1,7 milhão. E a primeira termelétrica a hidrogênio do mundo foi construída em Veneza (Itália), com capacidade instalada de 12 Mw e atendendo 20 mil famílias.

A energia geotérmica usa o calor proveniente das profundezas da crosta terrestre e é mais difundida na Islândia. A energia dos oceanos (na forma de marés, ondas, correntes marítimas, gradiente térmico...) tem ainda pouca utilização, com apenas duas plantas em funcionamento no mundo, uma na França e outra na Coreia do Sul. Na América do Sul o maior potencial está na costa chilena.

Já as pequenas centrais hidrelétricas (PCH), com limitada capacidade de geração (1 a 30 Mw), não exigem inundação de grandes áreas (reservatórios com no máximo 3 km²) e dispensam processo licitatório no Brasil. Mas sua aplicação complementar, pois não têm como disputar preço com as hidrelétricas ou mesmo com as eólicas.

Em 2004, foi criado o Programa de Incentivo às Fontes Alternativas de Energia Elétrica (Proinfa), com o objetivo de aumentar a participação da energia elétrica produzida por empreendimentos concebidos com base em fonte eólica, biomassa e PCH, e também aumentar a segurança de abastecimento de eletricidade.

2

A indústria do petróleo

2

A indústria do petróleo

A indústria do petróleo

Este capítulo introduz o petróleo como bem fundamental para a sociedade em todo o mundo e a indústria que se formou em torno dele com inegável sucesso. São apresentados os segmentos que compõem essa atividade e suas características mais marcantes, além das principais variáveis quantitativas (reservas, produção, consumo, refino), enfocadas tanto em termos de países quanto de empresas. E, ainda, o desenvolvimento da fase inicial dessa indústria, na qual se destacam a Standard Oil e as Sete Irmãs.

2.1 O petróleo

A origem do petróleo, segundo a teoria orgânica, vem de organismos fósseis que se depositaram junto com estratos sedimentares, formando intervalos ricos em matéria orgânica. Submetidos por milhões de anos ao calor e à pressão, transformaram-se, gerando acumulações de hidrocarbonetos que podem ter estrutura simples, como o metano (CH_4), ou cadeias longas, como os asfaltenos; e se apresentar em estado líquido (o petróleo) ou gasoso (o gás natural). O petróleo pode conter enxofre, nitrogênio e metais pesados, que são considerados contaminantes ou impurezas. É inflamável, oleoso, com cheiro característico e cor entre negro e castanho escuro (Hunt, 1979).

Os derivados são os produtos obtidos a partir da destilação do óleo cru, no processo de refino. Eles podem ter aplicação energética – gasolina, óleo diesel, gás liquefeito de petróleo (GLP), querosene, óleo combustível, gás combustível – ou não, como a nafta (empregada na petroquímica), lubrificantes, asfalto, solventes, coque (usado na siderurgia e indústrias do alumínio, cimenteira e térmicas) e parafinas. São os derivados que têm maior valor de mercado, agregando esse valor ao processo de refino.

O petróleo pode ser classificado de várias formas, conforme a sua qualidade e características físico-químicas: densidade, teor de enxofre (medido em porcentagem), acidez naftênica (aumenta o risco de corrosão nas tubulações), viscosidade (define as condições de bombeio)... Se o petróleo tem mais de 1% em peso de enxofre, é considerado de alto teor de enxofre, o que naturalmente é indesejável, sob o ponto de vista ambiental.

A densidade é mensurada pelo grau API, medida estabelecida pelo American Petroleum Institute (API), tradicional órgão que representa os interesses da indústria de petróleo e gás natural norte-americana, criado em 1924. O grau API pode ser calculado pela seguinte fórmula empírica: 141,5/m – 131,5, onde m é a densidade do óleo, em g/cm3 (unidade em que a densidade da água é 1). Quanto mais leve for o óleo bruto (menor densidade, maior grau API), maior o seu valor, já que, após ser refinado, gera maior parcela de derivados "nobres";

ou gera a mesma parcela desses derivados a partir de um processo de refino mais simples e mais barato.

A classificação do petróleo quanto à densidade pode variar conforme a região e as características do fluido produzido: como exemplo, o grau API médio dos petróleos do Oriente Médio é bem superior ao do Brasil. Em nosso país, uma classificação habitualmente adotada é considerar óleos pesados (grau API < 22), óleos médios (22 ≤ grau API ≤ 31) e óleos leves (grau API > 31). A maior parte da produção nacional é de óleo pesado vindo da Bacia de Campos: Marlim (20), Albacora Leste (20), Jubarte (19) e Peregrino (14). Na Bacia de Santos, temos Lula (28,5) e Tambaú-Uruguá (32,5); em Sergipe, encontramos Piranema (42); e, no Amazonas, Urucu (48,5).

A comercialização de petróleo se dá por contratos que especificam o tipo do óleo e sua origem (país e terminal de carregamento). Os preços dos diferentes tipos de petróleo diferem em razão da sua qualidade, grau API e custos de refino e transporte (frete, seguros, perdas). Por qualidade pode-se entender um óleo com combustão adequada, baixo impacto ambiental, manuseio simples e seguro e durabilidade durante o armazenamento.

Os petróleos são transacionados com a aplicação de ágio (prêmio) ou deságio (desconto) sobre os preços dos óleos de referência – os petróleos marcadores –, como o Brent e o WTI. O Brent é a principal referência na Europa, com preços tomados em Roterdã, Holanda: 38,08 °API e teor de enxofre de 0,4%; e o WTI, West Texas Intermediate, é a principal referência na América do Norte, com preços tomados em Oklahoma, Estados Unidos: 38,7 °API e teor de enxofre de 0,45%.

Isso não significa que esses óleos tenham volume produzido muito elevado, mas, por suas características físico-químicas, tradição e facilidade na obtenção do valor de venda de suas cargas, servem como balizadores dos demais. Como o petróleo Brent, oriundo do Mar do Norte, representa menos de 1% da produção mundial, adicionam-se a ele outros óleos também extraídos da mesma região (como Forties, Oseberg e Ekofisk), de modo a garantir maior liquidez na referência de preços das cargas vendidas. Na América do Norte também são transacionados os óleos LLS (Light Louisiana Sweet) e o WTS (West Texas Sour). Já a cesta da OPEP é composta por doze óleos de seus países-membros, que são mais pesados e com maior teor de enxofre (IBP, 2013).

O petróleo é transacionado em bolsas de energia como a NYMEX (Nova Iorque) e a ICE (Londres), em operações de mercado futuro. O volume comercializado é muito superior ao volume físico do produto, o que mostra um elevado grau de especulação. Isso, no entanto, fornece liquidez a esse mercado que apresenta elevada volatilidade de preço no tempo – já ocorreram variações de 5% num mesmo dia (Porto; Guerra, 2008). Diz-se que o mercado está em *contango* quando há expectativa de que os preços futuros estarão mais altos que os atuais; em caso oposto, ocorre *backwardation*. As maiores empresas comercializadoras de petróleo são as europeias Vitol, Glencore Xstrata, Mercuria, Gunvor e Trafigura.

O refino é uma atividade intensiva em capital (baixa margem e longo período de retorno) e inflexível para atender variações quantitativas e qualitativas de demanda. O rendimento é a quantidade de produtos (derivados) obtidos do petróleo em uma dada refinaria, dependendo do tipo de petróleo, das características das unidades de refino e das necessidades da demanda em determinado período e local.

O óleo diesel é o principal combustível comercializado no mercado brasileiro, primordialmente para o transporte de cargas e de passageiros, indústria, geração de energia, máquinas agrícolas e locomotivas, entre outros equipamentos. A gasolina é usada em veículos leves para uso particular e também para transporte de passageiros e de cargas, sendo o combustível mais familiar à população em geral. O gás liquefeito de petróleo (GLP) é o popular "gás de cozinha", usado na cocção de alimentos, comercializado diretamente para as distribuidoras e daí para a rede varejista e os grandes consumidores (Fatos e Dados Petrobras, 2013).

O óleo combustível é composto pelas frações pesadas, residuais dos processos de destilação do petróleo. É empregado na indústria para aquecimento de fornos e caldeiras, ou em motores de combustão interna para geração de calor; há diversos tipos, de acordo com sua origem e características. Os asfaltos também são obtidos a partir das frações mais pesadas do petróleo.

Os óleos lubrificantes minerais são usados entre superfícies metálicas em movimento, formando uma camada ou película que busca evitar o contato entre as superfícies e, por consequência, o desgaste e a geração de calor. Os solventes são produtos líquidos utilizados para dissolver substâncias sólidas ou líquidas. O querosene é amplamente empregado como agente de limpeza, mas também em aviões, lamparinas, fornos de cozinha e até como componente de formulações inseticidas. O querosene de aviação (QAV) é o combustível usado nas aeronaves com motores a turbina.

A nafta é matéria-prima petroquímica, que gera eteno, propeno e aromáticos, produtos utilizados na produção de resinas que serão empregadas na fabricação de plásticos, borrachas, garrafas tipo PET e outros fins.

A capacidade nominal de uma refinaria é definida pela sua capacidade de destilação atmosférica, a primeira etapa do processo de refino, que faz o fracionamento inicial do petróleo. A seguir podem ocorrer as fases de destilação a vácuo, craqueamento catalítico (FCC) e térmico, hidrocraqueamento e coqueamento retardado. Assim, as moléculas pesadas do hidrocarboneto são convertidas em produtos com uma relação carbono/hidrogênio mais baixa.

Esses derivados leves (gasolina, GLP, nafta) e médios (diesel, querosene) têm maior valor comercial; são os chamados "produtos claros", como óleo diesel, gasolina e querosene de aviação (QAV). Entre os derivados menos nobres estão o óleo combustível, óleos residuais e asfalto. Esses produtos, junto com o petróleo bruto e o *bunker* (combustível para navios, com alta viscosidade e preço competitivo), constituem os "produtos escuros". Uma refinaria tem certo grau de flexibilidade em relação ao tipo de petróleo processado para se adequar às necessidades de mercado e legislação ambiental. O rendimento da refinaria é definido pela razão entre o refino efetivo e a sua capacidade nominal.

O mercado dos Estados Unidos valoriza a gasolina, derivado mais consumido devido à forte dependência do cidadão americano médio em relação ao transporte individual. Quase 40% do consumo mundial de derivados leves ocorre na América do Norte, índice muito superior ao que a região representa na matriz energética total, e mesmo da fonte petróleo. Já na Europa, são privilegiados os derivados médios como o óleo diesel, com elevado consumo e importações crescentes atendidas pelos Estados Unidos. Isso ocorre em razão da cultura local, que estimula o transporte coletivo – nas cidades e mesmo entre países – e penaliza o uso individual, com forte tributação sobre a gasolina, estacionamentos caros e restritos e dificuldades para movimentação de automóveis no centro das grandes cidades. No Brasil, o diesel representa 45% do volume refinado, e mais da metade é usado no transporte de cargas. O modal rodoviário predomina largamente no país, transportando 66% das cargas totais.

Atualmente mais da metade do petróleo produzido no mundo é consumido em países diferentes daquele em que é extraído, o que ampliou a globalização do mercado de petróleo e expandiu a demanda pelo transporte marítimo, que pode utilizar de pequenas barcaças a superpetroleiros. Devido a acidentes no passado, os navios petroleiros devem ter casco duplo, criando uma redundância para mitigar os riscos. Os navios que transportam derivados claros têm seus tanques de carga revestidos, e a carga e a descarga devem ocorrer em terminais específicos.

A Tabela 2.1 apresenta os tipos de navios-tanque e suas respectivas capacidades, em TBP (tonelagem bruta de petróleo). De forma simplificada, podemos considerar que 1 tonelada de petróleo corresponde a aproximadamente 7,5 bbl. O navio Panamax atende às limitações das eclusas do Canal do Panamá, e o Suezmax atende às limitações do Canal de Suez.

Tabela 2.1 – Capacidade de navios-tanque de petróleo	
Navio petroleiro	Capacidade (TBP)
Handysize	30.000 – 60.000
Panamax	60.000 – 80.000
Aframax	80.000 – 120.000
Suezmax	120.000 – 200.000
VLCC (*very large crude carrier*)	200.000 – 320.000
ULCC (*ultra large crude carrier*)	> 320.000

Fonte: Transpetro

O custo de transporte em navios para os derivados é maior que para o petróleo cru por questões técnicas de qualidade e para manter suas características; também as cargas de derivados são em volume menor (centenas de milhares de barris) que as de petróleo (podem ser de mais de 2 milhões de bbl). Quando da exportação de petróleo, ao tempo de viagem deve ser adicionado um período para desembarque, desembaraço alfandegário e transferência para o local de processamento (Porto; Guerra, 2008).

2.2 Estruturação da indústria do petróleo

A indústria petrolífera pode ser dividida em dois grandes segmentos: *upstream* e *downstream*, conforme Figura 2.1.

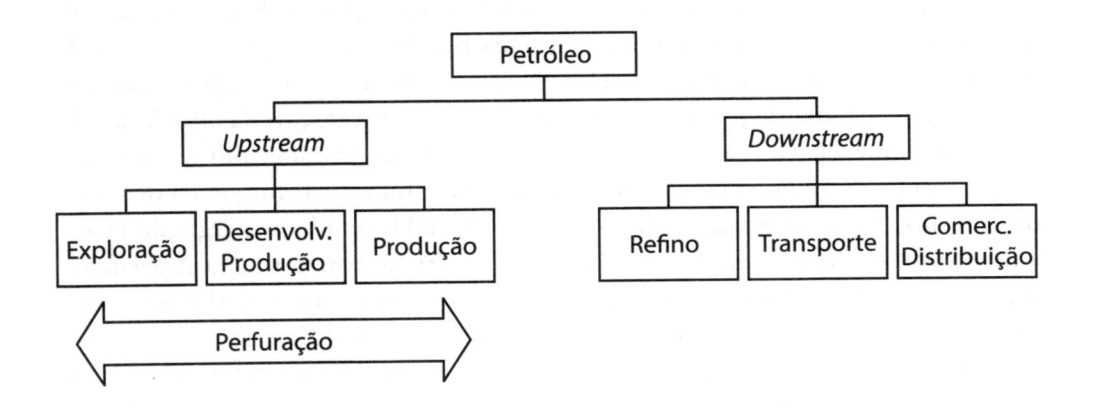

Figura 2.1 – Segmentos da indústria do petróleo

O primeiro, também chamado de E&P (Exploração e Produção), representa a fase extrativista da indústria, na qual se busca a matéria-prima – petróleo ou gás natural – que será utilizada no segmento seguinte. É a etapa de alto risco financeiro, que demanda elevadas inversões de capital que poderão vir ou não a ser recompensadas, em função da descoberta de reservas em condições de viabilidade econômica. E, mesmo em caso de sucesso, tem longo período de maturação; o início da geração de receita (tempo de retorno) num campo marítimo poderá, assim, ocorrer só oito ou nove anos após o investimento inicial. Envolve ainda as atividades de desenvolvimento da produção e a produção propriamente dita.

A exploração procura jazidas de petróleo e gás usando técnicas de prospecção direta e indireta para compreender a evolução do planeta e a acumulação de bens minerais ao longo do tempo. Nessa atividade são feitos trabalhos de sísmica, com a aquisição de dados por meio de técnicas de reflexão de alta resolução, como o imageamento sísmico 3D (três dimensões) e 4D (três dimensões físicas ao longo do tempo); o risco geológico (ocorrência ou não de acumulações comerciais) se faz presente, e a incerteza é elevada.

Nessa etapa são perfurados poços pioneiros, que são os mais complexos, demorados e caros, devido ao desconhecimento das condições de uma nova região. O grau de sucesso na perfuração desses poços se situa entre 25% e 30% em termos mundiais e, mesmo assim, é bem superior ao que ocorria na década de 1980, quando alcançava apenas 10%, isto é, apenas um em cada dez poços pioneiros perfurados se mostrava comercial.

A atividade de desenvolvimento de produção é a que incorre em maiores gastos: pesados investimentos que envolvem estudos para determinar as dimensões do reservatório, a capacidade da reserva e a forma mais eficiente de explorá-la. Então são perfurados e completados poços de delimitação e, depois, poços de produção e injetores, mais baratos que os pioneiros – devido ao aprendizado adquirido anteriormente –, mas em maior quantidade. É projetado o sistema de produção considerando a contratação das unidades de produção (que ficarão estacionárias sobre o campo durante muitos anos), a instalação de facilidades de elevação, coleta, separação e tratamento dos fluidos produzidos, a necessidade de elevação artificial (quando a energia do reservatório não for mais suficiente para elevar os hidrocarbonetos até a superfície), a disponibilidade de sistemas de escoamento (dutos ou navios aliviadores) e garantias de segurança operacional e proteção ambiental.

Por fim, a atividade de produção é a que possibilita a retirada do óleo e gás natural do subsolo até a superfície, permitindo a recuperação dos investimentos feitos e gerando um fluxo de caixa positivo que se estenderá por anos ou mesmo décadas. As atividades de desenvolvimento de produção e produção podem ocorrer simultaneamente num campo quando ele é desenvolvido em fases. Assim, a primeira fase (correspondente a uma parcela do reservatório) é iniciada e, quando já estiver em produção, gera recursos que ajudarão a financiar o desenvolvimento da produção de uma nova fase.

O dimensionamento da unidade de produção pode ser feito em função do pico de produção do campo ou considerando a produção inicial restringida. O primeiro caso (Figura 2.2) é o mais habitual no Brasil, com o objetivo de gerar rapidamente uma receita mais elevada depois de anos de gastos. Isso obriga a um investimento maior na unidade e na sua manutenção (custos de investimento e operação), com os equipamentos – tanto de superfície quanto submarinos – dimensionados pelo valor máximo de vazão de óleo e gás; o que provoca uma ociosidade crescente ao longo da vida útil do campo, quando ocorre o declínio natural da produção. De qualquer forma, isso permitirá uma folga para a conexão futura de poços adicionais, sejam provenientes de novos intervalos produtores descobertos ou de outros campos próximos (Faria, 2013).

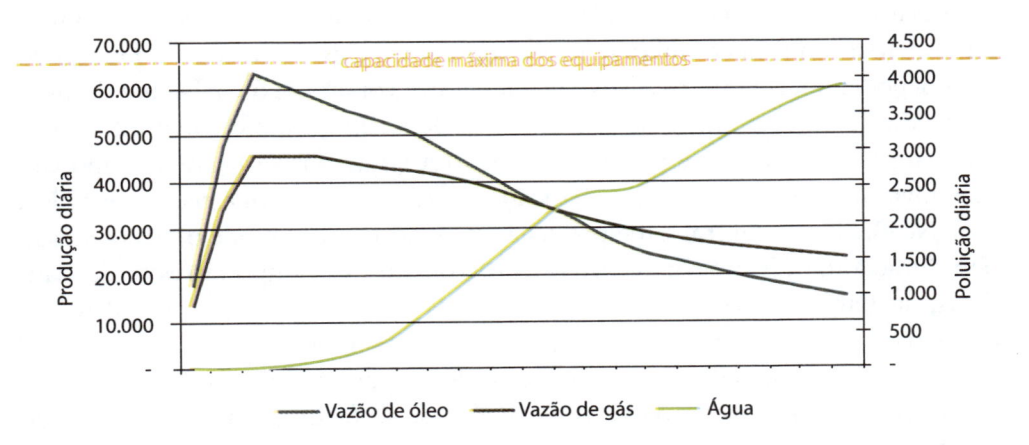

Figura 2.2 – Dimensionamento de unidade de produção pelo pico de produção
Fonte: Faria, 2013.

Caso a opção seja pelo dimensionamento da unidade de produção com capacidade inferior ao pico de produção (Figura 2.3), teremos menores investimentos imobilizados e os equipamentos passarão maior tempo operando com capacidade próxima ao seu máximo (menor ociosidade); no entanto, com a vazão restringida, o tempo de retorno para recuperação dos investimentos (*payback*) será mais longo e será reduzida a possibilidade de conectar poços adicionais no futuro.

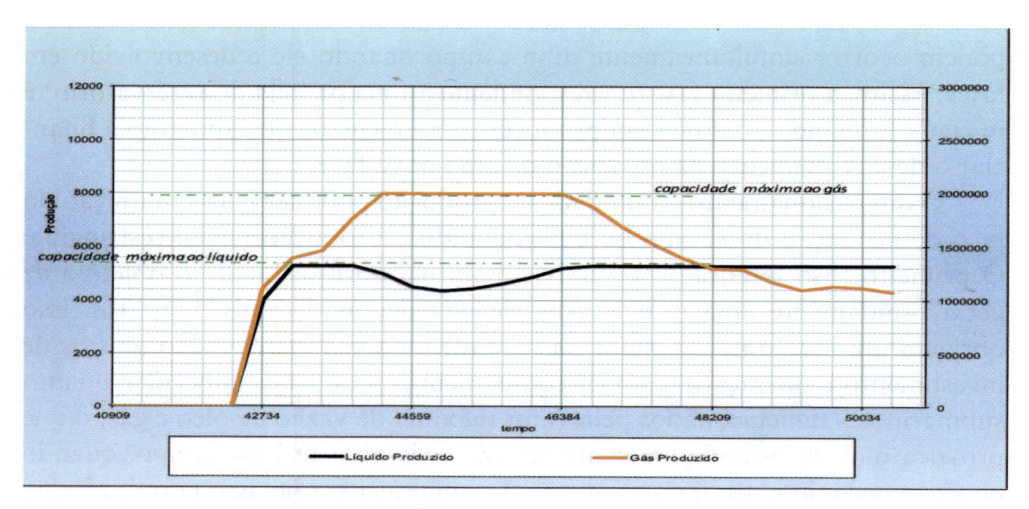

Figura 2.3 – Dimensionamento de unidade de produção com vazão restringida
Fonte: Faria, 2013.

Deve-se destacar que a capacidade nominal da unidade de produção refere-se ao processamento de líquidos (óleo mais água). No início a produção de água é muito baixa (ou mesmo nula), mas seu comportamento é crescente ao longo do tempo, podendo, em muitos casos, vir a superar o volume de óleo. Há um declínio na produção de óleo, que gira entre 6% e 10% ao ano, e o pico de produção de um campo também não é instantâneo, ocorrendo gradativamente à proporção que novas unidades entrem em operação e novos poços sejam a elas conectados.

No Brasil, os contratos de produção assinados sob o modelo de concessão têm duração de 27 anos, podendo ser prorrogados. O campo terrestre de Candeias, na Bahia, já produz há mais de setenta anos; na licitação inicial, sob o modelo de partilha de resultados, o prazo foi de 35 anos.

A atividade de perfuração permeia todo o *upstream*, disponibilizando seu produto, o poço (ligação da subsuperfície à superfície), para as três fases do segmento *upstream*. Devido ao alto custo das sondas, a perfuração de poços *offshore* pode representar mais de 50% dos custos do desenvolvimento de um campo, já que sondas marítimas de última geração para águas ultraprofundas têm frequentemente taxas diárias de aluguel superiores a US$ 500 mil. Mais de 3,4 mil sondas de perfuração se encontravam em atividade no mundo no final de 2013, pouco mais da metade nos Estados Unidos.

Já o segmento *downstream* é a fase industrial da atividade petrolífera, em que a matéria-prima (hidrocarbonetos) é processada e transformada nos "manufaturados", os derivados que têm mercado cativo, alta demanda e liquidez. É a fase de baixo risco, que engloba as atividades de refino, transporte e comercialização. O refino é a atividade de quebra das cadeias de carbono e hidrogênio que constituem os hidrocarbonetos, transformando-os em derivados. A comercialização envolve a compra e venda (incluindo importação e exportação) de petróleo e derivados, atendendo à demanda de refino ou de consumo por parte das distribuidoras e dos clientes finais. E o transporte permite a movimentação do petróleo da sua origem (poço ou compra de terceiros) até a refinaria e a movimentação dos derivados da refinaria para os centros de distribuição, daí atingindo o mercado consumidor.

O *downstream* foi a área historicamente mais lucrativa, com retornos altos e estáveis, garantidos pelo baixo preço do petróleo bruto e pela demanda crescente e insaciável por derivados. Foi o segmento mais atraente para o investidor até o começo da década de 1980, quando ocorreu forte redução em sua rentabilidade, o que desestimulou a construção de novas refinarias. A partir daí, aumentou a interdependência desses dois segmentos que têm uma forte interação entre si, com o *downstream* financiando a etapa extrativista em troca da descoberta de novas reservas que permitirão a perenidade da empresa. Uma empresa de petróleo vive de produzir petróleo (e gás natural) e de repor suas reservas. A companhia que se descuidar desse último ponto pode estar escrevendo a "crônica da morte anunciada", pois as reservas atuais cairão rapidamente e ela não terá como garantir sua perpetuidade sem a disponibilidade de "óleo novo", ou seja, as novas reservas que substituiriam as produzidas.

Essa integração vertical entre os segmentos provê um *hedge* natural, reduzindo risco e volatilidade por meio da junção da estabilidade de um caixa de longo prazo com atividades mais arriscadas, otimizando a cadeia de valor. Assim, passou a ser uma tendência geral a integração desses segmentos, seguida por quase todas as grandes companhias de petróleo nas últimas décadas.

Naturalmente, há empresas que, pelo porte ou por decisões gerenciais, focam apenas em um segmento, como é o caso da Valero, uma das maiores refinadoras mundiais. E há empresas que atuavam de forma integrada nos dois segmentos mas que decidiram fazer a separação (*split*) já na década de 2010, como a Marathon (2011) e a Conoco Phillips (2012). Esta última, com tal decisão corporativa, criou uma empresa exclusiva para o segmento *downstream* – a Phillips 66 – e saiu da lista das vinte maiores empresas de petróleo, divulgada pela *Petroleum Intelligence Weekly* (PIW), a partir da edição de 2013. A Marathon está abandonando a atividade no Mar do Norte e focando na área terrestre dos Estados Unidos.

2.3 Razões do sucesso

A moderna indústria do petróleo teve sua origem nos Estados Unidos em meados do século XIX, com a perfuração do primeiro poço pelo "coronel"

Drake, em Titusville, na Pensilvânia, concluído em 27 de agosto de 1859. O querosene foi então o primeiro derivado a ser utilizado, na iluminação, substituindo o óleo de baleia, que era barato mas cujo preço estava em elevação pela redução da quantidade desses animais. Até então, embora já conhecido há vários séculos, apenas vazamentos casuais de petróleo, devido a exsudações que atingiam a superfície, eram aproveitados.

Depois dessa descoberta inicial, a atividade petrolífera manteve um comportamento desorganizado e quase artesanal durante a década seguinte. Eram aventureiros, atraídos pela oportunidade de enriquecer, que se deslocavam para regiões em que o produto fora encontrado, num processo semelhante ao que ocorreria mais de um século depois com os garimpeiros brasileiros em Serra Pelada, na região norte do Brasil.

Surgiram muitos pequenos produtores e destiladores (a origem das refinarias); a produção era predatória, instável e incerta, alternando-se superproduções e esgotamentos, em função da depleção dos reservatórios. Havia forte especulação imobiliária, povoados eram formados da noite para o dia e na mesma velocidade eram abandonados quando a produção cessava, transformando-se em áreas fantasmas. Problemas como alcoolismo, prostituição e violência eram frequentes em torno desses locais.

O transporte era feito em barris de madeira, carregados por mulas, em pequenos volumes e com perdas; os preços sofriam imensas flutuações e grandes fortunas surgiam e evaporavam rapidamente; a tecnologia era incipiente e ocorriam vários acidentes, com explosões tanto nas sondas quanto nas residências dos consumidores finais, ceifando muitas vidas. Em 1862, a produção na Pensilvânia atingia 8.220 bpd e, nos primeiros dez anos, foram perfurados mais de 5,5 mil poços na costa leste americana, 80% dos quais secos ou não comerciais.

Mas, quando um negócio é interessante e apresenta um bom potencial empresarial, logo grupos maiores e mais organizados se interessam por ele. Em 1870, em Cleveland (Ohio), John D. Rockfeller fundou a Standard Oil Co., símbolo da fase profissional da atividade. Havia um plano estratégico para garantir estabilidade, e a empresa investiu inicialmente na área de refino (menor risco, maior lucro), expandiu a comercialização e a distribuição para todo o país e, posteriormente, para o mundo; investiu na padronização, melhoria da qualidade e segurança dos derivados; reduziu preços para ampliar mercado e eliminar concorrentes; focou na logística e dominou o transporte através de ferrovias e oleodutos. Em 1890 já produzia 25% do petróleo americano, detinha 85% do refino no país e mais da metade do mercado externo (Yergin, 2010).

A partir de então, a atividade se expandiu por todo o mundo, mas o pioneirismo e a liderança norte-americanos influenciaram fortemente todo o processo produtivo, a organização de trabalho (fortemente hierarquizada), os métodos de produção, a nomenclatura utilizada para equipamentos e operações (termos em inglês utilizados em todo o mundo) e as unidades de medida. Deve-se notar que nessa atividade não são utilizadas as unidades do Sistema Internacional (como metro, grama ou litro), mas pés, polegadas, libras, barris e galões.

Pouco mais de um século após o início da sua indústria, o petróleo, já nos anos 1960, ultrapassou o carvão, tornando-se o principal elemento da matriz energética mundial; e hoje, com pouco mais de 150 anos como atividade permanente, é um elemento fundamental e imprescindível para a sociedade mundial, permeando todos os setores industriais. É importante também para a segurança alimentar, tendo participação no transporte, equipamentos (bombas, tratores), implementos usados, fertilizantes, herbicidas/pesticidas e rações (Sohr, 2009).

Entre os fatores que contribuíram para esse rápido sucesso do petróleo, podemos destacar:

a) Baixo preço, tanto do petróleo quanto dos seus derivados, na maior parte do tempo

A Figura 2.4 mostra o comportamento do preço do petróleo, em US$, ao longo do tempo, de 1860 a 2013.

A curva inferior, mais clara, representa o valor do barril de petróleo praticado na época. De 1860 a 1944 a referência é a média do petróleo produzido nos Estados Unidos, até então o maior produtor mundial; de 1945 a 1983 usa-se o petróleo Árabe Leve, já que a produção da OPEP era crescente e chegou a ser dominante; e, a partir de 1984, o Brent é a referência. A curva superior, mais clara, representa o valor do barril de petróleo corrigido pela inflação norte-americana até 2013.

Observa-se que a alta volatilidade do preço do petróleo nas décadas iniciais (1860-1870) é rapidamente reduzida e, partir daí, essa variável se mantém muito baixa por várias décadas, algumas vezes abaixo de US$ 1/bbl. Mesmo um pequeno aumento em torno de 1920 é revertido logo em seguida, com novas descobertas. Há uma mudança de patamar a partir de 1945, ao final da Segunda Guerra Mundial, quando alguns países produtores estatizam empresas petroleiras ou, pelo menos, exigem melhor repartição dos lucros. Com isso o preço do barril sobe, mas segue baixo, na faixa de até US$ 3, sem causar impacto na economia mundial.

Na década de 1970, as chamadas "crises de petróleo" elevam fortemente os preços, que alcançam pontualmente US$ 14 (na primeira crise, em 1973) e até quase US$ 40 (na segunda, em 1979/1980). Isso levou a uma recessão em escala mundial e à busca por eficiência energética e substituição do petróleo por outras fontes energéticas. A consequência foi uma queda gradual nos preços do petróleo, culminando com o chamado "contrachoque do petróleo", em 1986, e a perda de participação da OPEP no mercado.

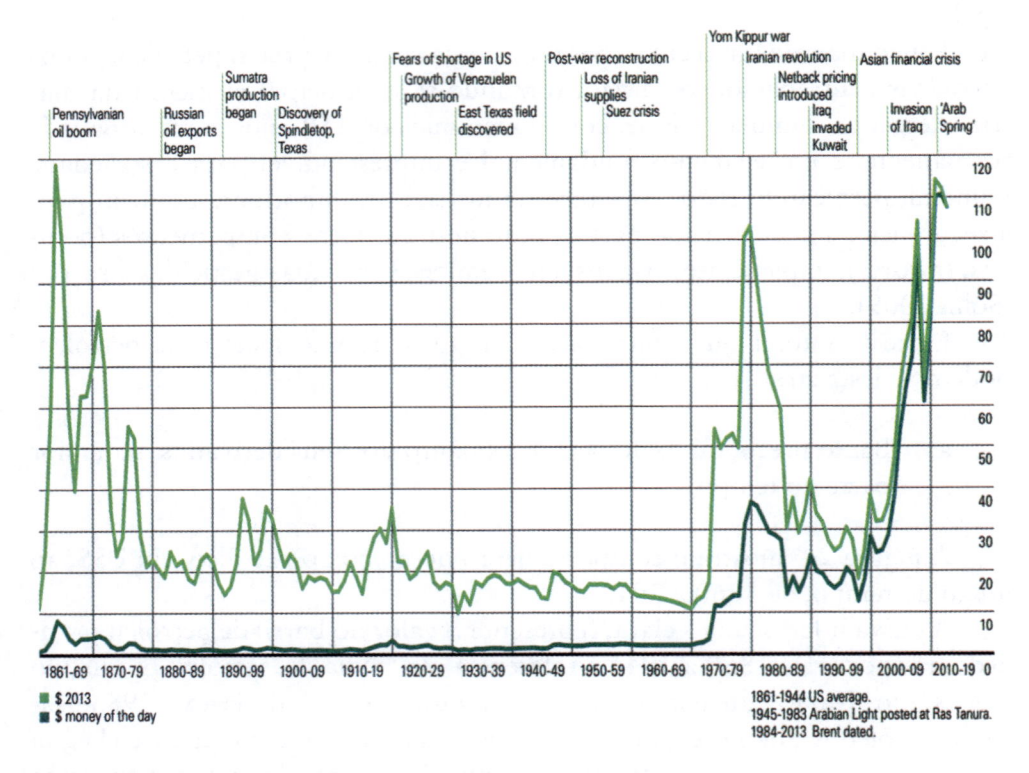

Figura 2.4 – Preço do barril de petróleo de 1861 a 2013 (em US$)
Fonte: BP

A partir daí e até o final do século XX, o preço do barril de petróleo situou-se numa faixa entre US$ 15 e US$ 20, valores adequados para produtores e consumidores. Para os primeiros, representava uma remuneração adequada; e, para os consumidores ocidentais, era um valor suportável e que viabilizava regiões que seriam antieconômicas com o preço do barril em apenas um dígito, como o Mar do Norte, a Bacia de Campos e áreas mais distantes do litoral do Golfo do México. No século XXI houve um intenso, inesperado e quase permanente aumento que elevou os preços para três dígitos, mantendo-se, no início de 2014, superior a US$ 100/bbl.

A Figura 2.5, confeccionada a partir de dados da Platt's, mostra o preço do barril de petróleo, mês a mês, a partir de 1997.

Em resumo, quase sempre o preço do petróleo foi muito baixo, o que permitiu sua expansão no mercado de energia; os momentos de alto custo foram exceções à regra. Mesmo no século atual, quando os valores nominais são elevados, as consequências são muito menos marcantes que na década de 1970. Isso porque o valor do barril de petróleo em 1979 corrigido para hoje já seria superior a US$ 100, e esse patamar foi ultrapassado em poucos momentos na última década. Além disso, o peso do petróleo na matriz energética foi reduzido nesse período (de 53% para 33%). Por sua vez, o peso da energia no custo final da produção industrial também é bem menor que há trinta ou quarenta anos. Dessa forma, o petróleo continua sendo um item fundamental e acessível ao mundo contemporâneo.

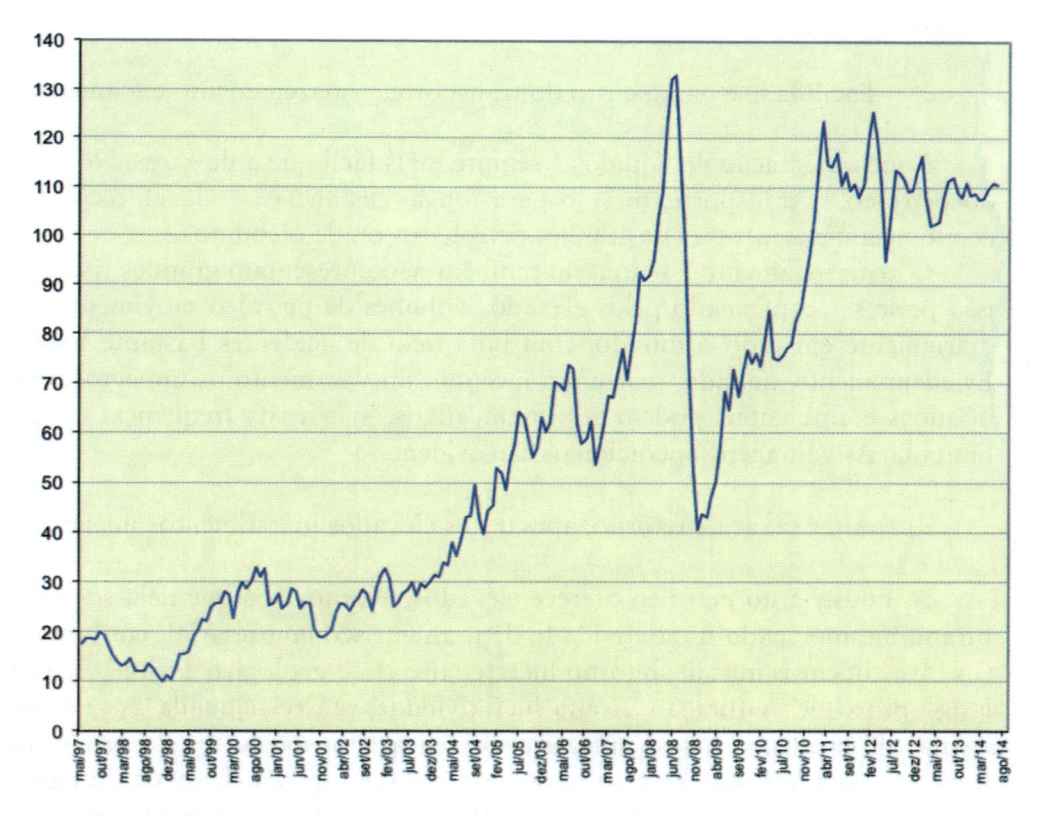

Figura 2.5 – Preço do barril de petróleo de 1997 a 2014 (em US$)
Fonte: Platt's

b) Segurança de fornecimento

Quase tão importante quanto o custo é a garantia de fornecimento de um produto que é essencial para a manutenção do modo de produção e de vida atuais. De nada adianta um produto ser barato se, quando necessário, ele não está à disposição. O petróleo sempre esteve disponível – embora, em alguns momentos, a um custo elevado –, proporcionando segurança no fornecimento energético, trazendo tranquilidade aos países e empresas que o adotaram no seu processo produtivo.

Essa segurança, por exemplo, não foi garantida pelo carvão. As precárias e, às vezes, desumanas condições de trabalho nas minas de carvão, desde o século XVIII, levaram à formação de ativos sindicatos de mineiros – principalmente na Europa – que lançaram mão de greves longas e frequentes na sua luta. Esse expediente naturalmente causou sérios problemas para os consumidores de carvão, contribuindo para a busca de outra fonte energética mais segura.

c)   Facilidade e baixo custo do transporte, armazenamento e manuseio

A movimentação de líquidos é sempre mais fácil que a de gases. No caso do petróleo, o transporte, mesmo para longas distâncias, é viável, técnica e economicamente, através de grandes petroleiros ou de oleodutos.

O armazenamento e manuseio também não apresentam grandes riscos, e isso pode ser confirmado pelos elevados volumes de petróleo movimentados diariamente em todo o mundo, com uma taxa de acidentes bastante baixa. Eviedentemente, quando ocorre um incêndio ou vazamento os impactos econômicos e ambientais podem ser significativos, mas a sua frequência é bem limitada. As vantagens operacionais são evidentes.

d)   Altas taxas de retorno, apesar dos elevados investimentos iniciais

A indústria do petróleo oferece elevados retornos aos que nela se aventuram, mesmo sendo uma atividade de grande risco empresarial, com intensos investimentos iniciais, retorno incerto, alto risco geológico e projetos com longo prazo de maturação. A alta lucratividade está relacionada às grandes escalas de produção e à significativa diferença entre os custos de produção (mesmo com a pesada carga tributária aplicada) e o preço de venda do barril de petróleo, o que permite taxas de retorno bastante atrativas. Segue uma máxima econômica: alto risco, alto retorno.

Por isso a famosa frase: "o melhor negócio do mundo é uma empresa de petróleo bem administrada, o segundo melhor é uma empresa de petróleo medianamente administrada, e o terceiro, uma empresa de petróleo mal administrada". Embora não seja mais verdadeira – principalmente após as crises do petróleo e a reformulação que elas provocaram na indústria petrolífera –, ela representa um sentimento amplamente difundido por várias décadas e mostra a rentabilidade que pode ser associada ao petróleo.

e) Versatilidade de uso

Por meio do refino são obtidas várias opções energéticas – com alto poder calorífico –, de transporte/mobilidade, transformação (como na indústria química e nos fertilizantes) e diversas comodidades na vida moderna. É uma forma concentrada de energia, fácil de aproveitar, pois sua queima é um processo simples, com baixo nível de desperdício.

2.4 Características da indústria

Entre as características que marcam a indústria do petróleo através do tempo, podemos destacar:

a) Mercado fortemente concentrado

As dez maiores empresas do setor dominam mais de 65% das reservas mundiais e quase 40% da produção total (ver seção 2.6). Isso faz com que a indústria petrolífera não se enquadre no conceito econômico de mercado perfeito – que é assim definido (Ross *et al.*, 1998):

- Os ativos estão disponíveis em quantidade e são perfeitamente divisíveis.
- Não há impostos nem custo de transação para investir ou desinvestir (custos de corretagem desprezíveis).
- Não há custo de informações, elas são confiáveis e compartilhadas por todos no mercado.
- Mercado suficientemente grande para que uma ação de um investidor individual não tenha ressonância sobre os preços praticados.

Assim, o petróleo não pode ser visto como uma *commodity* tradicional, mercadoria fabricada em grandes quantidades, com muitos produtores e consumidores em nível mundial, com processos contínuos e padrões técnicos fixados e para a qual a competição se dá pelo preço, já que o consumidor não percebe a diferença entre os fornecedores. Embora transacionado como tal, o petróleo tem uma importância econômica e estratégica que o diferencia do trigo, café, soja ou algodão.

b) Forte integração entre seus segmentos

Os segmentos *upstream* e *downstream* têm um elevado grau de integração, como destacado na seção 2.2. Isso se tornou mais claro após a década de 1970 quando o refino deixou de ser a atividade mais lucrativa.

c) Dispersão geográfica (internacionalização)

Mesmo com maior concentração de reservas no Oriente Médio (48%) e Venezuela (17,7%), o petróleo pode ser encontrado em todos os continentes e em diferentes regiões marítimas. Em terra ocorrem reservas significativas na América do Norte, África, China, Rússia e outros países que constituíram a antiga União Soviética. No mar os destaques são o tradicional Golfo do México (onde já havia atividade exploratória desde meados do século XX), Mar do Norte, Bacia de Campos, costa leste africana e Mar da China, sendo que algumas dessas regiões só se tornaram viáveis após as "crises do petróleo".

d) Alta importância estratégica

O petróleo é uma fonte ainda não substituível na matriz energética mundial, em termos de intensidade, economicidade, eficiência e diversificação de aplicações. Seu preço não guarda relação direta com seus custos de produção, tendo sido influenciado por cartéis e oligopólios, e exercendo forte influência sobre os vários setores econômicos.

A importância estratégica do petróleo é claramente comprovada pela preocupação dos países em garantir o seu suprimento e por quanto se dispõem a pagar por essa garantia, que significa segurança econômica e política. São exemplos concretos:

- O comportamento dos países "Aliados" e do Eixo na Segunda Guerra Mundial. A guerra foi vencida com a intervenção dos Estados Unidos, que eram, na época, os maiores produtores e exportadores mundiais. Os países do Eixo montaram suas estratégias de guerra com base no acesso ao petróleo, tanto a Alemanha, na Europa, quanto o Japão, na área do Oceano Pacífico (Yergin, 2010).
- A atuação da OPEP, a partir da sua criação em 1960.
- As consequências das "crises do petróleo" (1973 e 1979) na economia mundial.
- As várias crises no Oriente Médio desde a criação de Israel (1948), passando pelo fechamento do Canal de Suez por Nasser (1956) até a Guerra do Golfo, na qual um grupo de dezesseis países mobilizou

600 mil homens e várias dezenas de bilhões de dólares nas operações "Escudo do Deserto" e "Tempestade no Deserto" (Bueno, 1994).

- A invasão do Iraque (março de 2003) por uma aliança de países, liderada por Estados Unidos e Reino Unido, para garantir o acesso a um recurso de extrema importância. Isso significou uma quebra de paradigma, pois desde a Segunda Guerra Mundial os estrategistas consideravam que guerras de conquista estavam eliminadas.

- Conflitos localizados em países periféricos que tomam uma dimensão e visibilidade maiores por estes possuírem reservas de petróleo, como Timor Leste e Sudão.

- As quase trinta bases militares americanas na região entre o Mar Mediterrâneo e o Golfo Pérsico.

- A reativação, em 2008, da IV Frota da marinha americana no Atlântico Sul, que havia sido criada em 1943 e desativada em 1950.

- A acusação de que a agência de segurança dos Estados Unidos (National Security Agency – NSA) espionava as bases de dados de países e de empresas de petróleo, como a Petrobras e a Total. Tal acusação foi feita por um ex-funcionário da agência, Edward Snowden.

- A participação ativa das estatais chinesas na busca de reservas no exterior para garantir o fornecimento contínuo para seu país. Aí se inclui a participação no primeiro leilão brasileiro sob o modelo de partilha, em Libra.

- A influência que o preço do petróleo exerce sobre a produção e consumo das demais fontes de energia.

e) Elevada utilização de tecnologia de ponta

Isso ocorre porque a indústria do petróleo tem capacidade financeira para esses pesados investimentos e, simultaneamente, enfrenta grandes desafios tecnológicos. Normalmente são as atividades intensivas em capital, como a petrolífera, aeronáutica e de informática, que podem fazer inversões em pesquisa e desenvolvimento (P&D); atividades como a têxtil, com pequena margem de lucro e com mercado muito pulverizado, não têm condições para tais aplicações.

A perfuração/produção *offshore* é um excelente exemplo de desafios tecnológicos a enfrentar, já que, além dos conhecimentos tradicionais de engenharia aplicados à atividade terrestre, nela devem ser incorporados os de logística, engenharia naval, automação, de materiais e química, entre outros. Os de logística, devido ao espaço limitado para armazenamento nas instalações marítimas, às restrições quanto à capacidade de suportar pesadas cargas (principalmente nas sondas semissubmersíveis), e pela impossibilidade de interrupções na operação por falta de insumos, em razão do alto custo da unidade.

A área naval deve garantir a flutuação e a estabilidade das sondas, submetidas à ação de ventos, ondas e correntezas que tomam direções diversas em diferentes intervalos de profundidade. Isso demanda a ação da engenharia de materiais, pois os *risers* são cada vez mais profundos e devem ser fabricados com materiais sempre mais leves e resistentes, que garantam longevidade e integridade às instalações. Pela mesma razão, são demandados conhecimentos de automação e robótica, para operar equipamentos em profundidades não alcançáveis por mergulhadores. E o desenvolvimento da área da tecnologia da informação, para aquisição de dados de poços em tempo real e sua disponibilização nos escritórios no continente.

O *riser* é a tubulação que conecta a plataforma de perfuração ao fundo do mar, permitindo o retorno do fluido de perfuração e dos cascalhos trabalhados pela broca até a superfície; e possibilitando a movimentação de equipamentos como a coluna de perfuração e a de revestimentos. Devido às grandes profundidades, estão sendo desenvolvidos tubos de alumínio com tratamento especial, para permitir maior resistência e menor peso; e são necessárias soldas de qualidade, para tolerâncias dimensionais muito restritas.

A engenharia química procura soluções para o choque térmico que ocorre com os fluidos com alta concentração de água e gás, oriundos de reservatórios profundos em alta temperatura, em contraste com as baixas temperaturas no fundo do mar. Isso pode provocar a formação de hidratos, com a solidificação dos fluidos produzidos impedindo sua movimentação pelas tubulações. Naturalmente, poderiam ser citados outros avanços tecnológicos no processamento sísmico, simulação de reservatórios e completação de poços; além de atividades no segmento *downstream*.

São as companhias de petróleo que direcionam as rotas tecnológicas no setor, impelindo as futuras ofertas dos fornecedores. As inovações tendem a ser caras, pois não há economia de escala inicial, o tempo de desenvolvimento pode ser longo, além do risco inerente à atividade.

Para atender seus clientes, as parapetroleiras (empresas que prestam serviços às companhias de petróleo) fazem investimentos contínuos em P&D, através de desenvolvimento orgânico ou aquisições de outras empresas para absorver competências. Em geral seus centros de pesquisa ficam no país-sede.

No Brasil, 1% da receita bruta da produção dos campos que pagam Participação Especial (PE) deve ser investido em P&D. Metade desse montante pode ser utilizado nas instalações do próprio concessionário, mas o restante deve ser investido em universidades e centros de pesquisa nacionais credenciados pela ANP. São valores significativos (R$ 8 bilhões até meados de 2013, sendo 97,5% oriundos da Petrobras) que mudaram as condições de trabalho e pesquisa de várias faculdades de engenharia e geologia do país.

2.5 Volumes (reservas, produção, consumo e refino)

As maiores reservas mundiais de petróleo são apresentadas na Figura 2.6. Pode-se observar que são da OPEP sete entre os dez países que lideram as reservas; as exceções são Canadá, Rússia e Estados Unidos. As reservas da OPEP alcançam 72% do total mundial, enquanto as do Brasil não chegam a representar 1%.

Atualmente as maiores reservas mundiais de petróleo encontram-se no Oriente Médio (48% do total, mais de 800 bilhões de barris), mas a América Latina mais que dobrou sua participação nos últimos dez anos (hoje com quase 1/5 do total e uma relação R/P acima de 120 anos) graças ao aumento volumétrico das reservas da Venezuela, proveniente do Cinturão do Orinoco (em 2014 rebatizado como Chavez); só em Carabobo há expectativa de reservas de 27 bilhões de barris. No entanto, em grande parte, esse óleo adicional venezuelano é muito pesado e viscoso e, consequentemente, tem menor valor de mercado. Portanto, embora as reservas venezuelanas liderem em termos volumétricos, são as da Arábia Saudita as de maior valor econômico.

O Canadá alcançou a terceira posição em reservas devido aos elevados volumes de óleo em areias betuminosas, principalmente na região de Alberta, onde a produção já ultrapassa 2 milhões bpd. O processo de exploração é ambientalmente agressivo, e o país sofre pressão para tributar mais fortemente esse petróleo.

O ritmo de reposição de reservas é a base de sustentação de longo prazo de uma companhia de petróleo e uma das principais razões do processo de fusões e aquisições ocorridas nos últimos trinta anos. A razão R/P mundial em 2013 situava-se em 53,3 anos. Desde o ano 2000 as reservas mundiais cresceram 34%, mas houve uma queda de qualidade no "novo óleo", mais pesado.

Os maiores produtores individuais são Arábia Saudita, Rússia e Estados Unidos, todos com mais de 10 milhões bpd, e responsáveis em conjunto por mais de 36% do total. O crescimento da produção russa foi impressionante nos últimos anos – mais de 63% neste século; o petróleo hoje representa 30% do PIB russo e vem sendo o principal responsável pela recuperação econômica do país (crescimento de mais de 5% ao ano no início do século XXI) e pela redução da sua dívida externa.

Até a Segunda Guerra Mundial, os Estados Unidos eram responsáveis por 60% da produção mundial de petróleo. Desde então perderam espaço, principalmente para os países do Oriente Médio, e, a partir da década de 1950, passaram a importadores líquidos de petróleo. Porém, desde 2007, a produção norte-americana vem aumentando (cresceu quase 47% em seis anos), o que permitiu a redução de importações; alguns técnicos do setor acreditam que o

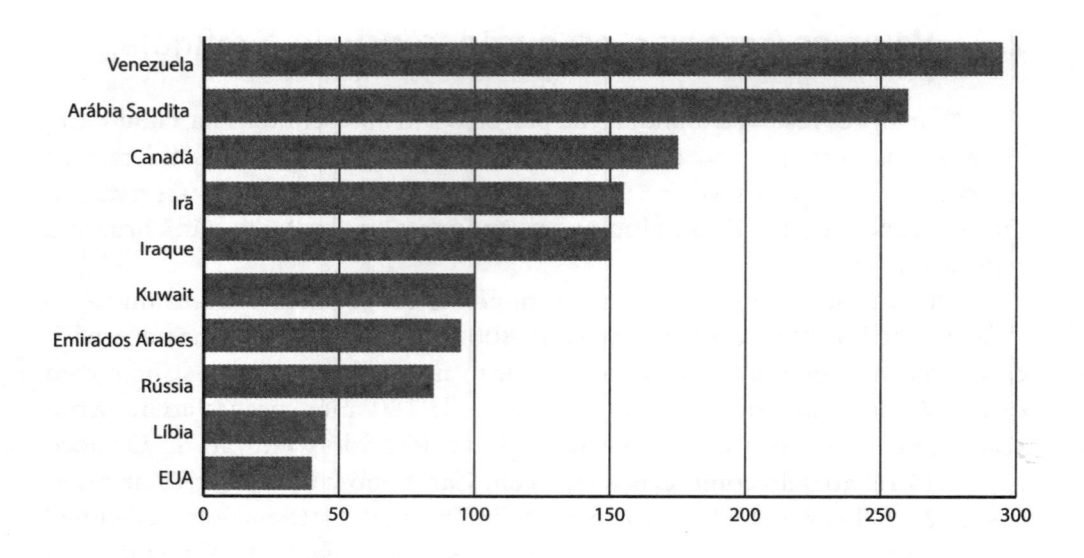

Figura 2.6 – Maiores reservas mundiais de petróleo (em bilhão bbl)
Fonte: BP

país poderá voltar a uma temporária autossuficiência até a década de 2030. A atual legislação norte-americana impede a livre exportação de óleo produzido no país, o que só pode ocorrer após análise por carga individual realizada pelo Commerce Department's Bureau, o órgão que pode conceder tais permissões. Mas há forte discussão sobre a retirada de tais restrições em virtude do aumento da produção interna.

A Figura 2.7 mostra os maiores produtores de petróleo em 2013. Aí encontramos cinco países da OPEP (Arábia Saudita, Irã, Emirados Árabes, Kuwait e Iraque), já que a organização atua como um produtor residual, complementando a produção não OPEP e representando menos de 40% do total. A produção brasileira alcança 2,7% da mundial.

Quanto ao consumo, há uma intensa concentração em poucos países. Os sete maiores consumidores demandam mais de 50% do total, ultrapassando o somatório de mais de 200 outras nações. Os Estados Unidos permanecem como principal consumidor – quase 20% do total mundial –, seguidos de longe pela China (12%); a seguir vêm Japão e Índia, com participações em torno de 5%. O crescimento chinês foi o mais significativo neste século, ultrapassando rapidamente o Japão, que poderá vir a ser suplantado também pela Índia. O Brasil aparece na sétima posição, com participação pouco superior a 3% do total, mas com um crescimento de 50% nos últimos dez anos. Um único país da OPEP (Arábia Saudita) faz parte desse grupo, conforme a Figura 2.8.

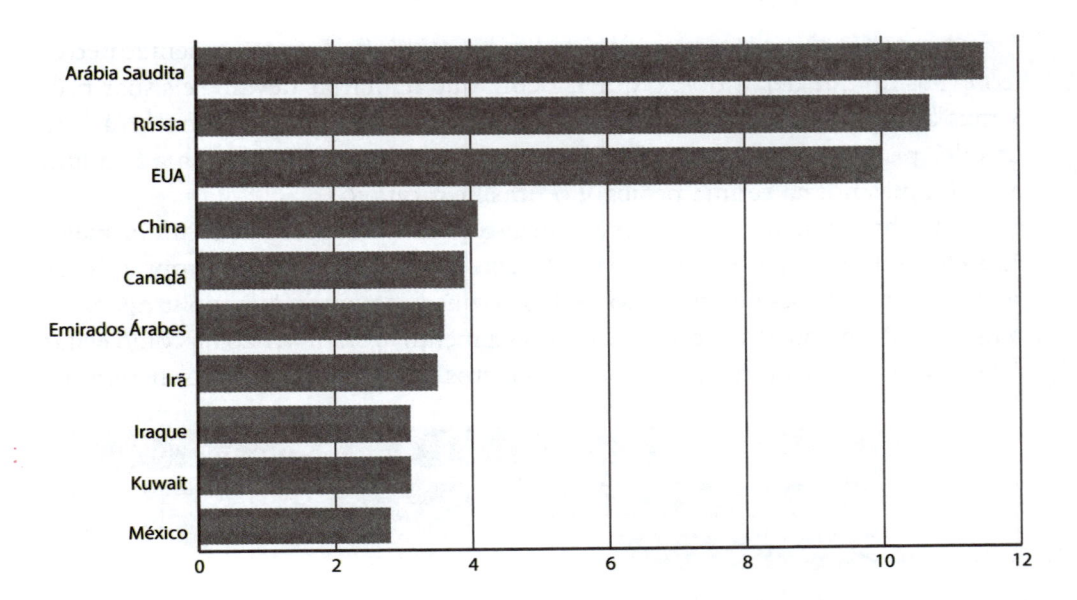

Figura 2.7 – Maiores produtores mundiais de petróleo (em milhão bpd)
Fonte: BP

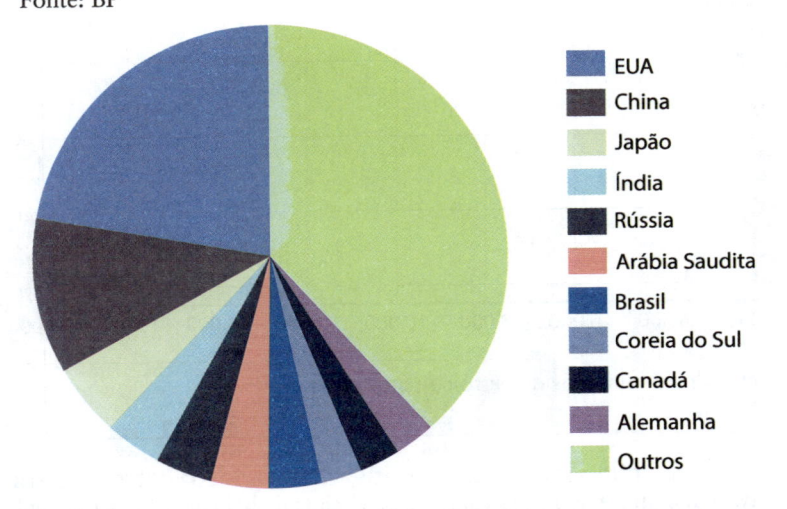

Figura 2.8 – Maiores consumidores mundiais de petróleo (em milhão bpd)
Fonte: BP

Até 2012 o consumo dos países do Primeiro Mundo superava o dos demais. Essa situação se inverteu em 2013, devido ao contínuo crescimento da demanda na China e Índia, a estabilidade nos Estados Unidos e a queda na Europa, segundo a U.S. Energy Information Agency (DOE EIA).

Já a capacidade de refino concentra-se nos países que são grandes consumidores, como pode ser visto na Figura 2.9.

A razão técnica é que é mais simples, barato e eficiente movimentar petróleo bruto do que derivados, o que faz com que refinarias devam se situar próximas aos grandes mercados consumidores (Estados Unidos, China). Na lista dos dez primeiros, encontra-se apenas um membro da OPEP (Arábia Saudita) e, assim mesmo, na sétima posição; o Brasil é o oitavo.

Mas há também uma razão estratégica para tal concentração no Primeiro Mundo: um dos maiores riscos da indústria petrolífera é o de expropriação de reservas e instalações de produção e refino, o que é majorado quando se opera em países politicamente instáveis. No caso do segmento *upstream*, não há como evitar tal risco, já que as jazidas com hidrocarbonetos frequentemente lá se encontram.

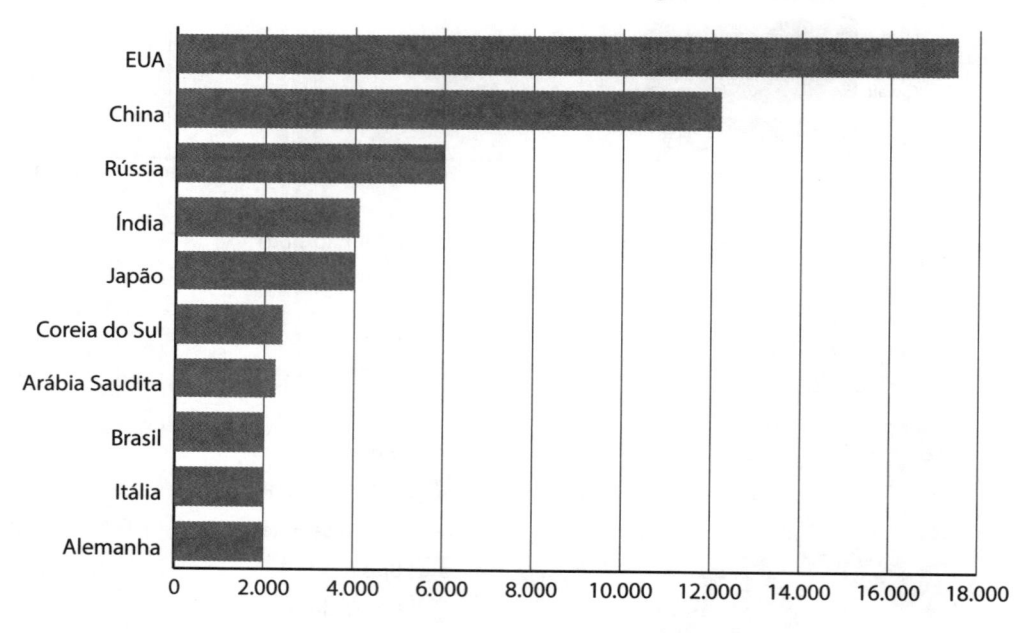

Figura 2.9 – Maiores refinadores mundiais de petróleo (em milhar bpd)
Fonte: BP

Porém, na atividade de refino isso pode ser mitigado levando o petróleo para unidades em países do Primeiro Mundo ou em suas colônias. Isso é exemplificado pelas Ilhas Virgens, pequenas ilhas do Mar do Caribe, onde se situa a refinaria de Saint Croix, uma das quinze maiores do mundo, com capacidade de 500 mil bpd.

A capacidade mundial de refino cresceu 15% desde o ano 2000, depois de quase duas décadas de estagnação. No território dos Estados Unidos encontram-se quase 19% da capacidade total, não apenas de companhias norte-americanas, já que as mais variadas empresas internacionais querem estar presentes no maior mercado consumidor de petróleo. Esse percentual já foi maior, antes da construção de refinarias na China e Índia, neste século, o que fez com que a Ásia do Pacífico concentre atualmente o maior volume de refino de petróleo – em torno de um terço do mundo –, conforme a Figura 2.10, confeccionada a partir de dados da BP. Também contribuem para isso três grandes refinarias sul-coreanas, que somam capacidade conjunta de quase 2,3 milhões bpd.

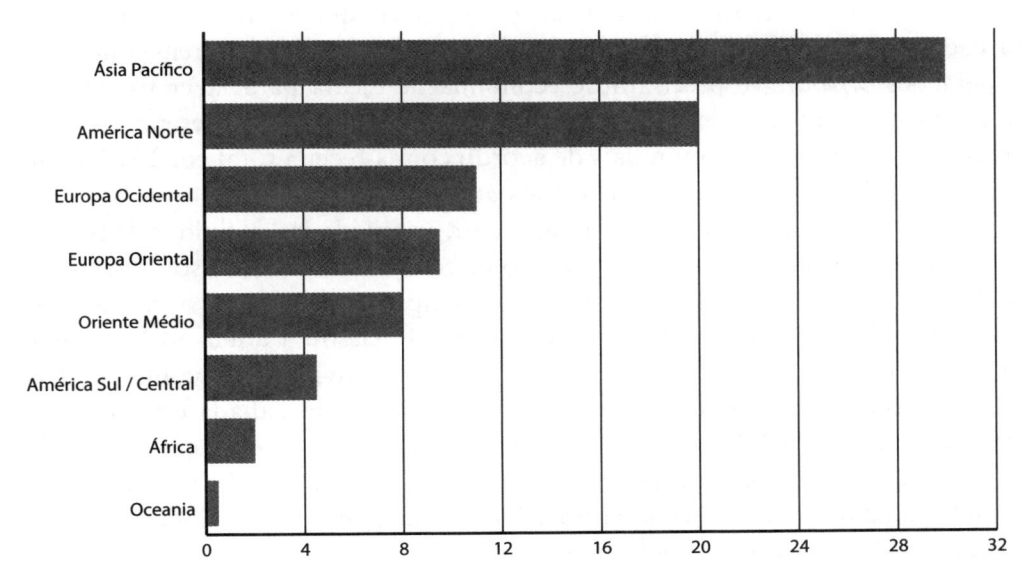

Figura 2.10 – Capacidade de refino por região (em milhão bpd)
Fonte: BP

Há regiões claramente exportadoras, como o Oriente Médio, África e América Latina; enquanto Ásia do Pacífico e América do Norte têm um perfil nitidamente importador. Já ao longo de 2013, a China ultrapassou os Estados Unidos como maior importador mundial de petróleo, devido ao elevado consumo chinês (atividade econômica crescente e aumento da venda de automóveis) e à maior produção interna norte-americana.

Prosseguem os estudos para a substituição do petróleo na matriz energética em função da futura exaustão de reservas, da busca por menores custos (biotecnologia na produção de plásticos e lubrificantes) e do impacto ambiental.

2.6 As grandes empresas petrolíferas

Companhias de petróleo são empresas que têm por objetivo a produção de hidrocarbonetos (geração de receita) e a reposição de reservas (garantia de perenidade). Nessa classificação encontramos as internacionais Saudi Aramco, Exxon e Shell, entre outras; e as nacionais Petrobras, HRT, Petra, Barra...

Já as parapetroleiras têm por objetivo a prestação de serviços técnicos especializados às companhias de petróleo. Assim, sua remuneração não depende diretamente dos volumes de reservas encontradas ou do preço do barril de petróleo praticado no mercado, mas do valor dos serviços por elas prestados. Frequentemente são empresas de grande porte que atuam em quase toda a cadeia do petróleo (com destaque para geofísica, perfuração, engenharia e operações *offshore*) e precisam de economia de escala para fazer frente aos altos investimentos em pesquisa tecnológica. A Figura 2.11 apresenta as oito maiores parapetroleiras mundiais de acordo com a receita total em 2013, com dados obtidos dos respectivos relatórios anuais.

A Schlumberger, a maior de todas, lidera as atividades de fluidos de perfuração e completação, brocas, perfuração direcional, controle de sólidos, bombeio e *wireline* (operações com arame). A empresa, de origem francesa mas hoje sediada em Houston, foi criada em 1926 e passou a atuar no Brasil em 1945. A Halliburton, norte-americana, lidera na atividade de completação; já a Weatherford, fundada no Texas em 1941 mas hoje sediada em Genebra (Suíça), mantém a liderança em revestimentos, pescaria e elevação artificial. A norte-americana Baker-Hughes tem forte presença no Brasil e atua em uma ampla gama de atividades, enquanto a Tenaris (no país, Tenaris Confab) é mais focada na fabricação de tubulação de aço.

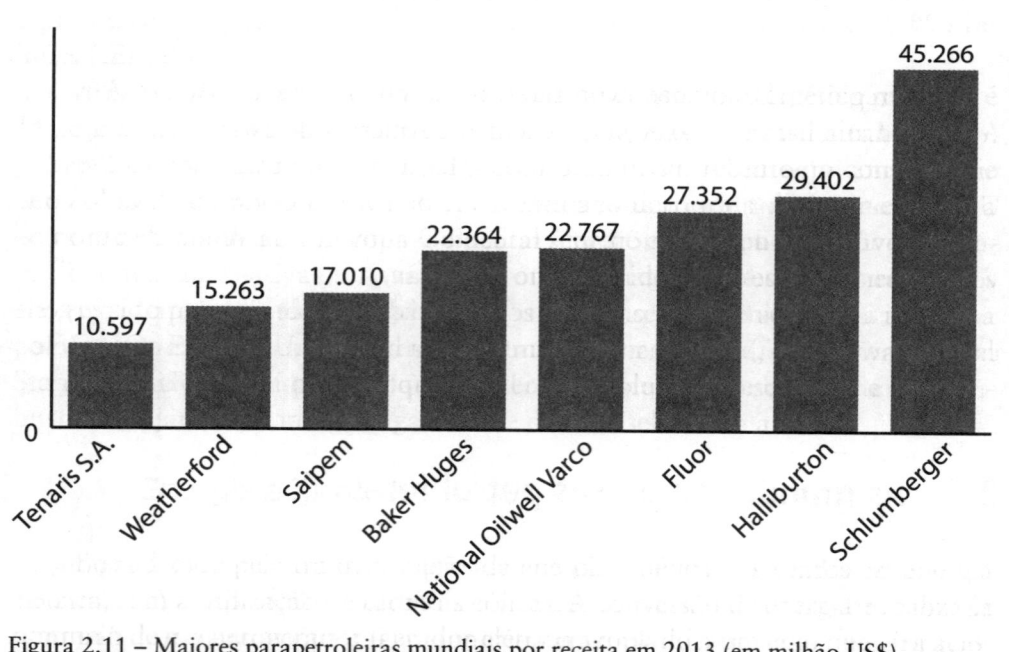

Figura 2.11 – Maiores parapetroleiras mundiais por receita em 2013 (em milhão US$)
Fonte: Relatórios anuais das empresas

Existem ainda as operadoras de sonda, empresas que têm a propriedade de sondas e que as arrendam a uma companhia de petróleo para realizar as operações determinadas por esta. É uma atividade complexa, envolvendo unidades terrestres ou marítimas, de perfuração ou produção, de grande ou pequeno porte e com graus bastante variados de complexidade tecnológica.

A renumeração da operadora de sondas também não é função do petróleo encontrado ou produzido, mas da disponibilidade temporal da sonda (equipamentos e equipe especializada), mediante pagamento de uma taxa diária, definida em contrato por um intervalo de tempo igualmente pactuado entre as partes. Essa taxa pode receber bônus ou penalidades em função do desempenho da operadora e é fortemente influenciada pelo preço do barril de petróleo, apresentando elevada volatilidade ao longo do tempo: preços elevados com o mercado aquecido e preços baixos quando o mercado está parado e há ociosidade de sondas. Chama-se *down time* ao tempo em que a sonda fica indisponível, tendo sua remuneração reduzida ou mesmo cortada no período correspondente.

Outra forma de contratação de uma sonda é a modalidade *turn key*, em que o pagamento é por serviço concluído (perfuração de um ou vários poços, por exemplo), independente do tempo consumido; é uma contratação por empreitada. É menos utilizada atualmente, pois, segundo seus críticos, leva a uma operação acelerada que pode vir a comprometer a qualidade do poço entregue: elevada tortuosidade ou com formações danificadas, tendo sua capacidade de produção reduzida ou eliminada.

Entre as principais operadoras de sondas no mundo temos Transocean, Noble, Ensco e Seadrill, cujas frotas atingiam no final de 2013, respectivamente, 125, 77, 74 e 69 unidades marítimas; a Nabors é a empresa com maior quantidade de sondas (545), mas é focada em unidades terrestres (490). Entre as operadoras brasileiras temos QGOG (Queiroz Galvão), Odebrecht, Schain Cury e Etesco.

Em alguns países, as companhias de petróleo podem ser proprietárias dos ativos de transporte (navios, dutos), em outros não. Neste último caso está o Brasil, onde a Petrobras precisou criar uma subsidiária, a Transpetro, para desempenhar tal função. Em termos mundiais, algumas das empresas específicas de transporte de petróleo e gás são: Kinder Morgan (Estados Unidos), Enbridge (Canadá), Transneft (Rússia) e Naftogaz (Ucrânia).

Voltando às companhias de petróleo, as maiores apresentam alguns pontos em comum. São empresas de grande porte, com investimento em vários segmentos (por vezes também fora da indústria petrolífera), intensivas em capital e tecnologia e com alto impacto sobre a mão de obra, tanto direta quanto indireta.

Usando um enfoque simplificador, poderíamos dividi-las em dois grupos: as *majors* (*International Oil Companies* – IOC) e as estatais (*National Oil Companies* – NOC). As primeiras são grandes empresas privadas, com atuação internacionalizada (estratégia de mitigação de riscos através da diversificação de carteiras de projetos) e, durante longo período de sua existência, voltadas para o *downstream*, segmento que era menos arriscado e mais lucrativo. Oriundas de países do Primeiro Mundo, com grande base industrial e estabilidade jurídico-institucional, essas companhias empregam tecnologia avançada e estrutura gerencial altamente profissional, voltadas para a maximização do lucro de seus acionistas e, consequentemente, para maiores bônus para seus executivos; e têm visão de retorno financeiro de curto prazo. Porém seu acesso ao petróleo bruto (base geológica) é limitado: a razão reservas/produção (índice R/P) é inferior a quinze anos em quase todas as empresas desse grupo.

Já as grandes estatais são, em geral, monopolistas, originárias do Terceiro Mundo e sofrem maior controle dos governos, pois são fundamentais na política econômica de seus países de origem. Assim, essas empresas, por vezes, são usadas para subsidiar combustíveis, desenvolver programas sociais e recolher altos tributos. Dispõem de grandes reservas petrolíferas: têm mais de 80% das reservas mundiais e a razão R/P é sempre superior a vinte anos e, em alguns casos, ultrapassa um século. Sua ênfase é no *upstream*, já que a base geológica é seu diferencial competitivo, e priorizam a reposição de reservas; são mais frágeis no refino e sua atuação internacional é restrita ou nula.

Entre as vinte maiores empresas de petróleo, segundo a publicação *Petroleum Intelligence Weekly* (PIW) de novembro de 2013, podem ser citadas algumas grandes estatais: Saudi Aramco (Arábia Saudita), NIOC (Irã), CNPC (China), PDVSA (Venezuela), Gazprom (Rússia), KPC (Kuwait), Pemex (México), Petrobras (Brasil), Sonatrach (Argélia), Rosneft (Rússia), QP (Catar), ADNOC (Emirados Árabes), Sinopec (China) e Petronas (Malásia). Entre as privadas, destacam-se Exxon (Estados Unidos), BP (Reino Unido), Shell (Reino Unido / Holanda), Chevron (Estados Unidos), Total (França) e Lukoil (Rússia).

No Brasil, além da clara liderança da estatal Petrobras, dezenas de empresas privadas nacionais participam do mercado, como: OGX (que pertenceu ao grupo Eike Batista), HRT (atuação concentrada na Amazônia), QGEP (do grupo Queiroz Galvão), Petra (atuação terrestre, principalmente no Nordeste) e Barra (atuação minoritária em campos marítimos).

A revista *Forbes* publicou em maio de 2014 a sua lista das cem maiores empresas de capital aberto do mundo. Nela aparecem duas empresas de petróleo entre as dez maiores companhias, e nove entre as trinta primeiras. A Petrobras aparece como a maior da América Latina e a 30ª na lista geral; a Petrochina é subsidiária da CNPC no segmento *upstream* e tem ações listadas em bolsa de valores.

A Tabela 2.2 mostra o *ranking* das principais empresas petrolíferas quanto à receita e lucro líquido em 2013, segundo o estudo da *Forbes*.

Tabela 2.2 – Resultados financeiros de grandes companhias de petróleo em 2013		
Empresa	Receita (US$ bilhão)	Lucro (US$ bilhão)
Royal Dutch Shell	451,4	16,4
Sinopec	445,3	10,9
Exxon	394,0	32,6
British Petroleum	379,2	23,6
Petrochina	328,5	21,1
Total	227,9	11,2
Chevron	211,8	21,4
Gazprom	164,6	39,0
Petrobras	141,2	10,9

Assim como na seção 2.5 foi feita uma análise de variáveis de volume (reservas, produção, consumo e refino) por países, pode ser realizado estudo semelhante por empresas de petróleo, e com resultados compatíveis.

Em termos de reservas, as dez companhias líderes são estatais, sendo que oito são membros da OPEP. Como nos países dessa organização as empresas são monopolistas, todo o volume do país é também da sua companhia estatal. PDVSA, Saudi Aramco e NIOC ocupam as primeiras posições. Também estão presentes na lista estatais não monopolistas, como CNPC e Rosneft, da China e Rússia, respectivamente. As primeiras empresas privadas só surgem a partir da 11ª posição: Lukoil e Exxon (Figura 2.12). As estatais concentram aproximadamente 80% das reservas mundiais.

Quanto à produção, apenas uma empresa privada aparece no grupo das dez líderes (Figura 2.13), a Exxon. Das nove estatais, cinco são de países membros da OPEP (Saudi Aramco, NIOC, KPC, INOC e PDVSA); as demais são CNPC, Pemex, Rosneft e Petrobras (em décimo lugar).

Em relação ao refino, a situação é mais equilibrada, com cinco privadas e cinco estatais (Figura 2.14). A liderança é da Exxon, seguida de perto pela Sinopec, ambas com parque de refino que ultrapassa 5 milhões bpd; a seguir vêm outra estatal chinesa, CNPC, e as privadas RD Shell e Valero. Esta é uma empresa norte-americana não integrada, exclusivamente refinadora, não atuante no *upstream*.

Pode-se notar que as grandes empresas privadas têm uma capacidade de refino bem superior à sua produção, indicando que elas compram petróleo bruto de outras fontes para processá-lo e vender os derivados. Na fase de comercialização os volumes são ainda mais altos, permitindo concluir que adquirem também derivados oriundos de outras refinadoras para aproveitar sua capacidade de armazenamento, distribuição e abrangência intercontinental. Em 2013 a Petrobras atingiu a nona posição, entrando no seleto grupo das dez maiores refinadoras mundiais.

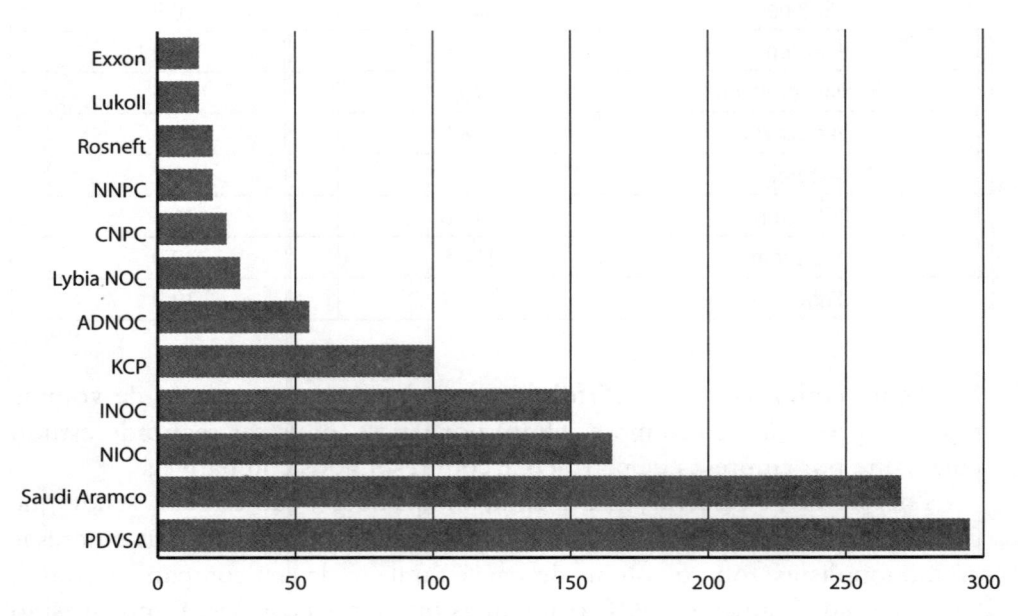

Figura 2.12 – Maiores reservas por companhia de petróleo (em bilhão bbl)
Fonte: PIW

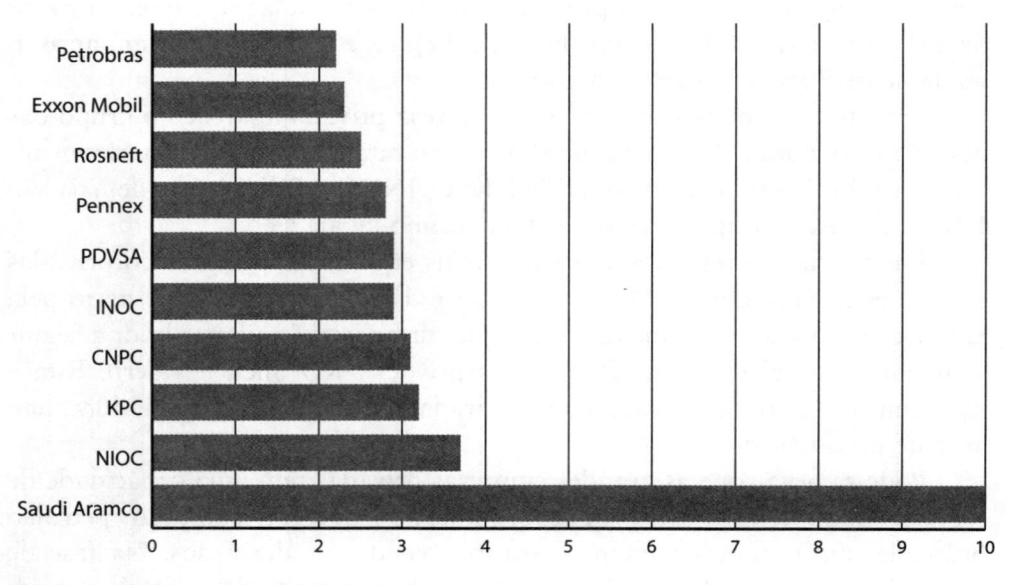

Figura 2.13 – Maiores companhias produtoras de petróleo (em milhão bpd)
Fonte: PIW

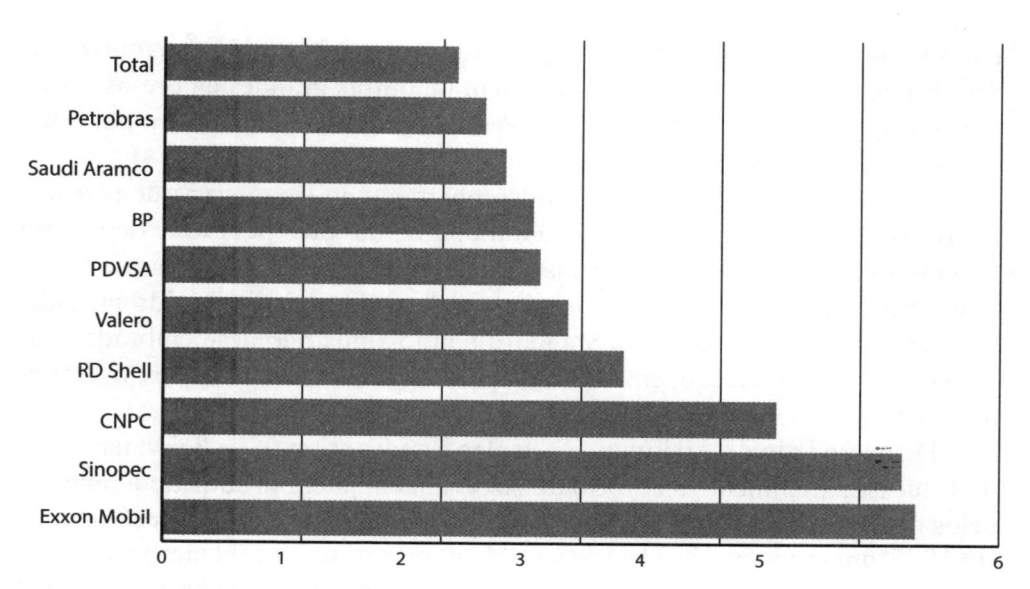

Figura 2.14 – Maiores companhias refinadoras de petróleo (em milhão bpd)
Fonte: PIW

2.6.1 As Sete Irmãs

O termo Sete Irmãs designa o grupo de grandes empresas petrolíferas privadas (*majors*) que dominou essa atividade por várias décadas, do fim do século XIX até meados do século XX, impondo seus interesses e exercendo seu poder sobre vários países produtores. A expressão "Sete Irmãs" foi criada por um dos seus maiores críticos e adversários, Enrico Mattei, presidente da empresa petrolífera estatal italiana Agip, morto em suspeito acidente aéreo em 1962. É interessante observar como essas companhias se formaram e se desenvolveram (Yergin, 2010).

Após a fase inicial quase artesanal da indústria petrolífera nos Estados Unidos, a Standard Oil rapidamente se tornou a grande empresa de petróleo do país e do mundo, alcançando uma participação muito alta no mercado, principalmente no segmento *downstream*. Ao mesmo tempo que a companhia era reconhecida como empresarialmente eficiente e verticalmente integrada, sofria acusações de ter uma postura especulativa, praticar métodos concorrenciais pouco éticos e não respeitar regras de um mercado livre. Dessa forma, criou uma imagem negativa junto à opinião publica.

Assim, o quase monopólio da Standard Oil foi combatido pela lei antitruste do governo americano (Sherman Antitrust Act), num processo semelhante ao que ocorreu, quase um século depois, com a Microsoft. Em 1911, após mais de uma década de disputas judiciais, ela teve que ser desmembrada em 34 companhias regionais, das quais surgiriam três *majors*, membros das Sete Irmãs (Exxon, Mobil, Chevron), além de outras grandes empresas do setor (Amoco, Conoco, Sohio, Atlantic, Pennzoil, Marathon). O monopólio havia se transformado num oligopólio.

No início do século XX foram descobertas grandes reservas de petróleo no Texas (campo de Spindletop, 100 mil bpd de um óleo pesado) e depois em Oklahoma, que constituiriam, mais tarde, a grande região produtora norte-americana, substituindo a área oriental, onde a indústria havia sido iniciada. Com as restrições à atuação da Standard (então ainda não desmembrada) surgiu espaço para a criação, em 1902, da Gulf e da Texaco, que, com um crescimento notável, seriam duas décadas depois mais duas *majors*.

Do outro lado do Atlântico, o petróleo russo – oriundo de Baku, na região do Cáucaso, atualmente território do Azerbaijão – já era produzido e refinado pelos irmãos Nobel desde 1873, visando ao mercado interno. Posteriormente, em 1885, um grupo inglês liderado pelos banqueiros Rothschild também passou a atuar na Rússia. Eles se associaram a uma empresa de transportes – a Shell Transport and Trading Co., da família de também investidores judeus Samuel – que construiu navios petroleiros para levar óleo e derivados para a Ásia, através do Canal de Suez, conquistando a maior parcela do mercado do Oriente.

O Canal de Suez havia sido construído entre 1859 e 1867, pelo empresário francês Ferdinand de Lesseps. Com 195 km de extensão, 170 metros de largura e 20 metros de profundidade, conectava o Mar Mediterrâneo ao Mar Vermelho, reduzindo significativamente o caminho marítimo entre a Europa e a Ásia, que, desde o final do século XV, contornava a África, depois que Bartolomeu Dias ultrapassara o Cabo da Boa Esperança e Vasco da Gama atingira as Índias.

Em 1883 foi encontrado petróleo nas Índias Orientais Holandesas (Sumatra e Bornéu) e, sete anos depois, foi fundada uma empresa holandesa – a Royal Dutch Co. – para explorar o petróleo nessa região que se converteu no terceiro maior centro produtor da época. A Standard Oil, então líder mundial, entrou em confronto aberto contra os dois grupos europeus – usando armas como redução de preços, boatos, suborno e sabotagem –, que, em 1907, fundiram-se formando outra *major*, a Royal Dutch-Shell, sob o comando do executivo holandês Henri Deterding.

Em 1905 um outro grupo privado inglês criou a Anglo Persian Oil Co., a fim de explorar campos petrolíferos na Pérsia, atual Irã, construindo lá a grande refinaria de Abadan (início da operação em 1912) para abastecer o mercado indiano. Poucos anos depois, bastante endividada, a companhia foi oferecida ao governo britânico. Winston Churchill, o grande líder britânico, já era então o Primeiro Lorde do Almirantado, equivalente ao Ministério da Marinha, e apoiou a compra por razões estratégicas.

A Inglaterra tinha carvão, mas não petróleo, o que deixava sua marinha muito dependente do fornecimento das companhias privadas. Churchill previa que a inovação tecnológica (substituição do carvão pelo petróleo) daria à marinha inglesa uma vantagem frente à alemã (grande rival da época), devido à maior eficiência volumétrica do petróleo, que tornaria os navios mais leves e com manobras mais rápidas, além de liberar homens da função de carregar carvão para as caldeiras durante as batalhas. E, ainda, era mantida a influência britânica na então Pérsia, região cobiçada também pela Rússia. A Anglo tornou-se outra *major*, que viria a se transformar na British Petroleum (BP) em 1954 e ser privatizada em 1987, já no governo liberal de Margareth Thatcher (Maugeri, 2007).

Portanto, em 1920, as grandes companhias privadas mundiais estavam consolidadas, com grande influência econômica e política, num amplo processo de internacionalização, vindo a constituir o grupo das Sete Irmãs: as norte-americanas Exxon, Mobil, Chevron, Gulf e Texaco e as europeias RD Shell e BP.

3

A expansão do petróleo

A utilização do petróleo sofreu mudanças ao longo do tempo. O querosene, inicialmente o derivado mais utilizado, perdeu espaço com o advento da lâmpada incandescente, criada em 1879 por Thomas Edison, em Nova Jersey, usando a eletricidade como fonte de iluminação. Mas isso foi largamente compensado pelo crescimento da indústria automobilística – a partir da invenção do motor de combustão interna por Benz e Daimler, em 1885, na Alemanha –, que colocou a gasolina como o derivado mais consumido. Isso obrigou a mudanças no processo de refino, com a introdução do craqueamento térmico. E foi expandido o mercado para óleo combustível (fornos, caldeiras, ferrovias e navios) e óleo lubrificante. Mas a grande expansão da indústria petrolífera viria a ocorrer já no século XX.

3.1　A primeira metade do século XX

A Primeira Guerra Mundial (1914-1918) foi um conflito entre os Aliados (Inglaterra, França, Itália, com o posterior apoio dos Estados Unidos) e um grupo liderado pela Alemanha, com a participação significativa do Império Austro-Húngaro e do Império Otomano (Turquia). Foi uma luta de trincheiras, estática, porque as movimentações tradicionais foram dificultadas pelo uso de metralhadoras pesadas, artilharia de tiro rápido e reconhecimento aéreo. Mesmo assim, provocou crescente consumo de petróleo e foi o ponto de partida para várias mudanças de estratégia bélica: facilidade de deslocamentos proporcionada pelo óleo combustível e utilização de tanques e aviões, além da clara predominância do petróleo aliado sobre o carvão alemão. Ocorreram também alterações políticas e econômicas. Ficou evidente a dependência europeia do suprimento de petróleo norte-americano (Yergin, 2010).

Com a Revolução Russa de 1917, e posterior criação da União Soviética, foi estatizada toda a sua indústria petrolífera, que já estava em decadência em razão da produção caótica, greves, sublevações políticas, convulsões sociais e tensões raciais que marcaram o fim do regime czarista: a guerra civil entre armênios cristãos e tártaros muçulmanos no Cáucaso destruiu dois terços dos poços da região. A Shell foi a grande prejudicada pela estatização, pois havia comprado os campos que pertenciam aos Rotschild em 1912 e em 1922, já que era a principal empresa a atuar na região. Isso gerou um forte ressentimento do principal executivo da Shell, Henri Deterding, que foi estendido a toda a comunidade internacional do petróleo (Yergin, 2010).

Com a derrota do Império Turco, o país perdeu grande parte do seu território, incluindo regiões nos Bálcãs (Europa) e vastas áreas no Oriente Médio (que dominava havia quatro séculos). Estas se tornaram zonas de influência de ingleses, franceses e norte-americanos. Foi retomada a exploração de seu petróleo, em geral com a mediação do empresário armênio Calouste Gulbenkian, grande corretor de petróleo da época e que já atuava na região desde 1912. Sua atuação foi forte no Iraque, onde recebeu a alcunha de "senhor 5%", pela participação que obtinha nas negociações. O Iraque foi constituído como país em 1920 a partir das regiões de Bagdá, Bashra e Mossul, então sob o domínio inglês. Lá foram descobertas imensas reservas, como Kirkuk, em 1927, que foi o maior campo da época – chegou a produzir 1,5 milhão bpd e, em 2013, situava-se em torno de 230 mil bpd.

A Alemanha, a principal derrotada, perdeu grandes áreas territoriais, foi obrigada a pagar pesadas indenizações de guerra (decididas no Tratado de Versalhes), transformou-se em república e entrou em crise econômica e social (inflação brutal e intenso desemprego), o que acabou tendo forte contribuição para que o partido nazista de Adolf Hitler chegasse ao poder nos anos 1930. O Império Austro-Húngaro foi desmembrado, e a Áustria passou a ter um pequeno território, equivalente ao atual.

Após o temor da escassez de petróleo no fim dos anos 1910, a década seguinte terminou com produção crescente (Oriente Médio, sul dos Estados Unidos e recuperação da União Soviética, entre outras áreas), expansão de companhias independentes, acirramento da competição entre petroleiras, ênfase na distribuição e uso de tecnologias mais modernas (desenvolvimento da engenharia de petróleo).

O Acordo de Achnacarry, ou do "Como Está" (Escócia, 1928), que seria feito entre as grandes empresas, foi convocado por Deterding para impedir a concorrência desenfreada e segurar os preços; no entanto, fracassou, assim como tentativas posteriores. A situação piorou com o *crack* da Bolsa de Valores de Nova York, em 1929, e a decorrente crise econômica que provocou queda no consumo do petróleo. Nos Estados Unidos, no início dos anos 1930, foi necessária a intervenção governamental para estabilizar os preços – que haviam afundado – por meio do controle da produção interna e sobretaxas a importações. Nessa mesma década, foi encontrado petróleo em Bahrein, Kuwait e Arábia Saudita. Este país só foi formado em 1932, quando Ibn Saud conseguiu unificar as várias áreas que tinham diferentes lideranças regionais (sultões), constituindo o reino da Arábia Saudita.

No período entre as duas guerras mundiais, intensificou-se a disputa entre as *majors*, especialmente entre a Exxon e a Royal Dutch Shell, pelas áreas de produção no Terceiro Mundo, envolvendo o financiamento de tropas e revoluções em países do Oriente Médio e da América Latina, bem como acusações de suborno a políticos, juízes e funcionários públicos, além da compra da imprensa local.

Desde o início do século haviam sido assinados vários acordos de concessão para exploração de petróleo entre as grandes companhias e os governos nacionais, envolvendo 122 países produtores, entre eles México, Venezuela, Irã e Romênia (Yergin, 2010). Esses contratos eram claramente mais interessantes para as empresas de petróleo, que se aproveitavam da fraqueza de muitas regiões produtoras, que eram colônias das grandes potências ou países recém-constituídos ou em fase de consolidação.

As seguintes cláusulas gerais eram comuns nos contratos de concessão (Gao, 1996):

- Direito de exploração de grandes áreas, em geral sem licitação, por negociação direta.
- Documentos contratuais simples e superficiais, em geral com não mais que quinze ou vinte páginas.
- Pagamento de bônus pelo direito de exploração.
- Períodos longos sem possibilidade de revisão dos termos.
- Isenção de taxas e obrigações alfandegárias.
- Companhias tinham exclusividade de direitos sobre as operações, a forma e o volume de produção.
- Pagamento de baixos *royalties* sobre o volume produzido.
- Preços estabelecidos pelas companhias, sem interferência governamental.
- Refino no exterior, adicionando alto valor aos derivados.
- Baixa utilização de mão de obra local.
- Retorno da propriedade aos governos quando as concessões expiravam.

3.2 A Segunda Guerra e a importância do Oriente Médio

A Segunda Guerra Mundial veio confirmar a fundamental importância do petróleo, pois nela ocorreram longos combates em amplas áreas, com grandes movimentações e uso intensivo de derivados de petróleo: tolueno para as bombas, borracha sintética para os pneus, lubrificantes para armas e máquinas, combustível para aviões, navios e veículos terrestres. A logística assumiu papel fundamental pela distância entre as fontes de suprimento e os cenários de combate (Maugeri, 2007).

De um lado estava o Eixo, constituído por Alemanha, Itália e Japão; e do outro os Aliados, liderados pela Inglaterra, e com o apoio essencial dos Estados Unidos, que inicialmente não se envolveram nos confrontos bélicos. Embora a Alemanha pudesse contar com a produção de sua aliada Romênia (de onde provinha mais de 50% do consumo alemão), em geral tinha limitações de acesso ao petróleo.

Por isso a Alemanha utilizou a tática de *blitzkrieg* – ataques intensos e concentrados, batalhas violentas e curtas com vitórias rápidas, antes que ocorressem problemas de fornecimento de óleo –, que também permitia se apossar dos estoques dos países dominados. O objetivo alemão era dominar França e Inglaterra e se apoderar do petróleo oriundo de suas colônias. No entanto, a Inglaterra não foi tomada, e a maior parte das colônias francesas que produziam petróleo foi fiel ao governo paralelo de Charles de Gaulle em Londres, e não ao governo colaboracionista francês de Vichy, chefiado pelo marechal Henri Pétain. A expansão alemã máxima ocorreu em 1942.

O tempo atuou contra os alemães, e a extensão do conflito minou sua capacidade de agir, fazendo com que equipamentos militares parassem por falta de combustível. Isso levou Hitler a abrir uma nova frente de batalha, o ataque à União Soviética, que por pressão anglo-americana não fornecera petróleo para a Alemanha a partir de junho de 1941. A investida visava aos campos do Cáucaso, mas foi interrompida em Stalingrado (atual Volvogrado), em janeiro de 1943, após sangrenta batalha que provocou 1,5 milhão de mortos. Outra tentativa alemã foi a campanha de Rommel (a "Raposa do Deserto"), no norte da África, buscando atingir o Oriente Médio e contida por tropas inglesas no Egito. Também suas pesquisas para a obtenção de combustíveis sintéticos (conversão química de gás natural para combustíveis líquidos convencionais) tiveram sucesso limitado, e as fábricas foram alvo de bombardeios aliados, deixando o país literalmente parado no final do conflito (Yergin, 2010).

A situação do Japão foi semelhante. Extremamente dependente do petróleo norte-americano, decidiu expandir-se rapidamente pela Ásia em busca das grandes reservas das Índias Holandesas Orientais (Indonésia, Malásia). Atacou Pearl Harbor (Havaí) para destruir a marinha americana no Pacífico e poder se movimentar com maior facilidade. Após um intenso sucesso inicial – como a Alemanha –, teve o tempo como inimigo e não pôde suportar a duração da guerra e as limitações de abastecimento posteriores.

Pelo lado dos Aliados, a guerra foi suportada pela grande capacidade americana de produção de petróleo (quase dois terços do total mundial), que garantiu o suprimento e sobrevivência da Inglaterra. Não foi tarefa fácil, obrigando os Estados Unidos a racionamentos impopulares, a fortes investimentos no aumento de produção e a avanços tecnológicos (novas técnicas de refino, combustíveis com melhor qualidade para a aviação e construção de oleodutos com mais de 2 mil km de extensão ligando o Texas à costa leste). Desempenhou também papel decisivo a logística mais sofisticada dos Aliados e a quebra dos códigos de comunicação do Eixo, que permitiram reduzir a taxa de navios petroleiros afundados pelos submarinos alemães, além da constante descoberta de campos no Texas (77 durante o período 1939-1946).

Com o fim da Segunda Guerra Mundial, os Estados Unidos assumiram a hegemonia mundial, tanto econômica quanto política. No primeiro caso, com a conferência de Bretton-Woods, em 1944, na qual foram estabelecidas as regras da nova economia mundial, a moeda de referência internacional passou a ser o dólar norte-americano e foram criadas instituições internacionais como o Banco Mundial e o Fundo Monetário Internacional (FMI). No contexto político, foi criado o Conselho de Segurança da Organização das Nações Unidas (ONU), com cinco países com poder de veto: Estados Unidos, União Soviética, Reino Unido, França e China Nacionalista (Formosa, atual Taiwan). Em 1949, houve a criação da Organização do Tratado do Atlântico Norte (OTAN), que iria se contrapor ao Pacto de Varsóvia – este liderado pela União Soviética e contando com os países sob regime comunista na Europa Oriental.

Na área de petróleo, houve um forte aumento na demanda de derivados nos Estados Unidos, principalmente devido à expansão da indústria automobilística local, que fabricava carros imensos, de alto consumo de combustível, que era então muito barato. O pós-guerra trouxe uma marcante mudança cultural na sociedade norte-americana, lançando as bases do *american way of life*: a migração da classe média para grandes casas no subúrbio, o deslocamento diário entre moradia e trabalho (priorização do transporte individual em detrimento do coletivo) e longas viagens de férias, cruzando o país em automóveis. Essas práticas eram estimuladas pela construção de autoestradas e anéis rodoviários, pedágios, motéis, redes de *fast food* e *marketing* agressivo entre os pontos de distribuição. Conduziu também ao uso do gás natural (até então desprezado) e à crescente importação de petróleo, principalmente do Oriente Médio, que se transformara no principal fornecedor em função descoberta de imensas reservas que mudaram os paradigmas da indústria petrolífera.

Cresceram também as chamadas "independentes", empresas privadas que atuaram como "novos entrantes" e concorriam com as poderosas e tradicionais Sete Irmãs; entre elas, a Pacific e a Getty, de J. P. Getty, que viria a se tornar o homem mais rico do mundo. Houve ainda a construção, em 1950, do Tapline, oleoduto com extensão de 1,68 mil km e 30" de diâmetro, que ligava a região árabe ao Mar Mediterrâneo.

O fim da guerra trouxe também o sentimento nacionalista que se disseminou por todo o mundo e estimulou a revisão dos contratos de concessão. Países produtores – principalmente no Oriente Médio e na América Latina – passaram a exigir uma parcela maior da renda petrolífera (a política *fifty-fifty*), provocando um aumento de impostos sobre o lucro e a criação – ou nacionalização – de várias companhias de petróleo. O México já se antecipara, expropriando e nacionalizando ativos estrangeiros em 1938, durante o governo de Lázaro Cárdenas, com amplo apoio popular; e a Venezuela renegociou sua participação em acordos com empresas americanas (1943) que exploravam petróleo em seu território desde o início do século (a atividade em Maracaibo vinha desde os anos 1920).

No Oriente Médio, o enfraquecimento inglês e francês permitiu que empresas americanas aumentassem suas parcelas na exploração do petróleo. A Standard New Jersey (Exxon) e a Socony (Mobil) conseguiram participações na Arábia Saudita e Irã; a Pacific obteve concessões na Zona Neutra, entre Arábia Saudita e Kuwait, pagando *royalties* mais generosos.

A nova grande potência – Estados Unidos – foi mais tolerante com as exigências dos produtores por temer a expansão da esfera de influência política soviética. Arábia, Irã, Iraque e Kuwait negociaram melhores participações. No Irã, o governo do primeiro-ministro Mossadegh nacionalizou as concessões da britânica Anglo Persian em 1951; mas, em agosto de 1953, ele foi derrubado e obrigado a se exilar devido a um golpe de Estado, apoiado por empresas internacionais de petróleo e responsável por 5 mil mortes. Assumiu o poder o xá Reza Pahlevi, que sofria forte influência ocidental, e houve reversão parcial dos atos de nacionalização. Enquanto isso, o consumo de petróleo aumentava devido à reconstrução da Europa Ocidental (recursos do Plano Marshall) e Japão e aos baixos preços da fonte energética (Shah, 2004).

Na segunda metade da década de 1950, os produtores seguiram obtendo melhores condições. A italiana Agip, de Enrico Mattei, e a americana Standard Indiana (Amoco) ofereceram maior participação nas receitas da exploração do petróleo ao Irã; o Japão fez o mesmo com a Arábia Saudita e o Kuwait. Em 1957 o Egito, do presidente Gamal Abdel Nasser – mesmo derrotado militarmente em uma curta guerra contra Inglaterra, França e Israel –, obteve o controle do Canal de Suez e maior remuneração pelo seu uso (Maugeri, 2007). Por ele já então transitavam 1,5 milhão bpd, sendo o principal meio de passagem para o petróleo destinado à Europa.

A produção mundial era crescente: além das "independentes" e dos grandes volumes árabes, a União Soviética voltara a ser um grande exportador. Havia excesso de petróleo e seus preços caíram devido à necessidade de oferecer descontos para a colocação de grandes volumes no mercado, especialmente o europeu, que era o mais competitivo. Nos Estados Unidos, aumentou a taxação sobre o petróleo importado para proteger os produtores locais.

Inicialmente as grandes companhias assumiram essa redução de receita, mas, posteriormente, quiseram compartilhá-la com os países produtores. Com sua economia fortemente dependente desses recursos devido à baixa diversidade econômica, esse países buscaram reagir. Assim, em setembro de 1960, em

Bagdá, foi criada a OPEP – orquestrada pelo árabe Abdullah Tariki (o *"sheik vermelho"*) e o venezuelano Juan Pablo Perez Alfonso –, tendo como membros fundadores Arábia, Irã, Iraque, Kuwait e Venezuela. Posteriormente, filiaram-se à organização: Catar (1961), Indonésia (entrou em 1962 e saiu em 2009), Líbia (1962), Emirados Árabes (1967), Argélia (1969), Nigéria (1971), Equador (entrou em 1973, saiu em 1992 e retornou em 2007), Gabão (entrou em 1975 e saiu em 1994) e Angola (2007). A saída temporária do Equador e a definitiva do Gabão ocorreram por considerarem elevada a taxa anual de adesão da organização.

Os principais objetivos da organização intergovernamental eram: unificar políticas de exportação, regular a produção para evitar o rápido esgotamento das reservas e aumentar a participação financeira dos países produtores, com novas regras de exploração. Inicialmente, a OPEP foi olhada com desdém pelos países ocidentais. Mas, com o tempo, ela se fortaleceu, e as companhias privadas de petróleo perceberam o erro estratégico que haviam cometido.

Nos anos 1960, a África passou a ser um novo centro exportador de petróleo, devido a grandes descobertas ocorridas na Argélia (pela francesa Elf), Nigéria (Shell e BP) e, principalmente, Líbia (concessões de várias empresas). Foram encontradas reservas de óleo e gás na Sibéria Ocidental, e mais um grande produtor surgiu no Oriente Médio, Omã, por meio da operação da Shell. Arábia e Irã disputavam o posto de maior exportador mundial. Vários oleodutos foram construídos na Europa, além do Colonial Pipeline, de Houston a Nova York, com 2,5 mil km e 36 polegadas de diâmetro.

Assim, ao longo da década de 1960, o valor real do barril caiu quase 40%, gerando guerra de preços entre as distribuidoras, com diferenciação por meio de promoções e lançamento de aditivos. E mesmo o curto embargo de petróleo do Oriente Médio por ocasião da Guerra dos Seis Dias (1967) não teve maiores consequências para os países ocidentais. Foram mais marcantes para os países árabes que perderam territórios (Faixa de Gaza, Colinas de Golan, Sinai e Jerusalém) e especialmente para o Egito, que viu Nasser perder influência (Yergin, 2010).

3.3 Crises do petróleo

No período que vai do fim da Segunda Guerra Mundial até o início da década de 1970, marcado por grande crescimento econômico mundial, o petróleo tomou definitivamente a posição de principal fonte de energia. Reservas, produção e consumo aumentaram enormemente; os preços reduzidos possibilitaram deslocar da liderança o carvão, mais caro, mais poluente e com produção prejudicada por frequentes divergências com os sindicatos. Houve a expansão da indústria automobilística (principalmente nos Estados Unidos e Japão) e petroquímica, a construção de superpetroleiros (para atender à crescente exportação de petróleo) e de refinarias de grande porte, com capacidade para aumentar as parcelas de derivados de maior valor agregado. A entrada de novos produtores (além das estatais, a forte participação soviética e de companhias privadas independentes) provocou o enfraquecimento do cartel das Sete Irmãs.

No início dos anos 1970, o crescimento do consumo fez com que oferta e demanda de petróleo praticamente se igualassem, eliminando a capacidade excedente existente até então. Regiões produtoras recentemente descobertas (Alasca em 1968 e Mar do Norte em 1969) ainda não contribuíam significativamente para a oferta de petróleo. Os custos de produção do petróleo americano aumentaram em função da produção decrescente, e suas reservas também entraram em declínio, deixando de ser a margem de segurança mundial. Os Estados Unidos resolveram derrubar o sistema de cotas, e as importações cresceram rapidamente, aquecendo ainda mais o mercado mundial.

Além disso, os conflitos no Oriente Médio entre Israel e países árabes provocaram movimentação popular nestes últimos, com setores da população exigindo o uso do petróleo como instrumento de pressão sobre os países ocidentais que apoiavam Israel. Irã e Líbia (onde Khadafi havia chegado ao poder em 1969) eram os mais ativos e lideravam o processo de obtenção de preços mais altos e de maior participação dos países exportadores na receita oriunda do petróleo. No Iraque, o partido esquerdista Baath chegara ao poder em 1968. Indonésia (1965), Argélia (1971), Líbia (1973) e Venezuela (1975) nacionalizaram suas respectivas indústrias petrolíferas.

Em outubro de 1973, o Egito, governado por Anwar Sadat, atacou Israel, iniciando a Guerra do Yon Kippur. Após um início bem-sucedido, com recuperação de territórios que haviam sido ocupados por Israel nos conflitos anteriores, houve a reação israelense com apoio norte-americano. Os países árabes retaliaram por meio de uma redução crescente na produção e tratamento diferenciado aos países consumidores. No caso de Estados Unidos e Holanda e, posteriormente, Portugal, Rodésia (atual Zimbábue) e África do Sul, chegou-se a um embargo total. O Canal de Suez foi fechado, e o gasoduto Tapline teve sua operação interrompida (Fuser, 2008).

Foi a primeira "Crise do Petróleo", que levou os países consumidores a um pânico generalizado, já que agora os preços altos (que quadruplicaram em três meses) e os cortes eram viáveis – ao contrário de 1967 – e poderiam permanecer gerando racionamento crônico. As companhias privadas de petróleo foram fortemente pressionadas, tanto pelos países produtores quanto pelos consumidores, na distribuição dos volumes remanescentes. A logística de redistribuição também se tornou altamente complexa. Ocorreu um racha entre os países ocidentais, cada um procurando resolver seus problemas. No Reino Unido, um agravante foram as reivindicações dos sindicatos de mineiros de carvão, reduzindo uma fonte energética alternativa; nos Estados Unidos, o governo Nixon estava enfraquecido com o desgaste provocado pelo escândalo Watergate (invasão dos escritórios do Partido Democrata em 1972, que iria levar à renúncia do presidente norte-americano).

Embora o embargo e o racionamento tenham sido suspensos alguns meses depois (em março de 1974), o nível de preços nunca mais seria o mesmo. Nos anos seguintes houve grande transferência de recursos financeiros em direção aos países exportadores (petrodólares), gerando um superávit no balanço de pagamentos que foi em boa parte consumido na compra de armas. Nos países consumidores houve queda no PNB e aumento de desemprego e inflação. Nos países em desenvolvimento não produtores, provocou elevado endividamento e empobrecimento da população. A inflação mundial crescente acabou por diluir parte do aumento nominal da receita adicional dos produtores. Ao longo dos anos 1970, a OPEP passou a realizar reuniões trimestrais, nas quais os preços sofriam reajustes (Fuser, 2008).

Os países ocidentais criaram a Agência Internacional de Energia (ou International Energy Agency – IEA) em 1974, para promover a segurança energética, responder de forma coletiva às restrições de fornecimento e buscar alternativas energéticas limpas, seguras e acessíveis. A entidade inicialmente não apresentou muitos efeitos práticos; é sediada em Paris e conta com 28 membros atualmente.

O Irã, até então o segundo maior exportador mundial, entrou numa fase de instabilidade política, com o xá Reza Pahlevi (que chegara ao poder nos anos 1950) acusado de corrupção e violência, e o país passando por problemas de inflação e instabilidade social, devido à urbanização intensa provocada por uma reforma agrária malsucedida. A situação interna se agravou, com a ocorrência de greves e queda na produção de petróleo. Por fim, as exportações foram suspensas, gerando um aumento de preços na Europa entre 10% e 20%. A seguir, em 1979, a revolução fundamentalista levou o antiocidental aiatolá Khomeini ao poder, e ocorreu a crise na embaixada dos Estados Unidos em Teerã, onde mais de cinquenta norte-americanos foram mantidos reféns por 444 dias, durante o governo Jimmy Carter.

Em 1980 começou a guerra entre Irã e Iraque, a partir de disputas em relação ao uso e controle do Rio Shatt-al-Arab, importante para a logística do petróleo na região. Contribuíram para o conflito, também, a rivalidade étnica e religiosa entre os dois povos e a ambição de Saddam Hussein (que havia chegado ao poder no Iraque dois anos antes) de se tornar o principal líder da região.

Inicialmente o Iraque levou vantagem, apoiado pelo Ocidente que temia o fortalecimento de países árabes xiitas; mas depois o Irã reagiu. A guerra provocou quase 2 milhões de mortes e acusações de uso de armas químicas. Com mútuo bombardeio de instalações petrolíferas, levou à retirada de 6 milhões bpd do mercado (exportações severamente reduzidas) e elevou o preço do barril de petróleo a um inédito patamar de quase US$ 40, ocasionando um grande pânico.

Líbia e Nigéria também subiram seus preços, enquanto a Arábia Saudita aumentava a produção, tentando compensar a dos países em guerra e controlar as cotações. Além da demanda bastante aquecida, os países exportadores e as companhias de petróleo buscavam maximizar suas receitas, e o medo levou os consumidores a compras exageradas, temendo a escassez futura: aumentaram os estoques e, com eles, os preços (Fuser, 2008).

Houve a desintegração dos acordos contratuais de fornecimento: o mercado à vista, que representava menos de 10% do total e lidava basicamente com os excedentes de produção, expandiu-se para mais de 50%, com ágios superiores a US$ 8. Países como o Japão e companhias como a BP (que produzia 45% do seu petróleo no Irã), fortemente dependentes do óleo iraniano, foram os que mais sofreram. Países do Terceiro Mundo entraram numa fase de crise econômica, suportando altas taxas de inflação e dívida externa crescente. Foi a época da "década perdida" no Brasil e da moratória mexicana (1982). Encerrava-se o ciclo de grande crescimento econômico mundial do século XX.

A busca por fontes alternativas não foi inicialmente bem-sucedida: o acidente em Three Mile Island desacreditou a energia nuclear, e as pesquisas com combustíveis sintéticos (a partir de carvão e xisto betuminoso) fracassaram. Aumentou o esforço exploratório nos países ocidentais, e as taxas de aluguel das sondas de perfuração dispararam. A escassez de gasolina irritou o povo norte-americano e desgastou o governo Carter. Os juros dispararam (o banco central norte-americano elevou a taxa de 5% para até 19% em 1979), trazendo inflação e recessão.

As grandes empresas produtoras estatais tiveram seu período de apogeu na década de 1970 e início da de 1980, com a forte influência da OPEP na determinação do volume e preço do óleo e no aumento da participação sobre esse valor de venda. Venezuela, Kuwait e Arábia nacionalizaram as concessões estrangeiras. As empresas privadas passaram a ser pouco mais que meras contratadas para serviços de exploração, produção e comercialização. O desafio da OPEP às potências ocidentais foi também possibilitado pela existência da União Soviética, então uma grande potência política e militar, e simpática ao movimento efetuado.

3.4 A OPEP e o "contrachoque" do petróleo

A partir de 1983, a OPEP passou a estabelecer um sistema de cotas de produção para seus membros, formalizando a existência de um cartel que já era percebido pelos consumidores anteriormente.

Em todo cartel há uma interdependência entre seus membros, que precisam estabelecer e respeitar cotas para conter a produção e manter os preços. A elevação destes tem como consequência negativa atrair elementos de fora do cartel para o negócio. O melhor é abdicar da maximização de lucros no curto prazo para criar barreiras a novos entrantes. Esse é o cartel disciplinado, quando os membros têm participação razoavelmente equilibrada e custos de produção próximos. Suas principais características são (Pertusier, 2004):

- Divisão do mercado por sistema de cotas (a OPEP passou a se comportar como produtor residual).
- Monitoração das cotas e punição aos violadores.
- Reservas financeiras e de estoques para poder interferir nos preços e quantidades dos produtos.
- Domínio quantitativo do mercado.
- Votação ponderada por capacidade produtiva.
- Produção concentrada nos membros de menor custo.

Além do cartel disciplinado, pode haver o modelo de "firma dominante", quando existe um líder que atua como produtor residual ou "pulmão" e mantém uma capacidade ociosa de modo a garantir a disciplina, usando-a quando necessário. Esse é o modelo que mais se aproxima da realidade da OPEP, com a Arábia Saudita exercendo tal função. Inclusive manteve esse papel no século XXI, cobrindo a escassez de óleo temporária oriunda das crises políticas no Iraque e, posteriormente, na Líbia.

A OPEP sempre teve dificuldades em administrar o cartel, já que seus membros tinham objetivos diversos. Só implementou o sistema de cotas 23 anos após sua criação, com um frágil sistema de auditoria dos volumes produzidos pelos membros e sem procedimentos claros de punição aos países rebeldes. As cotas não eram proporcionais aos volumes de reservas de cada país-membro, o que acarretava longas discussões para defini-las. Além disso, as decisões eram (e são ainda hoje) tomadas por voto unitário (mesmo peso para todos), e países com custos de produção menores não tinham preferência nas cotas de produção, o que provocaria a saída de Indonésia, Nigéria e Venezuela, que apresentavam custos mais altos. Atualmente, os ministros de Petróleo e Energia da OPEP se reúnem pelo menos duas vezes ao ano para deliberar sobre as cotas de cada membro e efetuar os ajustes necessários em função do ambiente externo; e mantêm, em geral, um comportamento mais reativo que proativo em relação às mudanças do mercado.

As mesmas condições que levaram os consumidores a uma situação-limite nas "crises do petróleo" geraram a reversão de tal situação: a cada ação corresponde uma reação. Assim, os altos preços que o petróleo alcançou nesses momentos tiveram como resultado:

- Retração no consumo de petróleo (por meio do aumento de impostos e políticas monetárias restritivas) e redução da intensidade energética (razão consumo energético/unidade de PIB correspondente).
- Racionalização no uso de derivados e criação de programas de conservação energética, chegando até ao racionamento quando as medidas iniciais se mostraram insuficientes.
- Busca de energias alternativas (nuclear, gás natural, biomassa) e consequente queda da participação do petróleo na matriz energética (de 53% para para 45% no decorrer da crise, e hoje 33%; em termos absolutos, caiu de 63 milhões bpd em 1979 para 53,5 milhões três anos depois).
- Inversão na prioridade de investimentos, do *downstream* para o *upstream*, e, ao mesmo tempo, maior integração entre esses segmentos.
- Viabilização de reservas petrolíferas até então não econômicas (Mar do Norte, norte do Alasca, sul do México, Bacia de Campos).
- Direcionamento para campos de menor qualidade (reabrindo vários que já haviam sido abandonados), quando da exaustão dos melhores. Campos não econômicos quando o barril do petróleo estava barato passaram a ser viáveis com o novo patamar de preços.
- Desenvolvimento de tecnologia *offshore* em águas cada vez mais profundas. Havia a percepção de que, após mais de um século de atividade exploratória terrestre, as novas reservas de grande porte seriam encontradas no mar.
- Os estoques acumulados pelos países consumidores foram utilizados, reduzindo as novas compras, e surgiram novos produtores então não OPEP (Rússia, Noruega, México, Angola, Omã), vendendo no mercado à vista por preços abaixo dos de referência. Cresceu, também, o uso de gás soviético e norueguês nas indústrias europeias.

O alto preço do petróleo havia permitido lucros para as grandes companhias internacionais que desenvolveram campos em outras regiões, reduzindo a importância da OPEP. Em meados da década de 1980, a participação da OPEP no fornecimento de petróleo caiu (de 53% em 1973 para 29% em

1985), apesar de suas reservas estarem crescendo a taxas bem superiores às do resto do mundo. Seus membros passaram a não respeitar as cotas acordadas e a inundar o mercado de petróleo (Pertusier, 2004).

A líder, Arábia Saudita, tentou manter sua posição de regulador do mercado (*swing producer*) e viu sua receita cair 80% em um intervalo de apenas três anos, experimentando grande déficit orçamentário. Com a oferta global superando a demanda, o preço do barril despencou, e a Arábia Saudita abandonou a posição de produtor residual. A queda de preços afetou também os produtores não OPEP, como o México (vitimado pela elevada dívida externa e a crise financeira internacional), Angola e até a desenvolvida Noruega.

O crescimento econômico da segunda metade da década de 1980 não foi mais impulsionado pelo petróleo. Ao contrário, essa indústria murchou, com cortes nos créditos para exploração, falências, redução de pessoal e migração de investimentos para outras atividades.

Em 1986, quando do chamado "contrachoque do petróleo", mais de cem unidades de sondagem *offshore* foram desativadas. Nos oito anos seguintes mais cem seguiram o mesmo caminho. Nos Estados Unidos, o número de companhias de serviços de capital aberto no setor caiu de 88 para 32, a quantidade de sondas ativas foi reduzida de 4 mil para mil unidades, e quase 500 mil pessoas foram demitidas. Entre 1981 e 1988, o retorno sobre ativos das doze maiores companhias de petróleo norte-americanas apresentou o valor médio de 4,0% ao ano, enquanto as empresas domésticas não financeiras alcançaram 8,1% ao ano no mesmo período.

Preços de petróleo tão baixos não eram interessantes nem para a OPEP nem para o Ocidente e, assim, acabou ocorrendo um acordo entre os envolvidos para elevar as cotações para uma faixa em torno de US$ 18/bbl, valor palatável para todos os interessados. Esse patamar foi elevado pela OPEP para US$ 21 em 1990, mas, na maior parte do tempo, os preços praticados ficaram pouco abaixo dos valores propostos. A cesta da OPEP é composta pelos doze tipos de óleos de seus membros, e o preço é obtido pela média aritmética dos valores de cada um.

Nem mesmo a Guerra do Golfo (entre Iraque e Kuwait, em 1990), a intervenção ocidental no Iraque no ano seguinte e os 750 poços sabotados na saída das tropas iraquianas do Kuwait conseguiram manter o preço do petróleo num patamar elevado por muito tempo (Alhajji; Huettner, 2000). Durante a última década do século passado, o Iraque sofreu rígidas sanções econômicas impostas pela comunidade internacional, tendo reduzidos os volumes de petróleo exportados, que deveriam ser suficientes apenas para custear as importações de alimentos e remédios (o projeto da ONU "Petróleo por Comida").

Em 1998 uma nova crise, curta, porém intensa, fez os preços caírem para abaixo de US$ 10/bbl. Comparando com 1986 – e considerando a inflação americana no período – os volumes produzidos pela OPEP eram 50% maiores, mas a receita obtida era inferior. Isso gerou um déficit fiscal nos países da OPEP, obrigando à tomada de empréstimos externos para cobrir os gastos sociais e de desenvolvimento, essenciais para garantir a estabilidade interna.

Entre as causas da crise podemos citar:

- A decisão tomada pela OPEP no ano anterior de aumentar as cotas dos membros em 10%, quando elas já vinham sendo seguidamente desrespeitadas, principalmente por Venezuela, Irã e Nigéria.
- Crise asiática: perturbação cambial originada na Tailândia (e que se espalhou pelos vizinhos Indonésia, Malásia, Filipinas e Coreia do Sul) com sérias consequências financeiras, reduzindo o crescimento econômico mundial e, consequentemente, o consumo de petróleo (principalmente nos países em desenvolvimento, responsáveis pela maior parte do crescimento da demanda).
- Crise russa: crise financeira que desvalorizou a moeda local (rublo) em 70% e obrigou ao aumento das exportações de petróleo russo para gerar divisas para o país.
- Guerra de preços por participação no mercado norte-americano, aumentando os estoques dos Estados Unidos.
- Inverno brando no Hemisfério Norte.

Com tal situação, tanto os produtores OPEP quanto os demais se uniram para efetuar cortes de produção, estabelecidos em 7% e, surpreendentemente, respeitados por todos. Essa medida, somada à recuperação econômica mundial, em 1999, provocou uma rápida elevação nos preços, alcançando US$ 19 já em julho. A partir daí a OPEP aumentou um pouco sua participação no mercado mundial e estabeleceu uma banda de US$ 22 a US$ 28 para o barril de petróleo nos anos seguintes. Isso implicava que, quando o preço chegasse ao limite inferior, a OPEP reduziria sua produção para provocar um aumento nos preços; porém, quando fosse alcançado o limite superior, a organização retomaria a produção ociosa, ofertando ao mercado para que os preços caíssem.

3.5 Final do século XX

A partir dos anos 1980, o poder dos governos nacionais foi reduzido pelo aumento da produção não OPEP, o crescimento do mercado *spot* (anteriormente de pouca relevância, mas a partir daí gerando maior volatilidade nos preços), a baixa dos preços (oferta superando a demanda), a alta dos juros internacionais e o incremento no processo de fusões/aquisições.

O final do século XX foi marcado pela queda do preço das *commodities* em geral. Foi, também, a época do neoliberalismo, da predominância do conceito de "Estado mínimo", das fortes lideranças de Margareth Thatcher (Reino Unido) e Ronald Reagan (Estados Unidos), do Consenso de Washington, do "fim da história" de Fukuyama (ideólogo do governo Reagan) e da formação ou fortalecimento dos blocos econômicos internacionais (União Europeia, Nafta, Alca, Mercosul, Apec/Asean). Mudaram os perfis político, econômico e ideológico do mundo com a queda do Muro de Berlim em 9 de novembro de 1989 (após 28 anos de existência) e as várias revoluções anticomunistas na Europa Oriental.

A baixa do preço do petróleo, em particular, teve graves consequências para a União Soviética, cuja economia já vinha combalida pelos gastos com a corrida armamentista iniciada pelos Estados Unidos no governo Reagan (projeto "Guerra nas Estrelas"). Isso provocou o desmantelamento da União Soviética, a partir da abertura política (*perestroika*) e da abertura econômica (*glasnost*). O país foi desmembrado em quinze países, dos quais o de maior destaque era a Rússia, cuja indústria de petróleo estava quebrada, o que conduziu à privatização da estrutura estatal, adquirida a preços baixos por jovens emergentes no novo regime, como Berezovski, Abramovitch e Khodorkovsky.

Entre outras empresas estatais, houve privatização na América Latina – YPF argentina, em 1991, e YPFB boliviana, em 1996 – e mesmo na Europa – Itália, Espanha, França, Áustria –, mas não no âmbito da OPEP. Ocorreu a quebra do monopólio estatal no Brasil, Polônia, Romênia, Hungria e República Checa. Países da OPEP (Arábia Saudita, Venezuela, Kuwait), no entanto, buscaram adquirir unidades de refino e distribuição em países consumidores.

Houve uma tendência de crescente abertura para o capital estrangeiro (devido às restrições financeiras internacionais) e associações por parcerias e *joint ventures*, além da pressão por um acesso mais amplo à base geológica e às reservas dos países periféricos, exercida pelos governos e empresas do Primeiro Mundo.

Estes pretendiam, além de fortalecer sua posição no *upstream*, reduzir os riscos financeiro, político e negocial. O primeiro corresponde à inflação, taxa de juros, condições de crédito e câmbio. O segundo é expresso por uma menor chance de conturbações políticas, como instabilidade social, oposição interna armada e conflitos fronteiriços latentes (Angola, Nigéria, Colômbia). O terceiro refere-se ao cumprimento de termos negociados em contrato (regras claras, decisões transparentes, sem novas exigências ambientais), sistema legal confiável e independente (sem interferência governamental, julgamentos razoavelmente previsíveis), definição de marcos regulatórios, política tributária estável (criação ou elevação de impostos), direito de propriedade (possibilidade de expropriações) e respeito a acordos firmados com governos anteriores.

Bolívia e Venezuela são exemplos mais recentes desse risco. Em maio de 2006, a Bolívia nacionalizou o setor de gás e petróleo do país (nova lei dos hidrocarbonetos), com o Estado tendo posse e controle total dos hidrocarbonetos. As empresas operadoras ficaram obrigadas a entregar toda a produção à YPFB (estatal boliviana), que passou a ser a responsável por comercializar os combustíveis, definindo condições, volumes e preços. Na Venezuela, a chegada do presidente Chávez ao poder, em 1999, e as posteriores nacionalizações, em 2007, além das mudanças nos contratos, causaram preocupação aos países importadores, notadamente os Estados Unidos, que já foi muito dependente das importações do petróleo venezuelano.

Assim, os contratos entre empresas e países – que no terceiro quarto do século XX tinham migrado quase para uma prestação de serviços pelas grandes companhias aos governos nacionais – voltaram a relações semelhantes às das antigas concessões, embora com condições bem menos draconianas. Os volumes produzidos ficavam integralmente com as empresas que operavam os campos, mas os Estados passaram a incluir cláusulas que garantiam algumas melhoras, como (Tolmasquim; Pinto Junior, 2011):

- Parte do petróleo encontrado deveria ser destinado a abastecer o próprio país.
- As áreas concedidas poderiam ser retomadas se obrigações e prazos estabelecidos não fossem cumpridos.
- Mais informações deveriam ser divulgadas sobre o andamento dos estudos, das operações e dos investimentos realizados.
- A indústria de fornecedores e a mão de obra local deveriam ter maior participação nos projetos.

Com a redução da capacidade dos governos de conduzir políticas macroeconômicas, houve restrições nos orçamentos de exploração e aumentou a competição por investimentos externos. Isso conduziu a redução de impostos, abolição parcial de *royalties*, permissão de depreciação acelerada de ativos, autorização para exportação de petróleo bruto, aceitação de regras internacionais de arbitragem e fórum neutro. E, ainda, à negociabilidade de cláusulas, pois são acordos de longo prazo; nem sempre os fatores esperados se concretizam e o poder de barganha das partes flutua ao longo do tempo.

Outra característica do período foi a reconcentração em atividades nucleares (*core business*) que permitissem maiores vantagens comparativas. Foi uma mudança de rota, abandonando áreas como fertilizantes, petroquímica e mineração. Ao mesmo tempo houve uma busca intensa por gestão mais eficiente e moderna, o que provocou forte redução de pessoal, especialmente no *upstream*.

Isto levou a uma maior cooperação entre as grandes companhias (alianças estratégicas entre produtores e refinadores num processo de complementação dos dois blocos) e entre elas e seus fornecedores (redes de cooperação).

Levou também à expansão das parapetroleiras, atuando nas atividades consideradas não nucleares. Para elas o ambiente tornou-se muito competitivo, pois eram remuneradas por *performance* e desafiadas a reduzir custos operacionais, elevar padrões de qualidade e melhor integrar concepção e execução de projetos. Com a expansão da atividade *offshore* e a revolução eletrônica, elas tiveram que investir fortemente no desenvolvimento tecnológico (esforços em P&D). Houve também um processo de concentração entre as parapetroleiras, por meio de aquisições ou subcontratação de empresas menores, que gerou quatro gigantes: Schlumberger (de origem francesa mas hoje sediada em Houston), as norte-americanas Halliburton e Baker-Hughes, além da suíça Weatherford.

No *upstream* cresceu o mercado de compra e venda de reservas petrolíferas, que já atinge vários bilhões de dólares anuais. Grandes empresas vendem reservas marginais ou de produção declinante buscando liberar capital para investimentos maiores e mais arriscados, porém com maior potencial de rentabilidade. Os compradores são empresas que não estão conseguindo repor suas reservas e/ou pequenas companhias que não podem se arriscar em atividades exploratórias e preferem operar em jazidas já conhecidas, ainda que com reservas menores. Outra motivação é abandonar uma região para concentrar esforços em outra onde a empresa tenha alguma vantagem competitiva. Por fim, uma empresa pode ceder uma participação num bloco numa determinada área em troca de reciprocidade em outra.

3.6 Fusões e aquisições

A financeirização das empresas petrolíferas ocidentais fora iniciada em 1983, com a introdução da comercialização do petróleo na Bolsa Mercantil de Nova York (New York Mercantile Exchange – NYMEX), que negocia contratos futuros de energia, metais preciosos e cobre. Foram criados mecanismos financeiros de proteção (*hedge*). A competição acirrada, uma certa ociosidade na indústria, a desregulamentação, os baixos preços do petróleo e a diminuição da margem de lucro do refino provocaram queda no valor das ações de várias companhias petrolíferas de capital aberto, que ficaram abaixo do seu valor patrimonial. A pressão de investidores institucionais, como os fundos de pensão, conduziu à venda de ativos e concentração nas chamadas atividades nucleares (*core business*), desencadeando uma onda de compras, fusões e incorporações.

O processo objetivou economias de escala (mais sensíveis nas atividades de refino e transporte) e de escopo, aumento de eficiência, introdução de inovações (sísmica 3D, perfuração horizontal), diversificação de portfólio (mitigação de riscos), reposição de reservas, especialização da produção, capacidade de gerenciar grandes projetos, acesso a novos mercados, acesso a recursos financeiros com mais facilidade e menor custo, economias em marketing, P&D, logística e aquisição de matérias-primas. Com maior tolerância a mercados altamente concentrados, ficou delineado um processo de formação de mega-empresas (as *supermajors*) visando a aumentar o seu fôlego financeiro. Isso conduziu a uma redução de investimentos, eliminação de muitos postos de trabalho e até de empresas inteiras, e obrigou a períodos mais longos para compatibilizar culturas distintas.

Em 1979 a Shell havia adquirido a Belridge por US$ 3,8 bilhões. Em 1984 a Gulf, que já havia sofrido ofertas hostis de aquisição, foi comprada pela Chevron por US$ 13,2 bilhões, sendo a primeira das Sete Irmãs a desaparecer. No mesmo ano a Texaco incorporou a Pacific por US$ 10,2 bilhões, a Mobil comprou a independente Superior por US$ 5,8 bilhões, e a BP adquiriu a Sohio por US$ 7,6 bilhões. Em 1987 a BP comprou a Britoil, produtora do Mar do Norte, por US$ 3,9 bilhões.

O processo foi retomado no fim do século XX com a compra da Amoco pela BP (já privatizada em 1980) em agosto de 1998 por US$ 55,2 bilhões e a fusão entre Exxon e Mobil em dezembro de 1998 (US$ 87 bilhões); na Europa, a belga Petrofina já fora incorporada pela francesa Total por US$ 12,9 bilhões.

Em 1999, prosseguiu-se com a fusão da BP/Amoco com a Arco (Atlantic) no primeiro trimestre (US$ 26,7 bilhões); a aquisição do controle acionário da YPF pela espanhola Repsol (US$ 17,4 bilhões); e a associação da Total/Petrofina com a francesa Elf Aquitaine, em setembro, por US$ 48,7 bilhões. A americana Devon adquiriu a PennzEnergy por US$ 2,6 bilhões e, no ano seguinte, fundiu-se com a Santa Fe numa operação de US$ 3,5 bilhões.

No segundo semestre de 2000 foi anunciada a compra da Texaco pela Chevron (US$ 45 bilhões), fazendo com que as Sete Irmãs fossem reduzidas a quatro. Por exigência dos órgãos reguladores americanos (US Federal Trade Commission – FTC), a Texaco teve que se desfazer de participação em outras empresas, como nas refinarias Equilon e Motiva, que foram vendidas por US$ 3,8 bilhões à Shell em outubro de 2001. Com isso, a Shell tornou-se a maior revendedora de gasolina dos Estados Unidos, com 17% do mercado na época. Exigências assim são comuns, obrigando empresas a se desfazerem de participações que possam indicar excessivo domínio de segmentos de mercado.

No início de 2001, a Philips Petroleum (então a sexta maior empresa de petróleo norte-americana) comprou a Tosco por US$ 7 bilhões, a El Paso adquiriu a Coastal (que atuava na exploração de campos no Brasil), e ocorreu ainda a aquisição da Gulf Canadá pela Conoco (então quinta maior empresa de petróleo dos Estados Unidos). Em meados desse mesmo ano a Devon comprou por US$ 3,2 bilhões a Mitchell (empresa texana predominantemente de gás), tornando-se a segunda maior produtora independente de gás nos Estados Unidos, e logo depois adquiriu a canadense Anderson por US$ 4,6 bilhões.

A Duke Energy, então terceiro maior grupo de energia elétrica norte-americano, adquiriu a empresa canadense de gás natural WestCoast por US$ 3,5 bilhões. A norte-americana Burlington – exploradora de gás natural e petróleo – adquiriu a Canadian Hunter, quase dobrando sua produção de gás no Canadá. No fim de 2001, a Dygeny tentou comprar a Enron – então a maior *trader* americana de eletricidade e gás natural – por US$ 23 bilhões, mas desistiu devido à péssima situação econômica desta última. A quebra da Enron provocou fortes consequências nas relações entre empresas de energia.

Ainda em novembro de 2001, os conselhos de administração da Conoco e Phillips aprovaram a fusão das companhias, numa operação de US$ 35 bilhões. A empresa resultante passou a ser, na época, a terceira maior petrolífera norte-americana e uma das maiores do mundo em refino e reservas.

No primeiro semestre de 2002, a RD Shell adquiriu a maior independente inglesa, a Enterprise, por US$ 5 bilhões. Em 2003 a Devon prosseguiu sua série de aquisições, incorporando a Ocean num negócio da ordem de US$ 5,3 bilhões. O processo de aquisições chegou ao antigo bloco soviético, com a BP adquirindo por US$ 8,1 bilhões 50% da russa TNK.

Em 2004, a estatal russa Rosneft adquiriu o controle da companhia privada russa Yukos, numa negociação não muito clara e com forte conotação política. A operação ocorreu após a Yukos ser acusada de fraude e evasão fiscal e seu proprietário, o milionário Mikhail Khodorkovsky, ser preso – tendo sido libertado somente em dezembro de 2013. Várias privatizações na indústria petrolífera russa haviam ocorrido na década de 1990, no governo Boris Yeltsin, após o desmembramento da União Soviética, mas no século XXI, já no governo Putin, ocorreram algumas reestatizações.

Em abril de 2005, a Chevron Texaco comprou por US$ 18 bilhões a Unocal (empresa californiana mais voltada para o gás), tornando-se líder do mercado de gás na Ásia do Pacífico. No mesmo mês, a Valero Energy adquiriu a Premcor por US$ 8,1 bilhões, tornando-se a maior refinadora de petróleo norte-americana. Em ambos os casos o valor total incluiu dívida incorporada.

Em agosto de 2005, a chinesa CNPC adquiriu a canadense Petrokazakhistan. E, em dezembro desse ano, a Conoco-Phillips comprou a produtora norte-

-americana de gás natural Burlington por US$ 35,6 bilhões, na maior tomada de controle no setor em cinco anos.

Em junho de 2006, a Anadarko adquiriu a Kerr McGee e a Western Gas por US$ 21,1 bilhões, tornando-se a quinta maior produtora de petróleo e gás nos Estados Unidos. E, em dezembro do mesmo ano, a norueguesa Statoil adquiriu sua compatriota Norsk Hydro por US$ 30 bilhões, com o Estado norueguês controlando 62,5% da empresa resultante.

Ainda em 2006, a americana Occidental adquiriu a Vintage (retornando ao grupo das cinquenta maiores empresas mundiais de petróleo), enquanto a russa Gazprom comprava a também russa Sibneft por US$ 13,1 bilhões, entrando no grupo das quinze maiores e confirmando a crescente participação estatal russa no setor.

Em março de 2009, a Suncor Energy comprou a Petro-Canadá por R$ 15 bilhões, tornando-se o maior grupo canadense de petróleo e gás. Em junho do mesmo ano, a Sinopec adquiriu por US$ 7,2 bilhões a Addax (empresa suíça com projetos bastante promissores de exploração em águas profundas), no maior negócio de uma empresa chinesa no exterior. É a continuação do processo em que as empresas chinesas aumentam seus investimentos ou adquirem companhias estrangeiras ligadas ao setor de matérias-primas, como petróleo.

No início de 2010, a estatal angolana Sonangol adquiriu o controle acionário da brasileira Starfish. Em novembro desse mesmo ano, a Chevron adquiriu por US$ 4,3 bilhões a também norte-americana Atlas Energy, empresa com boas reservas de gás não convencional (*shale gas*).

Em dezembro de 2010 ocorreu a associação da Sinopec com a Repsol brasileira, para atuar na exploração *offshore* nacional. A nova companhia, chamada Repsol Sinopec Brasil, é fruto da união dos ativos brasileiros das duas empresas, além de um aporte de US$ 7,1 bilhões da Sinopec. A Repsol ficou com 60% da nova empresa, que tinha valor de US$ 17,7 bilhões. E a dinamarquesa Maersk Oil adquiriu a SK Brasil por US$ 2,4 bilhões, para participar da exploração do pré-sal brasileiro.

Já em 2011 a brasileira HRT comprou a canadense UNX Energy por R$ 1,3 bilhão, com o objetivo de expandir sua atuação na costa ocidental africana; a BHP Billiton adquiriu a também norte-americana Petrohawk por US$ 12,1 bilhões, e a norueguesa Statoil comprou a norte-americana Brigham Exploration por US$ 4,4 bilhões.

A partir de 2011, ocorreram vários operações envolvendo empresas canadenses. Nesse mesmo ano a chinesa Sinopec comprou a companhia canadense Daylight Energy (produção de óleo leve e gás natural em campos no norte e noroeste do país) por US$ 2,1 bilhões. No ano seguinte, o governo canadense autorizou a chinesa CNOOC a comprar por US$ 15,1 bilhões a Nexen, empresa que operava em areias betuminosas no país, além de deter reservas de petróleo e gás no Mar do Norte, Golfo do México e Nigéria (mar).

Em março de 2013, foi concluída a operação de compra da canadense Celtic Exploration pela Exxon, numa operação de US$ 2,5 bilhões. Em setembro de 2013, a Yanchang Petroleum, de Hong Kong, adquiriu a canadense Novus Energy por aproximadamente US$ 300 milhões. E, no mesmo mês, a Pacific Rubiales comprou a Petrominerales por US$ 1,5 bilhão, tornando-se a segunda maior empresa de petróleo da Colômbia. Ambas as empresas são canadenses, mas com foco na América do Sul.

Também em 2013 ocorreu a compra das ações da TNK-BP pela estatal russa Rosneft, em duas operações distintas orçadas em US$ 55 bilhões. Com isso, a Rosneft passa a ser uma das maiores empresas mundiais de petróleo, e a BP aumentou sua participação acionária na empresa russa para 20%. No final do ano, a Petrobras vendeu sua subsidiária no Peru para a chinesa CNPC por US$ 2,6 bilhões. Já em março de 2014 a Energy XXI, que atua exclusivamente no Golfo do México norte-americano, adquiriu a EPL por US$ 2,3 bilhões, tornando-se a maior operadora independente em águas rasas nessa região.

Ocorreram também fusões nos mercados de distribuição, petroquímica, operadores de sondas e parapetroleiras. Em 2007 os grupos brasileiros Petrobras, Braskem e Ultra adquiriram a Ipiranga (operação aprovada pelo CADE em dezembro de 2008), empresa atuante nos segmentos de refino, distribuição e petroquímica, por US$ 4 bilhões. Com a operação, os três compradores passaram a dividir igualmente a refinaria Ipiranga (RS); Braskem (60%) e Petrobras (40%) ficaram com a parte petroquímica; e os postos de distribuição das regiões Sul e Sudeste ficaram com a Ultra, enquanto os das demais regiões passaram à Petrobras.

Poucos meses depois, a Petrobras adquiriu a Suzano por R$ 4,18 bilhões, modificando o mercado petroquímico nacional com a criação da Quattor, que, no início de 2010, foi adquirida pela Braskem, numa operação que tornou esta uma das dez maiores petroquímicas mundiais e na qual se aumentou a participação acionária da Petrobras na Braskem. Na mesma época essa empresa adquiriu a norte-americana Sunoco por US$ 350 milhões. A integração refino--petroquímica, que agrega muito valor, é uma tendência mundial.

Entre os proprietários de sondas, a Transocean, maior empresa de perfuração marítima, comprou em 2007 a Global Santa Fe (mais voltada para águas rasas) por US$ 17 bilhões. E, em outubro de 2011, assumiu o controle total da Aker Drilling por U$ 1,4 bilhão, passando a contar com 140 sondas de perfuração. Porém, em setembro de 2012, vendeu 38 sondas de águas rasas para a Shelf Drilling por US$ 1,05 bilhão, como parte de sua estratégia de focar em águas profundas.

Em julho de 2010, a Noble adquiriu a Frontier Drilling por US$ 2,16 bilhões, passando a contar com 68 sondas. Em 2011, a inglesa Ensco comprou a concorrente texana Pride International por US$ 7,3 bilhões. O negócio criou a segunda maior empresa operadora de sondas do mundo, avaliada então em US$ 16 bilhões, com 74 plataformas e forte atuação no Brasil e África.

No mercado doméstico, a brasileira San Antonio International (controlada pelo fundo de *private equity* GP Investimentos) adquiriu por R$ 190 milhões a Sotep, empresa familiar brasileira criada em 1964 e que detinha 30% do mercado de perfuração terrestre no país quando da compra. Posteriormente, em 2012, a San Antonio e a Sotep foram incorporadas pela Lupatech, empresa nacional fornecedora de produtos e serviços para a área de petróleo e gás.

Entre as parapetroleiras, a Schlumberger comprou a Smith International por cerca de US$ 11 bilhões em 2010. No mesmo ano a norte-americana General Electric adquiriu a empresa Dresser por US$ 3 bilhões e a britânica Wellstream Holdings por US$ 1,3 bilhão, em negócios que marcaram sua expansão em serviços e equipamentos submarinos. Antes ela já havia adquirido a Vetco Gray (2007) e a Hydril (2008). Em setembro de 2011, a francesa Technip comprou a Global Industries, empresa norte-americana especializada em lançamento de dutos submarinos, engenharia, administração de projetos e serviços de suporte *offshore*, por US$ 1,073 bilhão.

A operadora de dutos Kinder Morgan tornou-se a maior empresa desse setor nos Estados Unidos ao adquirir essa área de atividade da El Paso por US$ 21 bilhões, em outubro de 2011.

As operações de fusões e aquisições na indústria de petróleo e gás alcançaram US$ 400 bilhões em 2012, segundo a publicação *Oil & Gas IQ Newsletter* de fevereiro de 2013. Em quantidade de negócios fechados, destacam-se as empresas chinesas, que buscam garantir o abastecimento de médio e longo prazos para o país, por meio de aquisições de empresas médias e pequenas, nos mais diferentes locais.

No mercado brasileiro de distribuição, a Ultra adquiriu a rede da Texaco em 2008 e a Cosan comprou a rede de postos da Esso por R$ 826 milhões, sendo que a parte de querosene de aviação foi repassada à Shell no ano seguinte. A Alesat comprou a catarinense Polipetro e, a seguir, adquiriu a rede da Repsol por US$ 55 milhões, alcançando assim 1,7 mil pontos de venda. A Repsol, em fase de redução de sua atividade na América do Sul, vendeu sua participação na refinaria de Manguinhos (RJ) para o grupo Andrade Magro.

Em 2010, Cosan e Shell formaram uma *joint venture* avaliada em US$ 12 bilhões para permitir o acesso do etanol brasileiro ao mercado internacional. Logo a seguir, a ETH (que faz parte do grupo Odebrecht e tem 33% de participação da japonesa Sojitz) comprou a Brenco. Em maio de 2010, a Petrobras adquiriu 46% do Açúcar Guarani (do grupo francês Tereos) por R$ 1,6 bilhão e, em março de 2011, a BP comprou 83% do controle acionário da Companhia Nacional de Açúcar e Álcool (CNAA) por US$ 1,3 bilhão. Em novembro de 2012, a Cosan adquiriu o controle da Comgas (que pertencia ao grupo BG e distribuía gás em 59 cidades paulistas), comprando 60% das ações por R$ 3,4 bilhões.

4

O século XXI

Este capítulo apresenta as grandes mudanças ocorridas na indústria petrolífera no século XXI, com destaque para a elevada volatilidade nos preços do barril do petróleo, que atingiu patamares até então impensáveis. São também abordadas as características da indústria na atualidade e avaliadas as perspectivas para os próximos anos.

4.1 Aumento do preço do petróleo

Os ataques terroristas nos Estados Unidos, em setembro de 2001, provocaram queda da atividade aeronáutica (o transporte aéreo era responsável por 10% da demanda norte-americana de combustível) e geraram uma desaceleração econômica, que fizeram o preço do petróleo cair por um curto intervalo de tempo, mas se recuperando pouco depois.

A Guerra do Iraque (2003) teve como justificativa formal a busca por armas de destruição em massa existentes no país do Oriente Médio. Mas também buscava garantir aos Estados Unidos e suas empresas o acesso à então segunda maior reserva mundial de petróleo. Havia, ainda, a intenção de reduzir o poder da OPEP e impedir a desestabilização do dólar, pois o Iraque havia deixado de usar o dólar como padrão monetário para suas vendas de petróleo, fato que poderia espalhar-se pelo Oriente Médio e demais membros da OPEP. No entanto, o resultado da intervenção militar não foi o esperado, pois a instabilidade política aumentou na região, gerando um país desestruturado e um recrudescimento do terrorismo em escala mundial.

No século atual ocorreram aumentos significativos no preço do petróleo, com o barril Brent ultrapassando o limite psicológico de US$ 100 e alcançando, pontualmente, mais de US$ 140. Aumento tão intenso só se justifica pela ocorrência de diferentes fatores de forma quase simultânea. Podemos agrupá-los em seis grupos: aumento da demanda, oferta restrita e cara, condições geopolíticas, mercado de fornecedores restrito, restrições ambientais e fatores econômicos.

a)   Aumento da demanda

Os principais responsáveis pelo aumento do consumo de petróleo no século atual são os países asiáticos, com claro destaque para o crescimento explosivo na China e Índia, devido à expansão econômica intensa e duradoura. Também devem ser citados, embora com participação menos exuberante, os chamados "Tigres Asiáticos", países com economia pujante, voltada para a exportação. O grupo foi composto inicialmente por Cingapura, Coreia do Sul,

Hong Kong e Taiwan. Posteriormente, foram incluídos Filipinas, Indonésia, Malásia, Tailândia e Vietnã.

Logo após os ataques terroristas de 2001, os Estados Unidos também experimentaram uma recuperação econômica, estimulada pelo Federal Reserve por meio de uma política monetária de redução dos juros. Mesmo não havendo uma expansão de demanda tão marcante quanto na Ásia, o país é o maior consumidor de petróleo do mundo e contribuiu para esquentar o mercado, pelo menos até a crise do *subprime* (final de 2008). Enquanto isso, na Europa Ocidental o nível de consumo foi mantido.

Os processos de globalização contribuíram para o crescimento do comércio internacional a taxas superiores à da economia mundial, levando à maior demanda por derivados leves e médios, em razão da mobilidade de pessoas e mercadorias.

Em alguns momentos, houve a necessidade de reposição de estoques em países que são grandes consumidores. Estoques elevados implicam pronto atendimento de demandas adicionais e menor urgência de aquisições imediatas, provocando queda de preços; o oposto, naturalmente, causa consequências inversas. Greves, acidentes e paradas em refinarias levam à interrupção ou redução da atividade petrolífera numa dada região, reduzindo estoques e aumentando o preço do petróleo e seus derivados, ainda que temporariamente.

Houve, ainda, a permanência de derivados subsidiados em vários países, para estimular o crescimento econômico, beneficiar as populações mais pobres e atender a objetivos políticos ou estratégicos. Isso é frequente na Ásia, podendo ser observado na China, Índia, Indonésia e Tailândia, entre outros. A China subsidia também a aquisição de veículos, o Irã – apesar de grande produtor e exportador de petróleo – é um grande importador de gasolina e a Venezuela tem o menor preço de gasolina do mundo. Nos Estados Unidos, a tributação sobre gasolina e óleo diesel está congelada desde 1993 em, respectivamente, US$ 0,184/galão e US$ 0,244/galão. A consequência natural é um aumento indiscriminado do consumo.

b)   Oferta restrita e cara

Algumas regiões tradicionais apresentaram estabilidade (ou mesmo queda) no volume de reservas e na produção, devido à maturidade dos seus campos. No Mar do Norte, houve dificuldade na reposição de reservas, sendo que na parte inglesa a produção é declinante desde a virada do século, um terço das plataformas tem mais de trinta anos de operação e apresenta elevado *downtime* (tempo indisponível). Por isso, atualmente na região ocorre um forte corte nos impostos, para atrair ou manter as companhias de petróleo. Embora esse processo seja menos intenso no lado norueguês, suas empresas estão buscando alternativas em novas áreas, como Brasil e África: 69 campos são considerados maduros, inclusive o gigante Statfjord.

No Golfo do México, não houve queda de reservas, mas as novas descobertas têm ocorrido em águas mais profundas e distantes do continente, o que encarece a produção. O envelhecimento das plataformas também ocorreu, mas com impactos menos intensos que no Reino Unido.

O México manteve por várias décadas uma política petroleira fechada, sem participação efetiva de empresas internacionais, e sua produção tem permanecido estável, mas com tendência de queda. Isso vale especialmente para Cantarell, megacampo descoberto em 1976 e no qual novos investimentos terão que ser feitos. Houve queda também na produção de tradicionais campos terrestres canadenses, e o mesmo ocorreu com campos no Alasca.

A Indonésia saiu da OPEP em 2008 porque deixou de ser exportadora e passou a ser importadora de petróleo, depois de manter por vários anos os preços de derivados subsidiados, o que levou a um consumo desordenado. Isso era importante para manter a estabilidade na política interna, apesar de o regime ser ditatorial. Com isso, o país deixou de colocar óleo no mercado e passou a concorrer para comprá-lo.

Houve baixa ociosidade na capacidade de produção da OPEP devido aos baixos investimentos para aumento da produção, mesmo com o consumo crescente. Os produtores não OPEP já estavam atuando próximos à capacidade máxima, também em função do subinvestimento generalizado do fim do século XX, quando os preços do petróleo estavam pouco atraentes.

Além disso, houve aumento da produção de água (RAO = razão água/óleo) em grandes campos, como o de Ghawar – maior campo de petróleo do mundo, na Arábia Saudita, com reservas estimadas em 80 bilhões de barris, descoberto em 1948 e produzindo desde 1951 – e o de Marlim (Brasil), o que reduziu a produção efetiva de petróleo.

O petróleo mais recentemente descoberto é de pior qualidade (Venezuela, Canadá), em reservatórios menores, em águas mais profundas (exigem maiores reservas para serem comerciais) e em regiões politicamente instáveis (Mar Cáspio) ou de logística complexa (Ártico). Nesse panorama, os custos de exploração e produção são crescentes.

c)   Condições geopolíticas

A intervenção norte-americana no Iraque e a política belicista do governo Bush acabaram por provocar a incorporação de um prêmio de risco ao petróleo, devido à turbulência política em diversos pontos no Oriente Médio. Até na

Arábia Saudita – tradicional aliada dos países ocidentais – ocorreram atentados, em consequência do antiamericanismo, do desgaste do grupo há décadas no poder e de problemas sucessórios. No Irã, as acusações ocidentais de possível uso de tecnologia nuclear com objetivos militares mantiveram o ambiente político frequentemente em ebulição. No Iraque, a violência, a desorganização e a destruição da estrutura logística atrasaram a recuperação da produção e, consequentemente, reduziram os volumes destinados à exportação. Posteriormente, houve a guerra civil na Líbia, que precedeu a queda do ditador Khadafi.

Outras regiões suportaram problemas semelhantes. Na Nigéria, a produção sofreu descontinuidades em razão de problemas étnicos, violação a direitos humanos, corrupção e infraestrutura portuária deficiente. Na Venezuela, houve o golpe fracassado contra o presidente Hugo Chávez em abril de 2002 e, quase simultaneamente, a forte greve na PDVSA que culminou com a demissão de milhares de empregados, o enfraquecimento das instituições e a nacionalização de ativos de empresas privadas. Na Rússia, ocorreu a reestatização da Yukos – então a maior empresa de petróleo privada russa – e a prisão do seu antigo proprietário, com motivação política.

Os países importadores ficaram mais dependentes do comércio inter--regional, reduzindo sua segurança energética. O percentual de petróleo consumido fora do país produtor aumentou na primeira década do atual século: em 1995, menos de 48% do volume total produzido e, em 2006, mais de 58%. As reservas passaram a se concentrar cada vez mais em países da OPEP, ainda que sua produção continuasse em um terço do total mundial, complementar à dos países não OPEP.

d)   Mercado de fornecedores restrito

Com o preço do petróleo elevado, o foco no segmento *upstream* aumentou, com as companhias procurando expandir sua base geológica para reduzir as compras de um produto tão caro. Isso teve consequências óbvias no mercado de sondas de perfuração, que ficou altamente demandado, com taxa de ocupação permanentemente próxima a 100%. Isso é mais marcante para unidades de águas profundas, nas quais a sonda pode representar 30% a 50% do custo total do poço.

Também as empresas de *engeneering, procurement, construction* (EPC) estiveram com a capacidade de atendimento no limite. Elas são contratadas pelas companhias de petróleo para realizar e gerenciar projetos complexos que envolvem a construção de grandes sistemas (plataformas, dutos). Mas, com a demanda elevada, os preços subiram, e as empresas de EPC chegaram a recusar serviços por incapacidade de honrar compromissos de prazo e qualidade. Na mesma situação se encontravam os *offshore supply vessels* (OSV), barcos que atuam no suprimento e apoio logístico, na montagem e lançamento de equipamentos submarinos e tubulações, no manuseio de âncoras, na manutenção de reparo de tubulações e cabos variados e no apoio a serviços de manutenção a plataformas e estruturas submersas.

Houve também escassez de mão de obra devido ao envelhecimento de pessoal especializado, aposentadoria de profissionais mais antigos, dificuldade de retenção e reposição dos ainda ativos. Os baixos preços do petróleo no final do século passado tornaram essa atividade menos atraente e inibiram a entrada de novos profissionais. Quando a atividade petrolífera se recuperou, a escassez de pessoal contribuiu para um custo crescente e para a perda de qualidade.

A capacidade de refino também estava chegando ao limite, já que a última refinaria norte-americana fora construída em 1979. Houve muitas fusões e aquisições, reduzindo a quantidade de atores nesse mercado, e ocorreu recuperação da margem do refino (que chegara a ser negativa em alguns momentos), principalmente em 2007-2008.

e)   Restrições ambientais

Os preços do petróleo são afetados, mesmo que pontualmente, por condições ambientais adversas, como invernos mais rigorosos no Hemisfério Norte, monções na Índia e furacões no Caribe e Golfo do México. Nesta última região, as tormentas habitualmente ocorrem no segundo semestre, reduzindo a produção e, por vezes (casos do Katrina e Isaac), afetando a atividade em refinarias, dutos, plantas petroquímicas e unidades de processamento de gás natural.

As normas ambientais passaram a ser mais rígidas, provocando atrasos na obtenção de licenças e banimento, em algumas regiões, de óleos com maior teor de enxofre. Isso ocorreu também na área de refino, com especificações mais severas.

f)   Fatores financeiros

Em 2004, a Shell admitiu que suas reservas haviam sido superestimadas em 20%, o que melhorara seus resultados contábeis, gerara mais dividendos a distribuir aos acionistas e mais bônus para seus executivos. Esse reconhecimento provocou queda no valor das suas ações em 20%, demissão de altos executivos, multas de US$ 240 milhões e rebaixamento de *rating*. Esse caso ocorreu pouco depois do escândalo Enron, e, posteriormente, a Repsol também divulgou redução de reservas em 25%. Isso aumentou a desconfiança do mercado a respeito do valor real das reservas de óleo e gás, pois a Shell é uma empresa de capital aberto, com governança corporativa e de um país em pleno

Estado democrático. Assim, o mesmo poderia ocorrer com outras grandes empresas, especialmente as que não se encaixam nesse padrão.

A primeira década deste século foi também caracterizada por uma forte desvalorização do dólar, em razão do grande déficit comercial norte-americano. Assim, embora o valor nominal do barril tenha aumentado bastante, o valor real não sofreu acréscimo equivalente. Como o dólar permanece sendo referência dos preços do petróleo, os países exportadores tiveram seu poder de compra bastante reduzido, já que seus gastos são, em grande parte, realizados em outras moedas.

E ainda há suspeitas de que tenha ocorrido intensa especulação financeira pouco antes da queda de preços do petróleo, no segundo semestre de 2008, com a migração de fundos de investimento especulativos do mercado imobiliário norte-americano para o de petróleo, logo após a crise do *subprime*. No primeiro semestre de 2008 (imediatamente anterior à grande queda), o preço do barril havia sofrido um incremento de mais de 44%: US$ 133 em julho de 2008 contra US$ 92 em janeiro de 2008.

É interessante notar que, mesmo com os preços elevados e o aumento dos estoques de petróleo, durante quase toda a década (exceto em 2009) não houve redução de demanda de petróleo. Ela foi proporcionalmente maior no setor de transportes: a gasolina continuava sendo barata para o padrão aquisitivo do americano médio e o óleo diesel era mais consumido nos Estados Unidos pelo aumento das importações, que obrigava os produtos a percorrerem maiores distâncias no país. O mesmo fenômeno ocorreu em termos mundiais, pois o crescimento econômico do período, apoiado pela globalização, incrementou o comércio internacional e, consequentemente, o transporte de cargas entre distantes regiões do planeta.

O início do século XXI apresentou o ciclo mais robusto de crescimento mundial num período de 30 anos, justificado pela desaceleração suave da economia norte-americana e o rebalanceamento do crescimento global.

Os elevados lucros permitiram que as grandes companhias de petróleo apresentassem menor alavancagem. Com dificuldade para implantação de novos projetos em E&P – que são restritos e caros – e aproveitando o caixa elevado, as grandes petroleiras passaram a investir na recompra de suas ações (*buy-back*) – aumentando a concentração societária no bloco de controle – e no pagamento de altos dividendos aos acionistas. Também ocorreram aplicações na área de refino (depois de décadas de baixa prioridade) e em fontes energéticas alternativas e renováveis.

O alto preço do petróleo beneficiou não só as companhias produtoras, mas, graças à elevada tributação, também os Estados nacionais, inclusive os de países importadores.

No geral, houve crescimento no papel exercido pelas empresas estatais, que recuperaram parte de sua força e influência, levando à criação do termo

"Novas Sete Irmãs" para designar companhias com bom desempenho técnico e econômico. Nesse grupo se encaixam Saudi Aramco, Gazprom, CNPC, NIOC, PDVSA, Petrobras e Petronas.

Já para as maiores empresas privadas são usados os termos *Big Oil* e *supermajors*, que incluem Exxon, Shell, Chevron, BP (as remanescentes das Sete Irmãs), Conoco-Phillips e Total; alguns complementam a lista adicionando Marathon, Hess, ENI, Repsol e Statoil.

4.2 Queda brusca no preço do petróleo

Em 15 de setembro de 2008, o Lehman Brothers, banco de investimento com sede em Nova York e atuação global, pediu concordata, marcando a maior falência da história norte-americana e o início de uma crise econômica mundial. Estourou a "bolha do *subprime*", que teve sua origem na concessão de créditos imobiliários para tomadores de alto risco, com juros baixíssimos na fase inicial, mas que, depois de dois a três anos, aumentavam bastante, obrigando a uma renegociação.

A crise econômica resultante atingiu o mercado do petróleo, com o preço do barril caindo para uma faixa de US$ 40 e a OPEP decidindo cortar sua produção em 2,2 milhões bpd, a maior redução desde que o sistema de cotas fora criado na década de 1980. Surgiram apreensões em relação ao consumo, custo e preço do petróleo, além de implicações ambientais.

Foram sentidas as seguintes consequências:

- Queda na atividade econômica (principalmente no setor industrial) e no comércio internacional (-12,2% em 2009), agravada por políticas protecionistas, principalmente em países desenvolvidos.
- Redução no consumo global e na importação de petróleo, a maior desde a segunda Crise do Petróleo, quase trinta anos antes.
- Queda brutal na receita dos países exportadores, muito dependentes de tais recursos.
- Apreciação do dólar frente ao euro e outras moedas. Em ocasiões de crise e incerteza é tendência habitual a procura pela moeda norte-americana e pelo ouro.
- Desestímulo à produção em áreas de alta relação risco/custo, que se tornam menos interessantes. Na época se discutiu até que preço a exploração do pré-sal brasileiro seria viável, e o então presidente da Petrobras informou que seria em torno de US$ 35/barril (Cruz, 2008).

- Queda na quantidade de sondas em operação, com o *upstream* sendo menos atrativo. Em todo o mundo, houve uma queda de 3,3 mil unidades para 2,3 mil em 2009.
- Desestímulo ao uso de fontes alternativas, que se tornam menos competitivas (às vezes, inviáveis) com o baixo preço da fonte líder.
- Dificuldades de captação de financiamentos pelas empresas do setor. Os potenciais financiadores ficam mais retraídos e adotam posturas mais conservadoras.
- Queda nos preços de equipamentos e serviços, como consequência da queda na demanda.
- Queda do *spread* entre óleo leve e pesado, em razão da baixa generalizada dos diferentes tipos de petróleo.
- Queda na taxa de utilização das refinarias, em razão de uma esperada redução na atuação do *upstream*.
- No Brasil, queda no recebimento de participações governamentais pelos estados e municípios, alguns extremamente dependentes de tais recursos.

Felizmente para a indústria do petróleo, a crise foi intensa mas o período mais assustador foi curto (três trimestres), principalmente graças aos países emergentes. A partir do segundo trimestre de 2009, houve uma recuperação na economia mundial, com consequências positivas para a indústria petrolífera. Com esse curto intervalo de crise (e sem novas recaídas) estará reduzido o risco de um salto futuro no preço do petróleo, que poderia acontecer em virtude da queda de investimentos na atividade e de menores estoques. A reação posterior é lenta em termos de aumento da oferta, e há sempre a necessidade de repor a queda anual dos campos já em produção.

A partir de 2011 ocorreu a Primavera Árabe, um conjunto de levantes populares que desestabilizou politicamente alguns países muçulmanos. Começou na Tunísia e se expandiu para Egito, Líbia, Síria e Iêmen; mas na Arábia Saudita e Kuwait o movimento foi contido. O barril Brent situou-se no período quase sempre acima de US$ 100. Os países da região precisavam de mais receita de petróleo e gás para atender as demandas sociais da população. Em janeiro de 2013, um ataque terrorista ao complexo de gás natural de Amenas, no sul da Argélia, provocou a morte de 37 trabalhadores estrangeiros e reduziu as compras de gás africano pelos países europeus.

Historicamente os petróleos Brent e WTI mantinham preços próximos, em geral com o último apresentando valor pouco maior. Mas, a partir de 2011, a situação se reverteu com o diferencial favorável ao Brent alcançando US$ 20 no segundo semestre de 2012. Isso foi provocado por diferenças nos rendimentos de refino, custos de transporte, restrições operacionais nos sistemas de produção ou distribuição e desequilíbrios regionais entre oferta e demanda.

A cidade de Cushing (Oklahoma) é o principal centro de armazenagem do WTI e apresentou estoques muito elevados em razão do aumento da produção de petróleo leve de fontes não convencionais (principalmente o *shale gas*) e também do óleo recebido do Canadá, através do oleoduto Transcanada. Com a capacidade local de refino ocupada, a alternativa seria enviar esse óleo para o sul, para a região do Golfo do México, maior centro refinador americano. No entanto, a infraestrutura logística não acompanhou o crescimento da produção e, com a capacidade de transporte para o sul quase esgotada, houve dificuldade para movimentar volumes adicionais, o que gerou queda no preço do WTI.

Houve, inclusive, forte aumento das cargas de petróleo transportadas por ferrovias a partir de 2010 no Canadá (crescimento da produção das areias da região de Alberta) e nos Estados Unidos, principalmente pelas empresas Valero e Phillips (IBP, 2013). Apesar do custo elevado e da taxa de acidentes mais alta, o transporte ferroviário permite mais flexibilidade. Esse gargalo logístico deverá ser reduzido com a reversão de sentido de alguns oleodutos, aumentando a capacidade de escoamento e reduzindo o custo de transporte.

Isso passou a ser sentido já em 2013, com o WTI alcançando US$ 100/bbl após longo tempo em patamares inferiores. Houve uma queda na diferença Brent – WTI e, em setembro de 2013, ela situava-se em US$ 5/bbl; porém no final do ano já alcançava US$ 12/bbl. O governo norte-americano ainda não tomou uma decisão final a respeito do impopular oleoduto Keystone XL, que ligaria as reservas em areias betuminosas de Alberta (Canadá) à costa do Golfo do México, cruzando os Estados Unidos de norte a sul, transportando 830 mil bpd. As reservas estratégicas norte-americanas de petróleo bruto são mantidas acima de 700 milhões de barris.

A expansão do Canal do Panamá – um projeto de US$ 5,25 bilhões que facilitaria a movimentação de maiores cargas de petróleo entre os oceanos Atlântico e Pacífico – sofreu atraso e só deverá estar concluída na primeira metade de 2016. O consórcio construtor – composto pela empresa espanhola Sacyr, pela italiana Impregilo, pela belga Jan De Nul e pela panamenha Constructora Urbana – cobra pagamento adicional por custos inicialmente não previstos para a construção do terceiro conjunto de eclusas. Essa ampliação poderá facilitar a movimentação de grandes navios metaneiros, beneficiando os exportadores de GNL da região do Caribe e África Ocidental na venda de suas cargas para os consumidores do Leste Asiático. A mesma vantagem ocorrerá para as vendas de petróleo, pois, com o aumento da produção norte-americana e queda das suas importações, a Ásia será o destino dos volumes dos exportadores do Atlântico. Já pelo Canal de Suez são transportados 3 milhões bpd, numa região politicamente instável.

4.3   Ambiência internacional

Atualmente os Estados nacionais estão numa situação melhor e, então, privilegiam suas empresas, que recebem os melhores projetos, se fortalecem, apresentam maiores ganhos financeiros e passam a ter uma atuação internacional mais intensa. Assim, restam para as companhias privadas internacionais projetos menos rentáveis, mais complexos e com maiores desafios tecnológicos e ambientais (Hults, 2011).

Isso estimula o chamado ativismo de acionistas: historicamente as *supermajors* priorizaram a distribuição de dividendos, enquanto as independentes de E&P focavam no reinvestimento nas atividades-fim, o crescimento orgânico. Mais recentemente os investidores elevaram a pressão para que os executivos das independentes aumentem o retorno sobre o capital empregado. Isso tem levado à venda de ativos menos lucrativos (desinvestimentos), à redução da dívida, à maior disciplina de capital e à recompra de ações; e também aumenta a pressão sobre as parapetroleiras para que reduzam seus custos.

Tem havido, também, a saída de regiões mais instáveis politicamente, e o foco passa a ser a América do Norte. Os habituais baixos preços do gás natural no mercado norte-americano têm gerado uma maior ênfase para os líquidos, que oferecem melhor remuneração. Nesse grupo de independentes destacam-se: Conoco-Phillips (após o *split* que a transformou em empresa exclusivamente de E&P), Anadarko, Occidental, Apache que vendeu seus ativos na Argentina para a YPF), Devon, Chesapeake, Marathon e Hess (que vendeu sua área de distribuição para se dedicar exclusivamente ao *upstream*), e ainda a canadense Encana.

Mas as *supermajors* também tiveram sua rentabilidade reduzida em razão da marcante queda na produção de petróleo e da redução do preço do gás natural nos Estados Unidos. Os resultados financeiros de 2013 não foram animadores; assim, os acionistas pressionam os executivos para que reduzam os gastos, e essas empresas também estão entrando em fortes programas de desinvestimentos: a Shell anunciou um para o biênio 2014/2015 que poderá alcançar US$ 15 bilhões em ativos em todo o mundo. Esse processo de vendas de ativos também alcançou companhias estatais como a Petrobras, a Kogas e a Sinopec. A empresa brasileira precisou de recursos para investir no pré-sal, enquanto a sul-coreana buscou reduzir o elevado endividamento; a chinesa está diminuindo sua participação na distribuição. Até mesmo entre as parapetroleiras isso tem ocorrido, e a Weatherford se desfez de ativos considerados não nucleares.

A seguir é analisada a situação atual em algumas regiões importantes para o mercado petrolífero.

4.3.1   América Latina

A *Colômbia* tem ganhado crescente importância no mercado petrolífero, com abertura de mercado para empresas internacionais, criação de uma agência reguladora, regime fiscal bastante atrativo (*royalties* baixos) e melhoria na segurança interna graças às negociações com o grupo rebelde Forças Armadas Revolucionárias da Colômbia (FARC), após quase cinquenta anos de conflito armado e 100 mil mortes. Assim, sua produção tem aumentado (alcançou 1 milhão bpd em 2013) e o país se tornou um grande exportador para os Estados Unidos. Porém, há preocupação quanto à manutenção desse patamar, já que não ocorreu nenhuma grande descoberta de reservas recentemente e continua a ação de outro grupo guerrilheiro, o Exército de Libertação Nacional (ELN).

Um exemplo contrário tem sido a *Argentina*, cujo forte controle estatal nos preços de venda dos combustíveis e a intervenção na YPF – que pertencia à espanhola Repsol – em abril de 2012 tornaram-na um local arriscado para grupos internacionais, que pedem uma legislação mais estável. Os limites ao preço de comercialização do gás geraram desestímulo aos investimentos e fizeram com que o país passasse a ser importador a partir de 2008. Aparentemente, o risco político foi reduzido a partir de fins de 2013, conduzindo a uma retomada de investimentos por parte de grupos externos, especialmente em relação ao *shale gas* da região de Vaca Muerta, onde há grande expectativa. O governo argentino e a Repsol concluíram uma negociação, em fevereiro de 2014, pela qual a empresa espanhola receberá US$ 5 bilhões como compensação pela estatização da YPF. O pagamento será feito pelo governo argentino por meio de bônus soberanos, durante um período que alcança o ano de 2033.

Também a *Venezuela* não é bem-vista pelas companhias internacionais, algumas das quais saíram do país devido à postura política nos catorze anos do governo Hugo Chávez (visão nacionalista e assistencialista). Em novembro de 2013, o Congresso venezuelano autorizou o atual presidente Nicolás Maduro a governar por meio de decretos, o que aumentou a preocupação dos investidores externos; a isso acrescenta-se a frequente agitação política do país e os altos índices de violência. O petróleo representa 90% das exportações venezuelanas e em torno de um terço do PIB do país, mas há necessidade de buscar outros mercados, já que o mais tradicional, Estados Unidos, tende a se reduzir com a maior produção interna norte-americana e as divergências políticas entre os países. Tem ocorrido um relacionamento mais intenso com companhias russas e asiáticas.

A estatal PDVSA tem reduzido seus investimentos, sendo fortemente tributada para financiar projetos sociais. No final de 2012 seu endividamento era da ordem de US$ 40 bilhões, com os custos operacionais aumentando e o lucro sendo reduzido, corroído pela elevada inflação. No entanto, em 2013, seu lucro líquido triplicou, atingindo mais de US$ 15 bilhões, fruto de ganhos financeiros e menores gastos sociais. A empresa mantém mais da metade da sua capacidade de refino no exterior.

Desde o ano 2000, as reservas venezuelanas de petróleo aumentaram muito, mas o "novo óleo" é pesado, o que leva à importação de nafta, empregada como diluente para melhorar a qualidade do petróleo de baixa qualidade. A produção caiu 15% (devido aos investimentos limitados) e o consumo aumentou mais de 50%, já que os combustíveis são subsidiados no país (bem como a energia elétrica) e mesmo em exportações para alguns países amigos na América Latina. No mesmo período, as reservas de gás aumentaram 33%, a produção ficou estável, mas insuficiente para atender a demanda interna.

O *México* ainda permanece como um dos maiores produtores de petróleo, mas enfrenta uma fase de declínio. Por mais de setenta anos (desde a nacionalização de 1938) a estatal Pemex foi proibida de aceitar investimentos privados. Assim, a produção de grandes campos terrestres maduros caiu, e não foram desenvolvidos prospectos em águas profundas. Neste século, as reservas mexicanas tiveram uma queda acentuada (45%), a produção foi reduzida em 16%, enquanto o consumo manteve-se estável. No mesmo período, as reservas de gás caíram para menos da metade, a produção se elevou (47%), porém não conseguiu atender ao consumo também ascendente (dobrou em treze anos).

A Pemex sofre pesada tributação para permitir investimentos sociais, o que tem piorado seus resultados e reduzido drasticamente sua capacidade de investimento (inclusive em P&D); as refinarias não são modernas e há necessidade de importação de gás natural e derivados automotivos. Em 2011 houve abertura de licitação de três blocos terrestres maduros para receber participação de grupos estrangeiros, no que poderia se configurar como uma abertura a mudanças, mas os resultados não foram significativos.

Finalmente, em dezembro de 2013, o presidente Enrique Peña Nieto apresentou – e o Congresso mexicano aprovou – proposta de ampla reforma, que quebrou o monopólio estatal – que já se estendia por 75 anos – e estimulará investimentos privados por meio de contratos de partilha. A competição se dará não apenas no segmento *upstream*, mas também no refino, na construção de dutos e na geração elétrica. Apesar da aprovação por larga margem – 95 votos contra 28 -,o debate entre os partidos políticos foi belicoso, havendo inclusive feridos na sessão em que o tema foi discutido. Em 2014 a Pemex vendeu sua participação acionária na Repsol.

4.3.2 África

Na África, em 2013, a situação da *Líbia* voltou a se agravar com uma nova onda de revoltas e a fragmentação política. O poder era disputado por diversas milícias regionais. Assim, ocorreram estrangulamentos nos sistemas de produção e distribuição de petróleo que fizeram com que a produção caísse a até apenas 10% dos valores anteriores. Com isso, o país perdeu US$ 8 bilhões apenas no segundo semestre do ano.

Houve um recrudescimento da violência na *Nigéria*, especialmente na região do delta do Níger, com sabotagens, incêndios e roubos de óleo em dutos. É o mesmo local onde ocorreu, entre 1967 e 1970, a Guerra de Biafra, quando a parte sul nigeriana (rica em petróleo) tentou a independência, e quase 1 milhão de pessoas morreram, boa parte delas de fome. Atualmente atua ali o Movement for the Emancipation of the Niger Delta (MEND) e a situação obrigou a Shell, principal petroleira operando no país, a declarar "força maior" e paralisar a produção em alguns campos ao longo de 2013. O mesmo ocorreu em relação à produção de GNL, interrompendo a operação da maior planta africana. Os roubos de óleo na região já alcançam escala industrial, deixando de ser apenas ação de indivíduos isolados. Há ainda reclamações de débitos não honrados e aumento de tributação no país, além das tradicionais acusações de corrupção e da poluição por permanentes vazamentos. Tal situação de risco está estimulando a Shell a vender ativos no país e aumentar seu portfólio em outras regiões da África.

Angola é atualmente um exemplo positivo e com boas expectativas. Após a independência de Portugal (1975), o país passou mais de três décadas numa guerra civil que destruiu seu povo e sua economia. Bem dotada em minérios, Angola consumiu suas riquezas num conflito fratricida em que o governo central gastava a receita do petróleo e a oposição fazia o mesmo com a dos diamantes. O país passou a ter um dos menores Índices de Desenvolvimento Humano (IDH) do mundo e o maior índice de mutilados por ação de minas terrestres. Mas, no século XXI, Angola iniciou uma recuperação intensa, atingiu relativa estabilidade institucional, ingressou na OPEP e tornou-se o segundo maior produtor de petróleo africano: 1,8 milhão bpd em 2013, o que constitui um crescimento de 140% no período.

O mercado mundial de petróleo é ainda afetado pelos problemas que permanecem no *Sudão do Sul*, país recentemente independente. Além dos conflitos internos numa região com baixíssimo padrão de vida para a população, permanecem disputas com o Sudão, que dificultam as exportações pois são usados oleodutos que atravessam este último.

O transporte de petróleo é prejudicado pela pirataria, tanto no leste africano (Somália, Etiópia) quanto no oeste (Golfo da Guiné). Com o aumento da produção de petróleo norte-americana, os óleos leves africanos buscam novos mercados na Europa e, principalmente, na Ásia.

4.3.3 Ásia

Em todo o mundo há uma preocupação crescente com a segurança do suprimento de petróleo e busca por uma maior diversidade de fornecedores, haja vista que o Oriente Médio e o Mar Cáspio não são considerados fontes seguras devido à instabilidade político-institucional, enquanto a produção *offshore* parece menos exposta a imprevistos.

A partir de julho de 2012, entraram em vigor sanções econômicas norte-americanas e europeias contra países que compram óleo do *Irã*, com o objetivo de forçar esse país a negociar suas alegadas aspirações nucleares. Estima-se que a queda nas receitas iranianas tenha sido superior a US$ 100 milhões diários, e a moeda iraniana, o rial, perdeu quase metade do seu valor, além de forte estagflação (inflação anual de quase 40% com crescimento econômico negativo) e elevado desemprego. Parte das vendas deixou de ser paga em dólar norte-americano, sendo substituída por moedas alternativas, como a rúpia indiana. O volume de óleo iraniano retirado do mercado foi compensado pela maior produção da Arábia. O aumento da tensão com o Irã torna a passagem do petróleo pelo estreito de Hormuz mais perigosa e, por isso, países da região do Golfo Pérsico estão desenvolvendo o Gulf Cooperation Council (GCC) Railway, um projeto de US$ 20 bilhões para o transporte de petróleo através de ferrovias até o Oceano Índico.

Mas é prevista uma distensão no clima da região a partir da eleição do moderado Hassan Rohani para a presidência iraniana em junho de 2013: o país fez algumas concessões no seu programa nuclear em troca do abrandamento das sanções econômicas. Um acordo entre Irã e potências ocidentais não deverá provocar uma queda brusca nos preços do petróleo, mas causa insatisfação em vários países do Oriente Médio. Israel posiciona-se claramente contra um entendimento, e países árabes governados por sunitas – como a Arábia Saudita – não desejam que a pressão sobre o governo xiita do Irã seja reduzida. Tais países entendem que o Irã já tem influência sobre o Iraque, arma o grupo Hezbollah na Síria e no Líbano, além de apoiar grupos rebeldes no Bahrein e no Iêmen.

O *Iraque* ainda tem uma produção bem inferior ao potencial de suas reservas, apesar da retomada da atividade de companhias ocidentais em campos como West Qurna e Rumaila. Depois de décadas envolvido em diversas guerras, o país iniciou uma recuperação que tem permitido aumento da sua produção, mas ainda sofre com os conflitos étnicos e religiosos internos. A ação do grupo sunita Estado Islâmico do Iraque e Levante (ISIL), controlando regiões do país em 2014, aumentou fortemente as preocupações a respeito da estabilidade iraquiana.

Outro ponto de atrito refere-se às crescentes exportações da região semiautônoma do *Curdistão*, através de portos da Turquia, que causam disputas com o governo central iraquiano pela divisão dos recursos gerados. Outra parte da produção curda é transportada por rodovias até o Irã. Como na Turquia, Síria e Irã também há populações de origem curda, nenhum desses países tem interesse num Curdistão totalmente independente.

O *Cazaquistão* tem as maiores reservas da região do Mar Cáspio, mas o carvão responde por mais da metade do seu consumo energético (58%). O país é rico em minerais, porém, é fortemente dependente das exportações de petróleo. No seu território está o campo gigante *offshore* de Kashagan, a maior descoberta petrolífera do final do século XX (em 2000), com reservas provadas de 9 bilhões de barris de alta qualidade. A produção comercial foi iniciada em setembro de 2013 e logo sofreu interrupções devido a vários problemas, inclusive elevado risco ambiental, mas estima-se que poderá alcançar 1,5 milhão bpd. A sua exportação poderá ser prejudicada pela complexa logística de transporte da região, que provocou constantes atrasos no início da produção, além de estouros no orçamento.

A produção cazaque, em sua maior parte, segue para oeste por transporte marítimo até Baku, no Azerbaijão, e daí por dutos pela Geórgia e Turquia, evitando o território da Armênia, mas aumentando o trecho em 600 km. O Azerbaijão tem contratos com companhias ocidentais, o que desagrada à Rússia, de quem a Armênia é aliada. Uma outra alternativa para o petróleo cazaque é ao leste, por um longo oleoduto terrestre que chegaria ao norte da China: tal fornecimento é estratégico para o governo chinês.

O papel da *China* tem sido e deverá continuar a ser fundamental no cenário energético em geral e petrolífero em particular. Considerado país atrasado e pouco influente no cenário internacional na primeira metade do século XX, mudou com a revolução comunista de Mao Tsé-tung (1949), mas passou quase três décadas em quase isolamento mundial, período em que se envolveu na Guerra da Coreia, anexou o Tibete e fez a Revolução Cultural (movimento político-ideológico radical e violento nos anos 1960). Em 1979 iniciou sua abertura econômica – no governo de Deng Xiao Ping – e, em 2010, se tornou a segunda maior economia mundial, ultrapassando o Japão; em 2013 já representava mais de 11% do PIB mundial. Atualmente faz grandes investimentos em infraestrutura, pois precisa reduzir suas gritantes diferenças sociais e regionais. O país hoje desenvolve tecnologia, ultrapassando a fase de ser apenas um fornecedor de produtos simples com utilização de mão de obra barata.

O aumento do consumo energético na China é explosivo: dobra a cada sete anos e é puxado pela urbanização (oito cidades terão mais de 10 milhões de habitantes em 2025), pela expansão da indústria automobilística (combustíveis subsidiados) e pela mecanização no campo (quase metade da população dedica-se à agricultura, que perde participação no PIB nacional), além do crescimento do mercado de consumo. O país era exportador líquido de petróleo até 1993, e atualmente é o segundo maior importador mundial, comprando no exterior quase 60% do petróleo que consome (Figura 4.1). A China busca aumentar sua produção interna e, ao mesmo tempo, adquirir campos no exterior, principalmente na África e América Latina, com o objetivo de aumentar suas reservas estratégicas: suas estatais participaram do leilão de Libra, no Brasil, em 2013. O país passou a ser exportador de querosene de aviação em 2012.

Três grandes empresas estatais atuam no país: China National Petroleum Corporation (CNPC), China Petrochemical Corporation (Sinopec) e China National Offshore Oil Corporation (CNOOC). Embora atuem nos dois grandes segmentos da indústria do petróleo, a Sinopec é mais forte do *downstream*, enquanto as outras têm maior foco no *upstream*: a CNPC lidera a produção terrestre, enquanto a CNOOC é a maior produtora *offshore*. Essas estatais passam por um processo de internacionalização para garantir e diversificar suas fontes de abastecimento.

A produção terrestre chinesa é declinante, e tem aumentado a atuação *offshore* no Mar do Sul da China, região com disputas de águas territoriais com outros países e um intenso fluxo de transporte. Por razões ambientais, o país deverá reduzir o consumo de carvão (70% da sua matriz energética) e procura novas fontes de energia e de abastecimento, incluindo-se aí as importações de GNL e as pesquisas em *shale gas*.

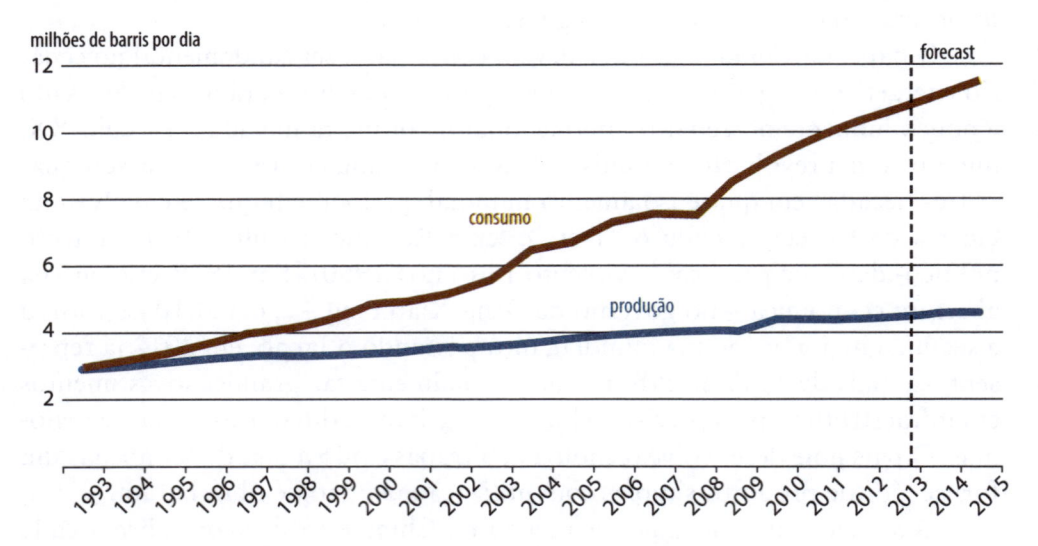

Figura 4.1 – Produção e consumo de petróleo na China a partir de 1993 (em milhão bpd)
Fonte: EIA – International Energy Statistics and Short-Term Energy Outlook, January 2014.

4.4 Perspectivas

As expectativas para os próximos anos podem ser agrupadas nos seguintes blocos: mercado de energia, produção/consumo, refino/distribuição e legislação.

a) Mercado de energia

A tendência é de diversificação energética, com o crescimento do uso de outras fontes tradicionais (carvão, gás natural) e alternativas (biomassa, eólica). Há expansão das fontes de petróleo e gás não convencionais: *shale gas*, areias betuminosas no Canadá (onde a Suncor é a principal produtora), óleos extrapesados na Venezuela e região do Ártico. Mas podem ocorrer restrições fiscais a essas fontes por razões ambientais, principalmente na Comunidade Europeia. Os Estados Unidos poderão recuperar sua autossuficiência até o final da próxima década, ainda que de forma temporária.

A exploração de óleos extrapesados gera custos elevados e exige técnicas mais sofisticadas. Na Venezuela, na região do Orinoco, é necessária a injeção de vapor e diluentes; e nas areias betuminosas de Athabasca, no Canadá, é usada a escavação, injeção de vapor e solventes. O betume é um material espesso, pegajoso e viscoso que deve ser extraído do chão e tratado de vários modos intensivos em energia antes de poder ser convertido em petróleo sintético (*synfuel*). Sua extração demanda gastos em explosões, equipamentos de mineração, trituração, transporte, aquecimento, consumo de água, tratamento químico e manipulação de resíduos. No Brasil está sendo testado o reservatório de Siri, na Bacia de Campos, com uma unidade que poderá processar petróleo de 12,8 °API e 300 cP de viscosidade.

b) Produção/consumo

Haverá um crescente consumo energético, mesmo com o aumento dos preços de energia (China e Índia) e a melhoria da eficiência energética nos edifícios (Europa), em equipamentos eletroeletrônicos (Oriente Médio) e em veículos de transporte (América do Norte). A demanda por petróleo migra dos tradicionais centros (Estados Unidos, Europa Ocidental, Japão) para os novos: o consumo da China ultrapassará o dos Estados Unidos, e o do Oriente Médio passará o da Europa. Com o aumento da produção norte-americana (devido ao crescimento do *shale gas* e do *tight oil*), já ocorre uma queda nas suas importações, e isso deverá levar os exportadores a buscar cada vez mais a Ásia para destino de suas cargas.

A demanda é puxada pelos BRICS e, em menor escala, pelo Oriente Médio. BRIC é um termo criado em 2001 por Jim O'Neil, economista-chefe do

Banco Goldman Sachs, para referir-se a um grupo de países emergentes com potencial para serem economias dominantes em 2050, composto por Brasil, Rússia, Índia e China; posteriormente, foi incluído o S que representa a África do Sul. Esses países respondem por 25% da área do planeta e 40% da população mundial.

Permanece a necessidade de repor reservas (petróleo "novo") para compensar o declínio das atuais e acompanhar o crescimento da demanda. Campos tradicionais apresentam uma queda de produção da ordem de 6% a 10% ao ano, o que pode conduzir a uma queda de 50% em apenas 7,5 anos. No Mar do Norte, a produção caiu fortemente ao longo deste século, tanto na área britânica quanto na norueguesa, e, em 2013, apenas quatro campos produziam mais de 100 mil bpd.

Rússia e OPEP deverão aumentar sua participação no fornecimento de petróleo. A oferta russa é fundamental para o mundo, e suas principais empresas produtoras são Rosneft, Lukoil, GazpromNeft e Surgutneftegas. Porém as reservas da Sibéria Ocidental deverão cair e ser paulatinamente substituídas pelas da Sibéria Oriental e Ártico, mais caras, em áreas com condições climáticas extremas, ambientalmente sensíveis e de logística complexa. Contudo, o Oriente Médio continuará sendo a única grande fonte de petróleo de baixo custo, e a participação da OPEP será crescente a partir de 2025 (IEA, 2013).

Acredita-se que o Ártico possa conter até 15% das reservas mundiais de petróleo. Os países próximos (Rússia, Dinamarca, Noruega, Canadá e Estados Unidos), que têm soberania num trecho de 200 milhas a partir da costa, pleiteiam a extensão desse limite. Mas a exploração lá é muito complexa, pois as condições são inóspitas, com temperaturas que variam de 10 °C a – 40 °C, longos períodos de escuridão, infraestrutura deficiente e maior consumo de combustível nas operações; o ecossistema é frágil, o que atrai pressões de organizações de defesa do meio ambiente. No Ártico, grandes reservas foram descobertas no ano de 1968 em Prudhoe Bay, e em 1978 foi concluído o oleoduto Trans-Alaska, com quase 1,3 mil km, após quatro anos de construção e US$ 8 bilhões investidos. Em abril de 2014, a russa Gazprom iniciou a produção comercial no Mar de Pechora, região em que o gelo impede a passagem durante metade do ano.

O fator de recuperação em campos maduros deve permanecer aumentando, beneficiado pelo desenvolvimento tecnológico (análise de reservatórios, sísmica 4D), pelos preços elevados do petróleo e pela redução dos custos de manutenção (extensão da vida útil de plataformas e equipamentos em geral).

Já o custo de abandono será crescente, devido a legislações mais rígidas. Esse custo é uma provisão para a desativação de um campo no futuro, quando ele deixar de ser comercial. Envolve o arrasamento e o abandono dos poços, a retirada de equipamentos então em uso e a recuperação da área de trabalho. O custo é, naturalmente, bem mais elevado em campos marítimos, e muitos deles, desenvolvidos a partir dos anos 1980, chegam ao final de sua vida útil.

c)   Refino/distribuição

Percebe-se uma expansão no refino. A retomada da atividade ocorre principalmente na Ásia (expansão econômica), Oriente Médio (atendimento da demanda interna e para permitir exportação de derivados por países da OPEP) e Brasil (crescente mercado produtor e consumidor), e em empresas estatais. Neste século a capacidade de refino cresceu de 82 milhões bpd para mais de 94 milhões bpd, mesmo com menor quantidade de refinarias operando – queda de 740 para 661 unidades –, devido ao fechamento de unidades menores e menos eficientes. Mas esse excesso de capacidade pode reduzir a margem de refino (que teve recuperação na década anterior) e aumentar sua volatilidade.

As novas refinarias apresentam maior eficiência operacional. Unidades maiores se beneficiam da economia de escala e unidades mais complexas produzem mais parcelas nobres a partir de óleos pesados e de pior qualidade, permitindo a obtenção de maiores margens no refino (*spread* entre óleo leve e óleo pesado). Com isso, tem ocorrido a desativação de refinarias ineficientes no Atlântico Norte – principalmente na Europa –, Japão e Austrália. Muitas não são fechadas porque os custos socioambientais de abandono são altos, mas são repassadas a grupos menores ou se transformam em terminais ou depósitos. A Europa Ocidental, mesmo com consumo declinante, permanece dependente de importações de óleo diesel.

Nos Estados Unidos, a produção de petróleo vem aumentando, tanto em terra quanto no mar, e um dos responsáveis por esse crescimento é o *tight oil*, óleo leve obtido de formações betuminosas compactas, de baixa porosidade e permeabilidade. Desse modo, as refinarias locais tendem a sofrer alterações e expansões para operar com uma mistura (*blend*) desses óleos mais leves com óleos pesados (como os oriundos do noroeste canadense), reduzindo importações de cargas de petróleo médio. Permanecem restrições à venda de óleo para o exterior, mas as exportações de derivados para a América Latina estão sendo ampliadas em razão do crescimento do consumo e do parque de refino desatualizado nessa região.

Novos atores entram no mercado de refino. Os fundos de investimento e de *private equity* (grupos que investem em empresas de setores com grande potencial visando a estimular seu crescimento em períodos curtos) têm demonstrado interesse em ativos de refino e focam em uma maior integração com a petroquímica.

Os grandes grupos financeiros se afastam das operações de comercialização, considerando-as agora menos lucrativas, devido às regulações mais rígidas e à menor volatilidade dos preços do petróleo nos últimos anos. As grandes empresas privadas internacionais reduzem seu interesse na distribuição, mantendo-se apenas em áreas em que contam com grande escala. As lojas de conveniência aumentam sua participação na receita das redes de postos de distribuição.

d)   Legislação

Aumentam as restrições ambientais visando à redução de emissões de carbono. Dessa forma, a obtenção de licenças é dificultada e o mercado para alguns derivados com menor qualidade é restringido. Embarcações em águas territoriais norte-americanas têm que utilizar combustível com teor de enxofre máximo de 1% e, a partir de 2015, esse limite deverá ser reduzido para 0,1%. A tributação é crescente e são maiores as exigências de segurança e responsabilidade ambiental. Ainda assim, as emissões de CO_2 têm apresentado comportamento crescente.

No Brasil há o caso de Abrolhos (arquipélago no litoral baiano onde há um parque nacional marinho), onde foram obtidas licenças para a sísmica e a perfuração mas, posteriormente, as regras do Instituto Brasileiro do Meio Ambiente e dos Recursos Naturais Renováveis (IBAMA) tornaram-se mais rígidas e a licença de produção não foi concedida. Nas operações na Bacia de Pelotas, o IBAMA considera o ciclo migratório das baleias jubarte na região, o que poderá permitir a perfuração durante apenas quatro meses no ano.

Nos Estados Unidos e União Europeia, uma nova legislação obriga as empresas internacionais a divulgar detalhes de todos os pagamentos feitos nos países estrangeiros em que atuam. O objetivo é aumentar a transparência de sua atuação, reduzindo o risco de pagamento de subornos e outros atos ilícitos.

Têm ocorrido ataques cibernéticos a bases de dados de empresas de petróleo. Em abril de 2012, o Ministério de Petróleo do Irã foi invadido pelo vírus Flame; e, em agosto do mesmo ano, a Saudi Aramco foi invadida pelo vírus Shamoon, no que foi considerado o mais grave ataque desse tipo na indústria petrolífera. Por isso, as companhias de petróleo internacionais criaram o The Oil and Natural Gas Information Sharing and Analysis Center (ONG-ISAC), uma organização independente com o objetivo de identificar rapidamente tais ameaças e combatê-las de forma integrada.

5

A indústria do petróleo no Brasil

5.1 A fase inicial

Embora D. Pedro II tenha outorgado as primeiras concessões para exploração de petróleo em 1858 – na região da Bacia de Camamu (BA) –, a atividade não se desenvolveu de forma efetiva. O país era basicamente agrícola, e as tentativas de uma industrialização inicial com o visconde de Mauá não foram bem-sucedidas mesmo em setores mais tradicionais como estaleiros e ferrovias. Em um totalmente novo, como era o do petróleo, a atenção e as chances de sucesso eram naturalmente quase desprezíveis. Mesmo assim foi fundada, em 1876, a Escola de Minas de Ouro Preto, que iniciou a formação de geólogos no país.

Com a Proclamação da República, foi promulgada uma nova Constituição, em 24 de fevereiro de 1891, que era bastante liberal, estimulava o regime da livre iniciativa e estabelecia que a propriedade do solo incluía o subsolo. Esse é um conceito utilizado nos Estados Unidos, mas no Brasil teve vigência por apenas 43 anos; mais tarde, a propriedade do subsolo voltaria à União. O primeiro poço foi, então, perfurado no ano de 1892 em Bofete (Bacia do Paraná, SP) e, após cinco anos de trabalho e 488 metros de profundidade, foi considerado não comercial, com produção de apenas dois barris.

Em 1907 foi criado o Serviço Geológico e Mineralógico do Brasil (SGMB) para estimular a pesquisa petrolífera, mas, durante toda a República Velha, a atividade não deslanchou, pois o país tinha uma estrutura predominantemente agrária, baseada na política do "café com leite", poder político dominado pelos cafeicultores paulistas e pecuaristas mineiros, que se alternavam na presidência do país. O Brasil seguia um modelo exportador de produtos primários, e a indústria nacional era incipiente.

Com o desgaste desse modelo, a elite agrária, até então dominante, perdeu poder econômico e, como consequência, veio a perder o poder político. A Revolução de 1930, liderada por Getúlio Vargas, trouxe a burguesia urbana para o centro de influência política e econômica, num processo de integração do território nacional ao modelo urbano-industrial e investimentos em infraestrutura, principalmente em energia e transporte.

Só a partir daí foram dados os primeiros passos efetivos em direção à industrialização, numa política de substituição de importações promovida pelo Estado, devido à incapacidade tecnológica e financeira do empresariado nacional. Com a expansão da malha rodoviária e a urbanização, as importações de petróleo triplicaram, pesando na balança de pagamentos do país. Em 1934 a nova Constituição tirou do proprietário do solo o direito sobre o subsolo e, nesse mesmo ano, foi criado o Departamento Nacional da Produção Mineral. Em 29 de abril de 1938, houve a criação do Conselho Nacional do Petróleo (CNP), subordinado diretamente à Presidência da República, com o objetivo de regular o setor e formular e gerir a política para a atividade de petróleo no país: avaliação dos pedidos de pesquisa e lavra, além da fiscalização da importação, exportação, transporte, distribuição e comercialização. O país apresentava, então, um consumo de 38 mil bpd (Milani *et al.*, 2000).

Durante toda a década de 1930, houve discussão entre grupos que acreditavam na existência de petróleo no país e outros que a negavam.

Do primeiro grupo participavam intelectuais, como o escritor Monteiro Lobato – que, na qualidade de empresário, criara uma companhia de exploração de petróleo em 1936 –, e militares nacionalistas, como o general Horta Barbosa. Esse grupo entendia que, se reservas de petróleo já haviam sido encontradas em vários países latino-americanos que nos cercavam, não haveria razão para que exatamente em nosso território elas não ocorressem. Inclusive, nessa década ocorreu a Guerra do Chaco, entre Paraguai e Bolívia, por uma região fronteiriça com potencial petrolífero.

O segundo grupo, no entanto, entendia que um país pobre e atrasado como o Brasil não deveria investir nesse setor porque já contava com suprimento de derivados do exterior desde o início do século, a preços razoáveis e com fornecimento confiável.

O debate inicial terminou com a descoberta de petróleo em 21 de janeiro de 1939 no poço 1-L-3-BA, em Lobato, região metropolitana de Salvador (BA), num arenito a 310 metros de profundidade. O nome do local teve uma conotação irônica, pois foi uma coincidência e não uma homenagem ao escritor nacionalista, então com grandes divergências com o governo Vargas, que o levariam a alguns meses de prisão poucos anos depois.

Embora o volume encontrado tenha se mostrado decepcionante, não tendo viabilidade comercial, a produção efetiva começou em 14 de dezembro de 1941, com a descoberta do campo de Candeias, também na Bahia e produtor até hoje, mais de sete décadas depois. A seguir foram descobertos os campos de Aratu, Dom João e Água Grande, todos no Recôncavo Baiano. A partir daí a primeira fase de discussão (existência ou não de petróleo no território nacional) foi superada e surgiu o novo debate, sobre a conveniência de o país explorar o petróleo ou entregá-lo a empresas internacionais.

A década de 1940 trouxe um marcante programa de industrialização no país, com a criação da Companhia Siderúrgica Nacional (Volta Redonda, RJ, 1941), Companhia Vale do Rio Doce (mineração, 1942) e Fábrica Nacional de Motores (FNM, 1943), primeiro passo para a futura indústria automobilística. Era o início da transição de um modelo agroexportador para um industrial periférico. A primeira refinaria nacional havia sido construída em 1938 pelo grupo Ipiranga, em Rio Grande (RS), quando ainda não havia sido descoberto petróleo no país.

Com a Segunda Guerra Mundial, houve dificuldade em importar petróleo, risco de colapso no transporte e de escassez de gêneros alimentícios; e até racionamento e desabastecimento de derivados (1942) e paralisação das poucas áreas em exploração. O governo norte-americano, então maior produtor mundial de petróleo e grande fornecedor ao Brasil, pressionava pela instituição de um modelo mais liberal no país, com abertura para o capital internacional. O presidente Getúlio Vargas postergava sua decisão e fez outras concessões, como a autorização para a instalação de bases militares no Nordeste e o envio de tropas brasileiras para lutar na Itália junto aos Aliados (Victor, 1993).

Em 1945 terminou a guerra e os ventos democráticos atingiram também o Brasil, culminando com a deposição de Vargas do governo federal. No ano seguinte foi eleito o presidente Eurico Gaspar Dutra, ideologicamente mais alinhado aos Estados Unidos. Essa aproximação, aliada às dificuldades de importação de combustíveis, à escassez de pessoal e equipamentos, à falta de verbas e à pressão dos grupos multinacionais, favoreceu o grupo "entreguista", em que se destacava o ministro Juarez Távora, com o apoio de quase toda a grande imprensa e da maior parte do empresariado nacional. A Constituição liberal de 1946 tendia a dar mais força para esse grupo e, em 1948, foi proposto o "Estatuto do Petróleo", que sugeria a união de capital público e privado na atividade petrolífera.

O contra-ataque veio com a campanha do "Petróleo é Nosso", liderada por militares nacionalistas e com a participação de estudantes, sindicalistas, alguns políticos (Euzébio Rocha e Artur Bernardes, entre outros) e do jornal *Diário de Notícias*. Com uma ampla mobilização popular em todo o país, utilizando a estrutura de clubes militares, diretórios acadêmicos e sedes sindicais, esse grupo acabou vencendo a disputa político-ideológica (Marinho Júnior, 1989).

5.2 A criação da Petrobras e o monopólio

O presidente Getúlio Vargas havia retornado ao poder em 1951, dessa vez por eleição popular. Em 1952 foi criado o BNDES, então BNDE (Banco Nacional do Desenvolvimento Econômico). O movimento "Petróleo é Nosso" culminou com a promulgação da Lei 2.004, em 3 de outubro de 1953, que criou a Petrobras, sociedade de economia mista com controle acionário do Estado, que exerceu até 1997 o monopólio da União federal nas áreas de pesquisa, lavra, refino e transporte de petróleo e seus derivados, além do gás natural. A Petrobras era, portanto, a executora do monopólio, enquanto o Conselho Nacional do Petróleo (CNP) passou a ser o responsável pela orientação e fiscalização do setor petrolífero.

Três exceções ocorreram no estabelecimento do monopólio:

- As refinarias privadas que já existiam puderam continuar em atividade, mas sem expansão de capacidade e sem abertura de novas unidades.
- Permaneceu livre a distribuição de derivados que sempre foi aberta a grupos privados nacionais e internacionais.
- Não havia monopólio da importação e exportação de petróleo, que só foi instituído mais tarde, em 1963, já no governo João Goulart.

A década de 1950 foi marcada pela industrialização e modernização do Brasil, com fortalecimento do mercado interno, política de substituição das importações, nacionalização do fornecimento de bens de capital e queda da participação agrícola na economia. Houve forte influência governamental (projetos tripartite junto ao empresariado nacional e internacional), em especial em áreas que demandavam capital intensivo, tecnologia avançada, grandes empreendimentos e retorno demorado. Em 1960 foi criado o Ministério de Minas e Energia (MME), ao qual a Petrobras passou a se subordinar.

Durante os anos 1950 e 1960, o Brasil continuou dando prioridade ao segmento *downstream* e sendo um grande importador de petróleo bruto, já que não foram encontradas grandes reservas no país e os preços no mercado internacional eram atraentes. Mesmo com o fechamento do Canal de Suez, durante a Guerra dos Seis Dias (1967), e o aumento dos fretes marítimos, as consequências foram pouco sentidas, já que os fornecedores bancaram a diferença, pois era uma época de oferta superior à demanda.

O "milagre econômico" da ditadura militar brasileira era baseado no financiamento internacional, com crédito abundante e taxas de juros baixas. Porém isso mudou com a "crise do petróleo" em 1973, que provocou forte impacto nas contas externas, em virtude da elevada importação de petróleo (85%) e da excessiva dependência do sistema financeiro internacional, cujos juros dispararam. O governo brasileiro transferiu o aumento do mercado internacional para os preços da gasolina, enquanto o óleo diesel e o GLP foram subsidiados em razão do seu impacto social, respectivamente, sobre o transporte e a cocção de alimentos.

Com as crises do petróleo vieram a disparada da inflação, a queda da atividade econômica (houve retração de 4,3% no PIB em 1981 e de 2,9% em 1983), as restrições ao consumo de combustíveis e as longas filas nos postos de abastecimento. Não houve um racionamento formal, mas um forte desestímulo ao consumo, com preços elevados e postos funcionando apenas das 7h às 19h e fechando aos sábados e domingos. Os aumentos do preço do litro de gasolina eram anunciados à noite, em edições extraordinárias dos telejornais, e, no dia seguinte, todos os bens e serviços já amanheciam majorados, pois a gasolina se transformara no grande indexador da economia nacional.

As importações de petróleo representaram US$ 10 bilhões em 1981. O consumo de petróleo caiu de 1.165 mil bpd em 1979 para 962 mil bpd em 1984. As prioridades passaram a ser o abastecimento interno de petróleo e derivados, o aumento de estoques (armazenagem nas refinarias e tonelagem dos petroleiros) e da capacidade de refino.

A crise trouxe consequências marcantes para o Brasil:

- Busca de fontes alternativas de energia: isso envolvia as grandes hidrelétricas, o início do Programa Nuclear brasileiro e a criação do Programa Nacional do Álcool (Proálcool), em novembro de 1975. Dez anos depois, 96% dos automóveis produzidos no país seriam movidos a álcool.

- Ampliação dos investimentos no *upstream*, alterando a histórica preferência pelo segmento *downstream*. Decisão recompensada pela descoberta na Bacia de Campos, que começou a ser explorada em 1974.

- Implantação dos contratos de risco, em 9 de outubro de 1975. Era a abertura de áreas da plataforma continental brasileira para a exploração por empresas estrangeiras, sob o argumento de que o país não dominava a tecnologia *offshore*, não tinha capacidade financeira para assumir a empreitada e nem condições de levantar o capital necessário.

Os contratos de risco foram vistos como os primeiros arranhões no monopólio do petróleo, apesar de terem sido criados no governo do nacionalista Ernesto Geisel. Eles estabeleciam que o concessionário assumia todos os riscos do empreendimento, sendo ressarcido, sem juros, pelos gastos incorridos na exploração e no desenvolvimento dos campos pesquisados; e tinha, ainda, o direito de adquirir determinado volume do petróleo ou do gás encontrados, a preços internacionais, até o limite máximo correspondente ao valor da sua remuneração. Não havia o pagamento de *royalties* e os impostos brasileiros não podiam ultrapassar uma taxa de 25%, calculada sobre a remuneração do concessionário.

O primeiro contrato de risco celebrado ocorreu em setembro de 1976, entre a Petrobras e a BP Petroleum Development Brazil, referente a uma área de 5,5 mil km² na Bacia de Santos. A partir de 1977 foram celebrados mais alguns contratos com grandes empresas internacionais, como a Shell, Exxon, Texaco, Elf, Total, Marathon, Conoco, entre outras.

Em 1979 foi liberada a participação de empresas nacionais e, a seguir, criados os contratos de minirrisco para atrair grupos privados nacionais para áreas terrestres, como grandes construtoras nacionais, por exemplo, a Azevedo Travassos e a Camargo Correa. E também houve a formação da estatal paulista Paulipetro, no governo de Paulo Maluf, originária do consórcio entre a Companhia de Energia Elétrica de São Paulo (CESP) e o Instituto de Pesquisas Tecnológicas (IPT), que, numa campanha polêmica e frustrante na Bacia do Paraná, acumulou resultados negativos e prejuízos da ordem de US$ 441 milhões. Atuaram, entre outros, a Odebrecht Perfurações, no campo de Robalo (SE), e a Montreal Engenharia, na bacia marítima do Ceará.

Num período de treze anos, foram assinados 243 contratos com 32 companhias internacionais e seis nacionais, envolvendo áreas como a Bacia de Campos, Bacia de Santos e a foz do Amazonas, sem resultados significativos. Foram encontradas jazidas de gás em Santos pela Pecten (então braço internacional da Shell), em 1979, e pequenos campos terrestres no Rio Grande do Norte pela Azevedo Travassos, em 1985.

Em 1988, com a nova Constituição, foi proibida a celebração de novos contratos de risco ou minirrisco, mas os que estavam em vigência foram mantidos. Já no século XXI, em áreas que haviam estado sob o regime de risco, viriam a ser encontrados campos no pré-sal.

5.3   A quebra do monopólio

A década de 1980 trouxe o esgotamento do pacto desenvolvimentista nacional e seu padrão de financiamento, com a falência fiscal do Estado, explosão do endividamento e da inflação, vulnerabilidade cambial, escassez de crédito externo, perda de apoio político do empresariado aos governos militares, queda da poupança nacional e redução dos investimentos das estatais. Ocorrera uma rápida industrialização, mas tecnologicamente frágil.

Em 1981, o PIB do país caiu 4,3% e, em fevereiro de 1987, o Brasil decretou moratória. Nos dois anos seguintes, o PIB voltou a apresentar crescimento negativo. Uma série de planos econômicos se sucedeu: Cruzado (1985), Cruzado II (1986), Bresser (1987), Verão (1989), Collor 1 (1990) e Collor 2 (1991).

Com a produção interna de petróleo crescendo, o volume de óleo importado foi reduzido e substituído parcialmente pelo nacional. No tempo de petróleo barato, o Brasil importava o produto de boa qualidade do Oriente Médio; depois, com o óleo produzido na Bacia de Campos, o parque de refino nacional precisou ser adaptado às características do petróleo brasileiro, mais denso e viscoso. Ocorreram alterações nas refinarias do país, mas o Brasil permaneceu obrigado a exportar parte do petróleo pesado aqui produzido devido a incompatibilidades técnicas.

A discussão sobre o monopólio do petróleo foi retomada em 1988 quando da elaboração da atual Constituição brasileira. Ele foi, então, mantido quase por unanimidade (441 votos contra 6), contando com a atuação da Frente Parlamentar Nacionalista, comandada por Barbosa Lima Sobrinho. A permanência do monopólio fez parte de um acordo entre os blocos político--ideológicos atuantes no Congresso Nacional, que garantiram para um grupo o mandato presidencial de cinco anos para o então presidente Sarney e a não execução da reforma agrária; e, para o outro, a expansão dos direitos trabalhistas e a permanência da nacionalização do subsolo e de empresas estatais. Simultaneamente, foi proibida a celebração de novos contratos de risco.

Em 1991, o presidente Fernando Collor iniciou a abertura do mercado nacional às importações e retomou o processo de quebra do monopólio; ocorreram frequentes trocas de presidentes e diretores na Petrobras. Porém, sem sustentação no Congresso e em choque com as bases empresariais, seu mandato foi curto. As suspeitas de corrupção em seu governo levaram ao *impeachment*; e, logo após, o escândalo dos "Anões do Orçamento", como ficou conhecido, não permitiu clima político propício ao prosseguimento do processo no governo do sucessor Itamar Franco.

Em 1995 chegou ao poder o presidente Fernando Henrique Cardoso, eleito após conduzir o Plano Real, bem-sucedido programa de estabilização monetária que havia contido a inflação depois de várias tentativas infrutíferas desde 1985.

A discussão sobre o monopólio do petróleo foi então retomada, fazendo parte do Plano Diretor da Reforma do Aparelho do Estado, elaborado no Ministério da Administração, que enfatizava o alinhamento nacional ao contexto liberal internacional. Isso envolvia a privatização de órgãos do Estado com financiamento do BNDES (por meio do Fundo de Amparo ao Trabalhador – FAT) e utilização das chamadas "moedas podres", a redução do protecionismo e do controle sobre o mercado. A mudança do conceito de empresa nacional e a quebra dos monopólios de navegação de cabotagem, telecomunicações, gás canalizado e petróleo fizeram parte desse plano. Em 1997 foi privatizada a Companhia Vale do Rio Doce e, no ano seguinte, a Embratel (AEPET, 2011).

Com forte apoio dos grupos empresariais privados e dos meios de comunicação, o monopólio do petróleo foi extinto no Congresso Nacional, por ampla maioria (364 a 141 votos no primeiro turno na Câmara), por meio da Emenda Constitucional n. 9 de 9 de novembro de 1995 (autoriza a União a contratar empresas estatais ou privadas para exercer atividade no setor do petróleo) e da Lei 9.478, de 6 de agosto de 1997 (revoga a Lei 2.004, que instituíra o monopólio).

Com a quebra do monopólio do petróleo, o governo brasileiro almejava reduzir a dependência da parcela importada, esperando um incremento nas atividades no país, por meio de novos operadores ou de parcerias deles com a Petrobras, o que também representaria maior receita tributária e a entrada de fluxos financeiros internacionais.

Assim, profundas alterações ocorreram no cenário nacional, com a chegada de novos atores, internos e do exterior. Passou-se por uma fase de transição e de estabelecimento de nova legislação específica para o setor. Para tanto, foi criado o Conselho Nacional de Política Energética (CNPE) e a Agência Nacional de Petróleo (ANP). Esta, em 2005, passou a se chamar Agência Nacional do Petróleo, Gás Natural e Biocombustíveis.

O CNPE tem por função formular a política pública de energia e é constituído por integrantes de vários ministérios (Casa Civil, Minas e Energia, Planejamento, Fazenda, Meio Ambiente, Agricultura, Integração Nacional, Desenvolvimento, Ciência e Tecnologia), além de representantes de estados e universidades.

A ANP é uma autarquia federal vinculada ao Ministério de Minas e Energia (MME) e tem a responsabilidade de regular, fiscalizar e controlar a atividade petrolífera no país. É dirigida em regime de colegiado por um diretor-geral e mais quatro diretores, que possuem mandatos fixos de quatro anos não coincidentes. Com a sua criação, foi extinto o CNP, e o acervo técnico constituído por dados e informações sobre as bacias sedimentares nacionais (sísmica, magnetometria, gravimetria, geoquímica, poços), detido até então pela Petrobras, teve que ser transferido para a nova agência reguladora.

A Organização Nacional da Indústria de Petróleo (ONIP) foi criada em junho de 1999, representando os interesses da cadeia de fornecedores nacionais, visando aumentar a competitividade da indústria brasileira para participar do fornecimento de bens e serviços e gerar emprego e renda no setor de petróleo e gás.

A partir de 1º de janeiro de 2002, ocorreu liberação total de importação de derivados e, assim, qualquer distribuidora pode adquirir esses produtos no exterior. Porém a distância do país em relação aos grandes centros de refino faz com que o frete seja alto e dificulte a importação por pequenas empresas; assim, embora tenha aumentado, não foi significante até 2010. A partir de então, com o aumento do consumo de gasolina, as importações cresceram, mas foram basicamente feitas pela Petrobras.

Com a liberalização dos preços da gasolina, as companhias tradicionais na área de distribuição de combustíveis passaram a queixar-se de concorrência desleal por parte de algumas novas, que sonegariam tributos ou adulterariam produtos. Neste último caso o derivado mais visado era a gasolina, pela adição de solventes, querosene ou doses excessivas de etanol.

No caso da sonegação, a legislação utiliza a figura da "substituição tributária", em que os impostos são cobrados já na saída dos combustíveis da refinaria, antes do longo caminho descentralizado até o consumidor final. Assim, algumas distribuidoras obtinham liminares fornecidas por determinados juízes para não pagarem o ICMS, conseguindo com isso uma significativa redução no custo dos produtos. Posteriormente tais liminares eram cassadas, mas o efeito da vantagem já ocorrera. Isso provocou a saída da Agip, Exxon, Shell e Texaco, gerando uma nacionalização no setor.

Essa situação foi posteriormente combatida, com o fechamento de postos de gasolina e o afastamento de juízes por aposentadoria compulsória. Então, empresas como a Shell, que estavam abandonando o setor de distribuição, retornaram. A concentração também teve como objetivo a redução de custos logísticos, diminuindo o número de bases e melhorando a utilização de caminhões, conduzindo a uma maior margem na atividade. Atualmente existem em torno de 330 bases de distribuição de combustíveis líquidos autorizadas pela ANP (um terço delas na região Sudeste) e aproximadamente 38 mil postos de combustíveis. A BR distribuidora lidera o mercado, seguida pela Ipiranga e Raízen.

A atividade de petróleo no Brasil apresentou crescimento superior ao do PIB e à média mundial ao longo da primeira década deste século. A vinculação dos preços dos derivados ao mercado internacional proporcionou um elevado lucro à Petrobras. No entanto, no período pré-eleitoral (2002) e pré-guerra do Iraque, assim como durante parte de 2004, os preços internos da gasolina e óleo diesel estiveram abaixo dos preços internacionais. O mesmo voltou a ocorrer em 2008, quando do súbito aumento de preços para até US$ 140/barril, e a partir de 2011, com a crise provocada pela escassez e aumento de preços do etanol. Houve necessidade de importar grandes volumes de gasolina, que foram comercializados a preços abaixo do mercado internacional.

Em 2013, a produção nacional de petróleo atingiu 2,023 milhões bpd, e a de gás natural, 77,189 milhões m³/dia; a Petrobras foi responsável por, respectivamente, 94,6% e 80,2% do total. Outras empresas que tiveram participação relevante foram:

- Statoil, que começou a produzir o campo de Peregrino em 2011.
- BP, que adquiriu, também em 2011, os ativos da Devon, com destaque para Polvo.
- OGX, com Tubarão Martelo.
- Chevron, no campo de Frade, até a ocorrência de acidente.
- Shell, em Bijupirá-Salema (primeiro campo *offshore* a ser operado por uma empresa estrangeira, em 2003) e no Parque das Conchas, onde se encontram os campos de Ostra, Argonauta e Abalone (produção iniciada em 2009).

5.4   O modelo de concessão

O modelo instituído foi o de concessão, mais adequado ao contexto internacional da época: predominância político-econômica neoliberal e baixo preço do petróleo. Os Estados nacionais estavam mais "fracos", o que aumentava o poder de negociação das grandes empresas internacionais, para as quais o modelo de concessão é mais interessante: é melhor ter todo o petróleo produzido – decidindo para onde destiná-lo – e efetuar os pagamentos de tributos em dinheiro.

A chegada dos novos potenciais participantes sofreu atrasos devido a algumas dificuldades por eles apontadas, como: indefinição do regime de admissão de equipamentos, com isenção de impostos; níveis de tributação, inicialmente considerados altos; e prazo inicial de três anos para exploração de áreas, avaliado como insuficiente. Algumas empresas se ressentiam, também, do marco regulatório recente, que poderia representar insegurança jurídica. Além disso, atuavam como barreiras de entrada o grande volume de capital exigido, o alto risco exploratório e as demandas tecnológicas.

A ANP passou a ser responsável pela licitação de áreas nas bacias sedimentares nacionais, por meio de leilões em que blocos são ofertados às companhias de petróleo. São ao todo 29 bacias sedimentares no país, que cobrem 7,5 milhões km², sendo um terço no mar, e que diferem entre si quanto à idade, características geológicas, potencial, tamanho, grau de exploração e acessibilidade. Os blocos ofertados são prismas verticais de profundidade não determinada, o que possibilita ao concessionário vencedor explorar hidrocarbonetos em qualquer profundidade, sem restrições; mas não o autoriza a explorar qualquer outro mineral presente em qualquer profundidade do prisma.

A organização de uma rodada é feita pela ANP obedecendo aos seguintes passos (site da ANP):

- Definição de bloco.
- Anúncio da rodada.
- Publicação do pré-edital e da minuta do contrato de concessão.
- Realização da audiência pública.
- Recolhimento das taxas de participação e das garantias de oferta.
- Disponibilização do pacote de dados.
- Seminário técnico-ambiental.
- Seminário jurídico-fiscal.
- Publicação do edital e do contrato de concessão.
- Abertura do prazo para a habilitação das empresas concorrentes.
- Realização do leilão para apresentação das ofertas.
- Assinatura dos contratos de concessão.

As companhias interessadas devem pagar uma taxa de participação (de valor variável conforme a bacia onde o bloco se encontra) para receber em troca um pacote de dados e informações, que contém os dados públicos de sísmica e poços disponíveis nos setores oferecidos. Tais dados são analisados pelas companhias para servir de base ao estabelecimento de suas estratégias para a disputa.

As companhias que efetivamente desejarem participar do leilão devem apresentar comprovantes de qualificações técnica, jurídica e econômica (garantias financeiras, em geral carta de crédito ou seguro fiança), que serão avaliadas pela ANP. Grupos estrangeiros devem constituir filiais com sede e administração no país, submetidas às leis brasileiras. No dia do leilão, as empresas – de forma isolada ou associadas em consórcios – fazem propostas em envelopes fechados, sendo vencedora a que atingir a maior pontuação nos critérios considerados. Os critérios utilizados têm sido: bônus de assinatura, Programa Exploratório Mínimo e conteúdo local.

O bônus de assinatura (BA) consiste no oferecimento de um valor inicial de pagamento único pelo direito de explorar o bloco e, naturalmente, não pode ser inferior à quantia mínima estabelecida para o bloco no edital.

O Programa Exploratório Mínimo (PEM) é um compromisso de execução de trabalhos de sísmica e perfuração de poços pioneiros. O PEM é expresso em Unidades de Trabalho (UT), não pode ser nulo (UT mínimas definidas em edital) e deve ser cumprido integralmente durante o período de exploração. O não cumprimento dos índices acordados implica o cancelamento do contrato, sendo uma forma de evitar aquisição de blocos por motivação especulativa. A partir do PEM compromissado pode-se calcular o montante de investimentos que irão ocorrer, assim como dimensionar os equipamentos e recursos logísticos necessários.

O conteúdo local (CL) é um compromisso de aquisição de bens e serviços no mercado nacional, de forma a estimular a indústria brasileira.

A associação em consórcios se dá por meio de parcerias em que as empresas mantêm sua autonomia e formam uma aliança estratégica para compartilhar os riscos e investimentos e acrescentar competências e oportunidades em um negócio específico (no caso, a exploração de um bloco). O consórcio deve ser aprovado pela ANP, e a maior parte dos itens comerciais e de gestão é definida através do Joint Operating Agreement (JOA), documento particular celebrado entre os consorciados e tradicionalmente utilizado na indústria petrolífera. Os investimentos e eventual receita futura serão rateados proporcionalmente à participação das empresas no consórcio (Bucheb, 2007).

Ao longo do contrato, uma empresa pode vender sua participação total ou parcial (cessão de direitos de exploração e produção) a outro consorciado ou mesmo a uma nova empresa, desde que esta atenda aos requisitos técnicos, econômicos e jurídicos estabelecidos pelo órgão regulador, a ANP. Essa operação é conhecida por *farm out* – em relação à empresa que sai do bloco – ou *farm in*, sob o ponto de vista de quem entra no negócio. É habitual na indústria petrolífera, mas, obviamente, só passou a ocorrer no Brasil após a quebra do monopólio. Nesses casos pode ocorrer o carrego – quando a empresa que entra no consórcio se compromete a arcar com uma parte do investimento total maior que a parcela adquirida; ou com o pagamento total de um evento específico, como bancar a perfuração de alguns poços.

Entre as empresas consorciadas, uma é indicada como operadora do bloco – em geral, mas não obrigatoriamente, a que tem maior participação percentual no consórcio. O operador é classificado em três categorias, em razão da sua capacidade financeira, tecnológica e experiência na atividade. Na categoria C estão empresas capacitadas a atuar exclusivamente em terra; as que se encontram na categoria B podem operar também em águas rasas e, finalmente, as da categoria A podem atuar também em águas profundas e ultraprofundas. Das empresas nacionais, apenas Petrobras, Queiroz Galvão, OGX e HRT alcançaram a categoria máxima, sendo que as duas últimas o fizeram só em 2013.

O porte das empresas participantes é muito variável, em função da complexidade dos blocos e dos valores de investimento necessários. Varia desde as empresas de grande porte e atuação internacional que, em geral, visam a blocos de alto potencial e alto risco, até pequenas empresas com orçamento reduzido e que buscam campos marginais, mais adequados à sua capacidade de suportar riscos. Há, ainda, empresas do setor termelétrico ou grandes consumidoras de energia elétrica que buscam campos de gás natural para sua geração de eletricidade ou autoconsumo.

Os contratos de concessão são divididos em duas fases: exploração e produção. Na primeira, as empresas realizam trabalhos de aquisição de dados geológicos e geofísicos e perfuração de poços, além da avaliação e interpretação dos dados obtidos. É a fase de maior risco (pela potencial probabilidade de insucesso), embora não seja a de maiores gastos.

Caso não sejam encontrados hidrocarbonetos no bloco, ou sejam encontrados em volume não comercial, o concessionário devolve o bloco à ANP, não sendo ressarcido de nenhum gasto efetuado. Em 2012 foram devolvidos 35 blocos (ANP, 2013).

Ocorrendo indícios de petróleo, o concessionário deve comunicar à ANP em 72 horas e, se houver descoberta comercial, ele deve fazer a "Declaração de Comercialidade" e, a seguir, apresentar um plano de desenvolvimento à ANP. A área de interesse se torna um campo, o restante do bloco é devolvido ao órgão regulador e é iniciada a fase de desenvolvimento da produção, a de maiores investimentos. Inclui estudos de reservatórios para delimitar o reservatório e estabelecer a vazão ótima de produção, a perfuração e completação de poços produtores, o projeto do sistema de produção (elevação, coleta, separação, tratamento e escoamento dos hidrocarbonetos) e a instalação das unidades de produção, que ficarão operando por vários anos.

A fase de produção tem duração de 27 anos, podendo receber eventuais prorrogações. O Plano de Desenvolvimento inclui os investimentos necessários, número de poços, curva de produção esperada, escoamento da produção e obtenção de licenças. As licenças ambientais são fornecidas pelo IBAMA para blocos marítimos, e pelos órgãos ambientais estaduais para os blocos terrestres.

A fase de efetiva produção envolve a operação dos sistemas e unidades de produção e o emprego de materiais, serviços e pessoal na intervenção de poços produtores e injetores. Nela há o pagamento de participações governamentais, além dos impostos e taxas usuais; e o concessionário encaminha à ANP um relatório mensal de produção. O concessionário pode dispor de todo o volume de óleo e gás produzidos, exceto em casos de emergência definidos pelo governo federal. Ao fim de sua vida útil, o campo entrará na fase de "Abandono", com os custos suportados pelo concessionário, e, a seguir, será devolvido à ANP.

O período para o concessionário iniciar o desenvolvimento da produção varia de acordo com seu conhecimento sobre a área, da complexidade do reservatório, da existência de estrutura logística na região, da necessidade de novas tecnologias e da estratégia da empresa, em função da prioridade do campo para ela.

A atividade de transporte de petróleo e gás natural é considerada um monopólio natural pela magnitude dos investimentos necessários. Por isso, foi determinado que a companhia de petróleo (ou gás) não pode ser proprietária das instalações de transporte, de modo a estimular a livre concorrência. Isso levou à necessidade de criação da Transpetro, subsidiária da Petrobras, para exercer as atividades que sua *holding* não poderia executar.

5.4.1 Participações governamentais

As participações governamentais (*government take*) não são tributos, mas compensações financeiras estabelecidas nas atividades de Exploração e Produção (E&P). Elas compensam a degradação ambiental e os custos sociais mais elevados gerados pela atração da atividade petrolífera em algumas regiões. Funcionam ainda como forma de justiça intergeracional, devido à produção de um recurso escasso e finito e à renúncia de produzi-lo no futuro. Regras estáveis, estabelecidas em lei e com antecedência, reduzem o risco político e tornam o projeto mais interessante para os investidores.

As participações governamentais no modelo de concessão são (Gutman, 2007):

a)   Bônus de assinatura

Pagamento inicial devido pela empresa ou consórcio que vence a licitação do bloco e pago na ocasião da assinatura do contrato. Há um valor mínimo estabelecido quando da divulgação do edital de licitação, destinado a financiar as necessidades operacionais da ANP, ressarcindo os gastos administrativos da licitação e fornecendo uma receita mínima no caso de insucesso exploratório. Tem caráter regressivo quanto à produção, sendo mais sensível economicamente para campos de pequeno porte e menos significativo para os grandes campos produtores. O pagamento do bônus de assinatura é uma forma de desencorajar o concessionário a participar da licitação com o objetivo de especular, isto é, ter a posse provisória de uma área e investir pouco, aguardando que áreas contíguas se mostrem comerciais e valorizem a sua para uma posterior venda.

b)   *Royalties*

Compensação financeira ao Estado pela exploração de recurso não renovável, instituída em 1953 e mantida até hoje, com alterações na forma de cobrança. Na época do monopólio era paga pela Petrobras diretamente aos beneficiários, com alíquota de 5%.

A partir da quebra do monopólio, passou a ser um pagamento mensal entre 5% e 10% sobre a receita bruta da produção do campo, calculada pela média dos preços de venda ao mercado ou por um preço mínimo estabelecido pela ANP para cada tipo de petróleo, de forma a evitar o subfaturamento. Assim, a arrecadação é função do volume produzido, do valor do barril de petróleo no mercado internacional e da taxa cambial R$/US$. A cobrança incide sobre os volumes consumidos nas operações do campo e queimados no *flare*, mas não sobre o gás reinjetado no próprio campo. O volume produzido é medido em condições de superfície: pressão absoluta = 1 atmosfera, e temperatura = 20 °C. É o pagamento mais amplamente utilizado na indústria do petróleo pela sua facilidade de implantação e acompanhamento. De 2000 em diante outras empresas além da Petrobras passaram a recolher *royalties*.

Um eventual percentual menor (inferior a 10% mas igual ou superior a 5%) é destinado a áreas com menor rentabilidade, devido a risco geológico, expectativa de produção menor, ocorrência em área remota, gás não associado, óleo pesado, dificuldades operacionais, inexistência de infraestrutura de escoamento e distância em relação ao mercado. Uma alíquota maior para os *royalties* poderia reduzir a economicidade do campo, inviabilizando-o comercialmente, fazendo com que fosse abandonado mais cedo e maior volume de petróleo deixasse de ser extraído.

Até o final do mês subsequente à efetiva produção, o concessionário paga os *royalties* à Secretaria do Tesouro Nacional (STN), que os repassa aos beneficiários conforme cálculos efetuados pela ANP. No caso de exploração terrestre, são beneficiados os estados e municípios produtores, municípios onde se localizem instalações de embarque ou desembarque de óleo ou gás natural e Ministério da Ciência e Tecnologia. Dos recursos recebidos por esse ministério, 40% devem ser destinados a atividades de pesquisa e desenvolvimento (P&D) nas regiões Norte e Nordeste.

Na exploração marítima são beneficiados, ainda, municípios afetados por instalações de embarque/desembarque (monoboia, quadro de ancoras, píer de atracação, cais acostável), o Comando da Marinha e um Fundo Especial. Esse fundo é administrado pelo Ministério da Fazenda e distribuído entre todos os estados e municípios, de acordo, respectivamente, com o Fundo de Participação dos Estados e o Fundo de Participação dos Municípios.

Para definir os beneficiários, utilizam-se os dados determinados pelo IBGE, que usa conceitos geodésicos para definir confrontações de estados e municípios (limites) e áreas geoeconômicas. Em 2013 o valor arrecadado com essa participação governamental atingiu R$ 16,308 bilhões, sendo que o Rio de Janeiro, entre estado e municípios, arrecadou R$ 6,141 bilhões, o que representa 59% do total destinado a esses entes da federação.

Nos últimos anos passou a ser travada uma intensa discussão sobre a mudança dos percentuais de distribuição entre estados e municípios produtores e não produtores.

c)   Participação Especial (PE)

Cobrada trimestralmente de campos de alta produção ou lucratividade, segue o conceito de captura de rendas extraordinárias. Tem alíquota variável, progressiva, que pode atingir o máximo de 40% da receita bruta de produção após dedução de *royalties*, bônus de assinatura, taxa de ocupação de área, pagamento ao proprietário de terra (superficiário), investimentos de exploração, custos operacionais, depreciações e tributos. O objetivo da PE é garantir ao governo uma parcela maior para os projetos mais lucrativos. Os beneficiados são: Ministério das Minas e Energia (40%), Ministério do Meio Ambiente (10%), estados produtores ou confrontantes (40%) e município produtor (10%).

Os preços de referência para o petróleo e gás são os mesmos utilizados no cálculo dos *royalties*, mas o gás queimado no campo só passou a fazer parte dessa base de cálculo a partir da rodada 7, em 2005. O concessionário recolhe os valores da PE até o final do mês subsequente ao trimestre de produção, e a STN os distribui conforme cálculos efetuados pela ANP.

As alíquotas variam conforme o volume produzido, a localização geográfica (terra, águas rasas, águas profundas) e o tempo decorrido desde o início da produção (ano um, ano dois, ano três, ano quatro ou mais), dando mais tempo para o concessionário compensar os custos elevados da fase de desenvolvimento (montagem da infraestrutura para produzir). Da receita bruta da produção dos campos que pagam PE, 1% deve ser aplicado em pesquisa (P&D), sendo que a metade desse valor pode ser destinada aos centros de pesquisa da própria empresa e o restante deve ser investido em centros externos, o que tem aumentado significativamente os recursos em pesquisa nas universidades brasileiras.

Os valores arrecadados de PE têm subido seguidamente em função do aumento da produção, do aumento no preço do petróleo e da entrada de novos campos nos quais a participação passa a incidir. Em 2013 a arrecadação ultrapassou R$ 15,4 bilhões, obtida a partir de quinze campos marítimos e três terrestres, dos quais o único não operado pela Petrobras é Peregrino (Statoil). Outras onze empresas também pagaram PE por terem participação em blocos nos quais não operam; até 2003 só a Petrobras pagava tal contribuição. O Rio de Janeiro, entre estado e municípios, arrecadou R$ 1,637 bilhão, o que representa quase 85% do total destinado a esses entes da federação.

d)   Ocupação ou retenção de área

Contribuição destinada integralmente à ANP, com pagamento anual, em janeiro do ano seguinte, a partir da assinatura do contrato de concessão e conforme a área ocupada pela empresa detentora do bloco: valor em R$/km²/ano, com reajuste anual. Tal valor é estabelecido em função das características e rentabilidade da bacia onde o bloco está situado (bacia madura, elevado potencial, nova fronteira) e da fase ou período em que se encontra a concessão (exploração ou produção).

O valor nominal dessa contribuição (em R$/km²) tem caráter progressivo, pois é menor na fase de exploração (maior área e elevado risco) e cresce na fase de produção, quando a empresa já obtém retorno financeiro e a área da jazida, quase sempre, é menor que a área inicialmente explorada. Conhecida internacionalmente como *rental fees*, atua como estímulo ao concessionário para investir no bloco ou devolvê-lo. Podem coexistir num mesmo bloco áreas em fase de exploração e outras já em produção.

No caso de áreas terrestres, o concessionário paga mensalmente ao proprietário do solo a taxa do superficiário, um valor entre 0,5% e 1% (em geral 1%) do valor da produção do campo, considerando os mesmos valores de volume e preço utilizados no cálculo de *royalties*. Tal valor, pago até o segundo mês subsequente à efetiva produção, não é uma indenização ou compensação pelo uso do terreno, mas uma participação no resultado da jazida. Embora seja um valor pequeno quando comparado às participações governamentais, alcança dezenas de milhares de reais, gerando grupos de "novos ricos" em cidades do interior do país. Esses beneficiários acabam atuando como fiscais da ANP, pressionando os concessionários a manter a produção elevada e contínua para não perderem sua receita.

Assim, novos impostos e contribuições foram criados, aumentando a carga tributária que, no Brasil, já é iniciada na fase de exploração. Enquanto o bônus de assinatura e a taxa de retenção ou ocupação são pagamentos incondicionais (não dependem do resultado do projeto e embutem risco para o concessionário), os *royalties* e a PE são condicionais, isto é, são função do resultado gerado pelo projeto e, portanto, é o Estado que toma o risco de não ser remunerado no caso de insucesso.

Os valores das participações governamentais têm subido a cada ano, e o Rio de Janeiro é o estado da União mais beneficiado por essas contribuições, graças à Bacia de Campos. Os municípios que mais recebem *royalties* e participação especial são os chamados "Emirados Árabes" fluminenses: Campos, Macaé, São João da Barra, Quissamã e Carapebus; e, como municípios limítrofes, Rio das Ostras, Cabo Frio, Búzios e Casimiro de Abreu. São João da Barra e Campos tiveram, respectivamente, 72% e 60% do seu orçamento total oriundo das participações governamentais em 2012, ano em que o estado do Rio de Janeiro e os municípios fluminenses receberam mais de R$ 12,7 bilhões.

Em março de 2007, foi criada a Associação Brasileira dos Produtores Independentes de Petróleo e Gás (ABPIP), formada por empresas de menor porte que atuam na exploração e produção de hidrocarbonetos no Brasil e no exterior. A associação defende regras específicas para facilitar a disputa das empresas de menor parte, como contratos de concessão mais simples para áreas *onshore*. Ela chegou a ter 55 membros, mas em 2013 esse número caiu para vinte, com muitas empresas frustradas com os resultados da atividade. Em 2012 os pequenos produtores operavam 25 campos no país, retirando em torno de 3 mil boe.

5.4.2 Repetro

O Regime Aduaneiro Especial de Exportação e de Importação de Bens destinados às Atividades de Pesquisa e Lavra das Jazidas de Petróleo e Gás Natural (Repetro) foi criado com o objetivo de reduzir os custos das empresas que exploram e produzem petróleo no Brasil, desonerando operações de comércio exterior que envolvam bens (mercadorias, não serviços) destinados às atividades de E&P (Gutman, 2007). Foi concebido em 1999 e se baseia em uma lista de equipamentos e assessórios que permanecem com impostos suspensos por um determinado período. Assim, há a suspensão de tributos federais incidentes e são eliminados o Imposto de Importação (II), o Imposto sobre Produtos Industrializados (IPI), o Programa de Integração Social (PIS) e o Financiamento da Seguridade Social (Cofins); e é reduzida a alíquota do Imposto sobre Circulação de Mercadorias e Serviços (ICMS).

Para beneficiar-se das vantagens do Repetro, o proponente deve ser pessoa jurídica habilitada na Secretaria de Receita Federal (SRF), ser concessionário autorizado pelo ANP ou prestador de serviços contratado por um concessionário. O Repetro, inicialmente, tinha duração prevista para até 2007, tendo sido posteriormente estendido até 31 de dezembro de 2020, e há expectativa de que seja renovado, pelo impacto que tem na viabilização da atividade petrolífera no país.

O Repetro envolve as figuras de admissão temporária e exportação ficta. A "admissão temporária" permite a permanência de bens importados, pertencentes a uma empresa estrangeira que os afreta ou aluga ao operador no Brasil, durante um prazo específico, necessário à execução das atividades de pesquisa e prospecção de petróleo. Nesse período há a suspensão dos impostos federais incidentes e também do tributo estadual ICMS, devido a um convênio. A condição é que esses bens voltem ao país de origem ao final do contrato. Por isso ocorreram divergências de entendimento quando do afundamento da plataforma P-36 (que contava com benefícios do Repetro) que permanecem sendo discutidas na esfera judicial.

A "exportação ficta" é um benefício dirigido aos produtores nacionais que se queixavam de falta de competitividade dos seus produtos devido às isenções concedidas aos fornecedores internacionais e pleiteavam equiparação de condições com tais concorrentes. Por ela, uma empresa estrangeira adquire o bem nacional e o empresta, aluga ou afreta a uma empresa brasileira, que irá operar o equipamento nas atividades de E&P e recebe isenção de tributos federais, de modo equivalente ao que ocorre na admissão temporária.

O Repetro exige uma estrutura pesada para operacionalizá-lo, com muitos controles e profissionais nas áreas contábil e fiscal; e, muitas vezes, requer a criação de empresas no exterior. Demanda muito tempo e trâmites burocráticos junto à Secretaria da Receita Federal (SRF) e discordância com órgãos tributários estaduais. Talvez o modelo de desoneração pudesse ser mais simples, mas poderia criar solicitações análogas de outros setores econômicos.

O Repetro recebe críticas pela renúncia fiscal significativa que proporciona, mas esse valor é bem inferior ao que as companhias de petróleo pagam como Participação Especial (PE) nos campos que foram desenvolvidos utilizando tal benefício. Para as companhias de petróleo, a principal vantagem é evitar os custos iniciais na fase de exploração, quando o risco é mais elevado. Mesmo que paguem uma PE maior, será no futuro, quando o campo estiver em produção.

5.4.3 Licitações de blocos

A ANP, que iniciou suas atividades efetivamente em janeiro de 1998, é responsável pela licitação de blocos, por meio de leilões que ocorreram anualmente durante quase uma década e foram retomados em 2013.

Em relação às atividades em curso pela Petrobras, quando da promulgação da Lei do Petróleo, a empresa, até então executora do monopólio da União, teve confirmados os seus direitos sobre 115 blocos exploratórios e 51 áreas em desenvolvimento em que realizara investimentos, com o prazo de exploração sendo fixado em três anos; e, naturalmente, sobre os 231 campos que já se encontravam em produção. Assim, em 6 de agosto de 1998 foram assinados 397 contratos de concessão entre ANP e Petrobras, cobrindo área superior a 450 mil km², que correspondia a aproximadamente 7% das bacias sedimentares brasileiras. Essas concessões, sem processo licitatório, ficaram conhecidas como "Rodada 0" ou "Brasil Round 0", e a Petrobras foi dispensada do pagamento de bônus de assinatura (Costa, 2009).

Em 24 de agosto de 1998 foi baixado o Decreto 2.754, que instituiu o Regulamento do Procedimento Licitatório Simplificado da Petrobrás. Foi a forma de, após a quebra do monopólio, não engessar a atuação da empresa, agora no regime de livre concorrência, atribuindo maior agilidade e flexibilidade nas suas contratações de bens e serviços e liberando algumas amarras da Lei 8.666/93, que impunha regras rígidas para tais procedimentos.

As quatro primeiras rodadas de licitação ocorreram anualmente entre 1999 e 2002. Os blocos eram de grandes dimensões, ao contrário do que ocorre em geral nos Estados Unidos, em que são quadrados de 3 milhas de lado, gerando uma área de aproximadamente 25 km². Os critérios para definir o vencedor da licitação eram o oferecimento de pagamento de bônus inicial e do conteúdo local (CL).

Em junho de 1999, foi feita a *primeira rodada* de licitação de áreas, envolvendo 27 blocos (sendo 23 marítimos), que ocupavam aproximadamente 132 mil km². Doze blocos receberam propostas de catorze diferentes empresas, das quais onze foram vencedoras; e foram arrecadados R$ 321,6 milhões de companhias como Petrobras, Agip, Unocal, Texaco, Amerada Hess, Repsol e Exxon-Mobil. Posteriormente, onze dos blocos concedidos foram devolvidos para a ANP por não serem comerciais (ANP, 2013).

Um ano depois a *segunda rodada* ofertou 59 mil km^2 em 23 blocos, sendo dez terrestres de pequeno porte. Foram concedidos 21 blocos (nove terrestres), com participação de empresas privadas brasileiras e maior índice de comprometimentos de compras no mercado nacional. A arrecadação subiu para R$ 468 milhões, beneficiando-se da redução do patrimônio líquido mínimo exigido das empresas participantes. Oito dos blocos concedidos foram mais tarde devolvidos. A partir dessa rodada, a ANP passou a exigir que o operador tivesse participação mínima de 30% no consórcio.

Em junho de 2001, na *terceira rodada*, foram licitados 53 blocos (sendo dez terrestres) e 34 deles foram concedidos, dos quais 21 foram devolvidos posteriormente. A arrecadação ficou próxima de R$ 595 milhões, obtida de 22 empresas vencedoras. Houve atuação mais cautelosa das empresas estrangeiras atuantes na primeira licitação (ENI, BP e Chevron não fizeram ofertas), mas isso foi compensado pela Petrobras (aquisição de quinze blocos) e por oito novos entrantes (Wintershall, Ocean Energy, Statoil, Samson, Koch, Maersk, Total, Phillips). Mas, com blocos marítimos, o índice de comprometimento com fornecedores nacionais foi mais baixo (28,5% na fase de exploração e 40% na de produção).

A *quarta rodada* ocorreu em junho de 2002, cobrindo 54 blocos – 39 marítimos, sendo dezoito em águas profundas – em dezoito bacias sedimentares, e dela constando alguns dos campos devolvidos pela Petrobras (quinze deles em parcerias com outras empresas) em agosto de 2001, oriundos da Rodada 0. A área ofertada de 140 mil km^2 envolveu blocos que demandavam menor capacidade técnica dos interessados e alguns de fronteira (mais arriscados); e foi dado um prazo maior para o desenvolvimento de campos com óleo pesado. Foram catorze as empresas vencedoras, que arremataram 21 blocos, dos quais sete foram mais tarde devolvidos.

Era uma época de desconfiança dos investidores estrangeiros e, portanto, poucas empresas participaram da licitação. Apenas 21 blocos receberam propostas; a arrecadação foi de R$ 92,3 milhões, oriunda de catorze empresas, e houve cinco novos entrantes, entre eles a brasileira Petroreconcavo. O índice de comprometimento com fornecedores nacionais foi mais alto: 39,2% na fase de exploração e 54% na de produção. Nessa rodada passou a ser exigida participação mínima de 5% no bloco para cada empresa participante do consórcio.

A partir da quinta licitação, já no governo Lula, algumas alterações foram inseridas no processo. A ANP passou a ofertar áreas bem menores (setores), permitindo que as empresas interessadas montassem o bloco que pretendiam explorar e que empresas de menor porte também se interessassem. E foi reti-rada a obrigação de participação mínima para não operador nos consórcios.

O bônus de assinatura, item claramente mandatório nas rodadas anteriores, teve seu peso reduzido de 85% para 30%, enquanto a aquisição de equipamen-tos no mercado nacional (conteúdo local – CL) teve o peso majorado, de 15% para 40%, sendo 15% para a fase de exploração e 25% para a de desenvolvi-mento da produção. Foi inserido um terceiro critério de avaliação das propostas, o Programa Exploratório Mínimo (PEM), com peso de 30%. Essas mudanças buscaram atender aos pleitos da indústria nacional, que reclamava do baixo estímulo às compras locais, em virtude do até então baixo peso do critério CL.

Na *quinta rodada*, em agosto de 2003, cerca de duzentos blocos explo-ratórios foram excluídos do processo poucos dias antes do leilão, por decisão da ANP, com base em recomendação do IBAMA. Dos 908 blocos efetivamente ofertados (área de 162 mil km², 654 blocos marítimos), somente 101 rece-beram propostas, e de apenas seis empresas. A Petrobras arrematou a quase totalidade dos blocos, aproveitando para recompor seu portfólio geológico. A arrecadação total foi de apenas R$ 27,4 milhões (o pior resultado em todas as licitações realizadas) e o índice de comprometimento nacional atingiu 80% dos blocos marítimos e quase 95% nos terrestres. Mais tarde 51 dos blocos foram devolvidos.

O aparente baixo interesse dessa licitação pode ser atribuído aos inves-timentos já comprometidos pelas grandes empresas nas licitações anteriores e pelos resultados pouco estimulantes obtidos até então. Os campos desco-bertos eram de pequeno porte, a grandes profundidades e com óleo pesado, o que aumentava os custos de extração e diminuía o valor de comercialização. Ocorreu forte pressão das empresas por uma menor carga tributária, de forma a viabilizar alguns campos já descobertos e considerados não comerciais com as regras em vigor.

Em termos de tributação, é praxe mundial taxação mais forte sobre regiões em expansão, com expectativa de novas descobertas. Já para áreas maduras, como o Mar do Norte, as cobranças são mais brandas, de modo a atrair investimentos para campos em processo de saturação – no Reino Unido paga-se apenas Imposto de Renda, nem mesmo *royalties* estão sendo cobrados para campos em tal estado. A tributação elevada pode afastar investidores, porém a baixa tributação pode significar perdas para o país produtor. Mas, com o aumento do preço do petróleo no mercado internacional, o interesse nos blocos nacionais foi reavivado nos leilões seguintes.

A *sexta rodada* ocorreu em agosto de 2004, quando numa área de 203 mil km² foram ofertados 913 blocos de doze bacias sedimentares, variando desde áreas maduras até bacias de fronteira, passando pelas de elevado potencial (novos conceitos introduzidos nessa licitação). Foram arrematados 154 blocos (quase 70% pela Petrobras), com arrecadação de R$ 665 milhões. Entre as empresas vencedoras estavam sete pequenas nacionais (inclusive o Banco Arbi) e novas estrangeiras, como a coreana SK e a australiana Port Sea. Posteriormente, 61 dos blocos arrematados foram devolvidos.

A partir da sétima rodada, o item "conteúdo local" foi reduzido para 20%, com limites inferior e superior em função da complexidade tecnológica do bloco; e foram introduzidas novas regras e exigências para aferição do cumprimento de conteúdo local contratual. Tal mudança veio a partir da constatação de que alguma empresa poderia vencer uma licitação oferecendo menor valor de bônus e prometendo elevado CL, o que depois poderia não ser cumprido. Assim, o bônus de assinatura e o PEM passaram a ter peso de 40% cada.

Foi criada também uma cartilha de CL, para permitir sua mensuração em relação ao previsto no contrato, já que os índices variam conforme o empreendimento. Este trabalho é realizado pelas certificadoras de CL credenciadas pela ANP, e as concessionárias são sujeitas a multas em caso de não cumprimento das metas acertadas, que são índices mínimos, global e individual em vários subsistemas.

A *sétima rodada* foi realizada em outubro de 2005 e teve 1.134 blocos oferecidos (509 terrestres e boa parte voltada para gás) numa área total de 397 km^2. Foram concedidos 251 blocos, que proporcionaram um pagamento de R$ 1,085 bilhão como bônus de assinatura. Mais uma vez a Petrobras liderou, com 96 blocos arrematados, com maior ênfase em terra. As *majors* estiveram ausentes, mas houve participação das independentes e de várias pequenas empresas estreantes. O total de bônus nessa rodada (assim como na anterior) aumentou em função da concorrência mais acirrada. Dos blocos arrematados, 119 foram devolvidos até 2012.

A *oitava rodada*, com a oferta de 284 blocos (188 marítimos) e uma área total de 102 mil km^2, estava prevista para novembro de 2006. No entanto, ela foi suspensa devido a posicionamento judicial que acolheu ações populares impetradas pelo Clube de Engenharia e por uma deputada paranaense. Tais ações questionavam a decisão da ANP de limitar a quantidade de blocos em um mesmo setor que poderiam receber ofertas de uma dada empresa. Essa proposta já havia sido inserida desde a quinta rodada, mas só para campos terrestres. A sua aplicação para blocos marítimos teria consequências econômicas muito mais intensas e prejudicaria diretamente a Petrobras, restringindo a atuação da empresa com maior capacidade para fazer ofertas em variados blocos. Posteriormente, em janeiro de 2013, essa rodada foi definitivamente cancelada.

A *nona rodada* foi realizada em novembro de 2007, com as regras tradicionais. Pouco antes, houve a divulgação da descoberta das reservas no intervalo "pré-sal" pela Petrobras e, com isso, 41 blocos de regiões contíguas foram retirados do processo licitatório. Ainda assim, 117 das 271 áreas oferecidas (área total de 73 mil km²) foram adquiridas por 36 das 66 empresas habilitadas. Os bônus arrecadados alcançaram o valor de R$ 2,1 bilhões, com destaque para a empresa brasileira OGX, responsável por 71% da arrecadação. Dos blocos arrematados no leilão, nove não tiveram seus contratos de concessão assinados e, dos remanescentes, 31 foram devolvidos até 2012.

A *décima rodada* foi realizada em dezembro de 2008, sendo arrematados 54 dos 130 blocos terrestres oferecidos, que totalizavam 70 mil km². Apenas quarenta blocos tiveram seus contratos efetivamente assinados – devido à desistência de empresas vencedoras ou não cumprimento de requisitos estipulados no edital –, o que gerou arrecadação de R$ 89,4 milhões. Metade dos blocos foi adquirida pela Petrobras, que dispendeu R$ 39,9 milhões. Dos quarenta blocos efetivamente concedidos, treze foram devolvidos até 2012.

Junto com a sétima e a oitava rodadas foram realizadas licitações específicas para áreas maduras inativas com acumulações marginais e alíquota de *royalties* de 5%. Na primeira foram arrematadas dezesseis das dezessete áreas oferecidas (com apenas 88 km²) na Bahia e Sergipe, com arrecadação de R$ 3 milhões. Na segunda foram arrematadas onze das catorze áreas ofertadas, rendendo R$ 10,7 milhões em bônus de assinatura. Destas, no entanto, apenas sete tiveram suas ofertas confirmadas e seus contratos efetivamente assinados. O pouco comprometimento das pequenas empresas com as ofertas feitas acabou por desencorajar a ANP a prosseguir com esse tipo de rodadas (Silva, 2013).

A partir daí houve uma interrupção de cinco anos nas licitações, em razão da mudança regulatória (introdução do modelo de partilha, entre outras alterações), o que fez com que houvesse grande queda na quantidade de blocos em exploração.

Os leilões só foram retomados em maio de 2013, com a *décima primeira rodada* sob o regime de concessão. Nela foram ofertados 289 blocos, sendo 161 marítimos e 123 terrestres, em 23 setores de onze bacias sedimentares, numa área total de 155 mil km², incluindo alguns blocos anteriormente ofertados na Rodada 8. Foram arrematados 142 blocos, gerando um pagamento recorde de bônus de assinatura de R$ 2,823 bilhões. A estimativa de investimentos é da ordem de R$ 7 bilhões (comprometimento com o PEM), e o CL situou-se em 62,32% para a fase exploratória e 75,96% para a de desenvolvimento.

Das 64 empresas habilitadas, 30 tiveram propostas vencedoras, sendo algumas novas entrantes. A participação mais ativa foi a da Petrobras (34 blocos em parcerias ou sozinha, num total de R$ 537 milhões em bônus), seguida da estreante BG Energy (dez blocos, R$ 415 milhões). Destacou-se também a brasileira Petra, que arrematou 27 blocos em terra, gastando mais de R$ 100 milhões. A ANP estabeleceu um prazo de até cinco anos entre a declaração de comercialidade e o primeiro óleo comercial, para evitar que as empresas posterguem os investimentos na produção.

Entre as bacias terrestres o destaque foi a Bacia do Parnaíba, que recebeu mais de 60% dos bônus em área *onshore*. Essa bacia ocupa uma área de quase 680 mil km² e se estende pelos estados de Maranhão, Piauí e Tocantins e por trechos do Pará, Ceará e Bahia.

Num processo para descentralizar a exploração de petróleo, muito concentrada na região Sudeste, o destaque marítimo foi a Margem Equatorial, fronteira exploratória que se estende do Rio Grande do Norte ao Amapá e cobre as bacias da Foz do Amazonas, Pará-Maranhão, Barreirinhas, Ceará e Potiguar. Lá há boas expectativas em virtude das similaridades geológicas com a costa oeste africana, onde ocorreram descobertas em Gana e Costa do Marfim; e, posteriormente, na Guiana Francesa (em Zaedyus). Na Foz do Amazonas, a logística será complexa devido às grandes distâncias, às intensas correntezas e variações de maré. O porto mais próximo é Macapá, não necessariamente o mais adequado; e o trecho Macapá-Belém é coberto em cinco dias de balsa. Além disso, a cadeia de fornecedores precisará ser desenvolvida.

Pouco depois a empresa nacional OGX devolveu nove dos treze blocos que havia obtido, devido a restrições de caixa; a brasileira Petra também desistiu de nove blocos e, no total, 24 blocos arrematados no leilão não tiveram seus contratos assinados com as empresas vencedoras. Por isso, a ANP resolveu, já a partir da licitação seguinte, aumentar as penalidades para empresas que tenham tal comportamento: as garantias financeiras depositadas não serão devolvidas, haverá multa de 20% sobre o valor do bônus de assinatura ofertado e sobre o valor dos investimentos mínimos previstos e exigidos na fase exploratória (PEM).

A OGX passou por uma situação financeira difícil, com dívida estimada em R$ 11,2 bilhões e tendo sua avaliação de risco rebaixada pela agência de risco Standard & Poors para o nível mais baixo (inadimplência). Em outubro de 2013, entrou com pedido de recuperação judicial para tentar evitar a decretação de falência, no que foi a maior concordata do ano na América Latina. Suas ações caíram mais de 95% apenas em 2013. Em dezembro desse ano houve um acordo com os principais credores (detentores de bônus internacionais emitidos), que tomaram a maior parte das ações da empresa em troca da dívida existente; e seu nome foi mudado para Óleo e Gás Participações.

Em novembro de 2013, ocorreu a *décima segunda rodada*, voltada para a exploração de gás natural em terra – inclusive *shale gas* –, que ofertou 168 mil km² em cinco bacias de novas fronteiras (Acre, Parecis, São Francisco, Paraná e Parnaíba) e duas bacias maduras (Recôncavo e Sergipe-Alagoas), localizadas no território de doze estados. Foram arrematados 72 dos 240 blocos ofertados, gerando um pagamento de bônus de R$ 165,19 milhões, com ágio de 750%. Não receberam ofertas as bacias de Parecis (Mato Grosso, Rondônia) e São Francisco (noroeste da Bahia). Das 21 empresas habilitadas, doze apresentaram ofertas e oito foram vencedoras. O destaque, mais uma vez, foi a Petrobras, que arrematou 49 blocos (27 sozinha e 22 em parceria), pagando R$ 120,2 milhões. Empresas de energia elétrica, como a COPEL (Companhia Paranaense de Energia), participaram para garantir o abastecimento de suas termelétricas.

A Tabela 5.1 apresenta os pesos dos critérios utilizados nas doze licitações de blocos sob regime de concessão. As licitações organizadas pela ANP são consideradas exemplos de competitividade e transparência.

A Figura 5.1, criada a partir de dados da ANP, apresenta uma avaliação dos resultados das várias rodadas de licitações realizadas. Pode-se perceber que o tamanho dos blocos ofertados foi sensivelmente reduzido a partir da quinta rodada, com o objetivo de atrair empresas de menor porte. O percentual de blocos efetivamente concedidos caiu da segunda rodada até a quinta, recuperando-se até a oitava, mas caindo novamente com a retirada de blocos marítimos na nona e décima rodadas. A participação da Petrobras tem sido muito intensa, exceto na nona rodada, na qual a OGX foi largamente majoritária.

Tabela 5.1 – Pesos dos critérios nas rodadas de licitação sob o regime de concessão											
	1	2	3	4	5	6	7	8	9	10	11	12
BA	85	85	85	85	30	30	40	40	40	40	40	40
PEM	-	-	-	-	30	30	40	40	40	40	40	20
CL	15	15	15	15	40	40	20	20	20	20	20	20

Fonte: ANP

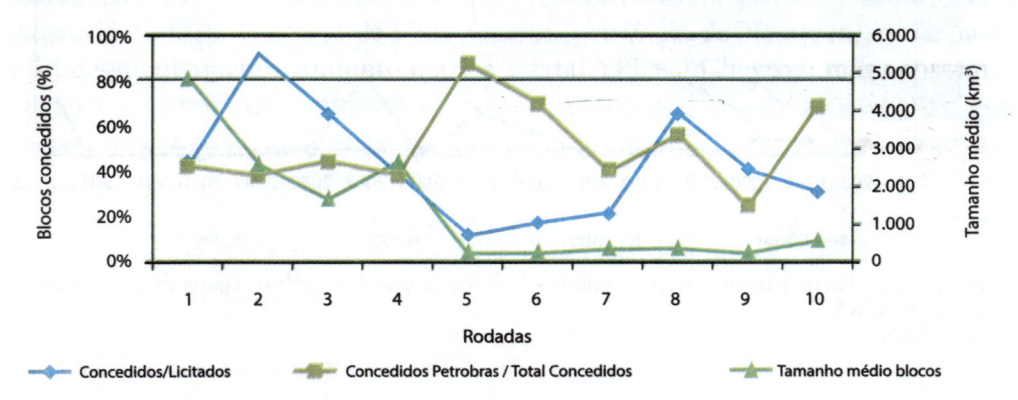

Figura 5.1 – Resultados das licitações sob regime de concessão

Em meados de 2014, em torno de sessenta empresas tinham participação em concessões nacionais (311 campos produtores, mais de 9 mil poços em atividade), 24 delas atuando como operadoras. Entre as empresas privadas nacionais, destacam-se OGX, Queiróz Galvão, HRT e Petra. Muitas têm feito *initial public offerings* (IPOs) para captar recursos destinados aos elevados investimentos.

A Figura 5.2, criada a partir de dados da ANP, apresenta a arrecadação obtida com as participações governamentais obtidas nas licitações sob o regime de concessão. Os valores mais significativos são os de *royalties* e participação especial, superiores a R$ 15 bilhões anuais nos últimos anos. O valor máximo de Bônus de Assinatura foi alcançado em 2013, quando ocorreram dois leilões após uma interrupção de cinco anos.

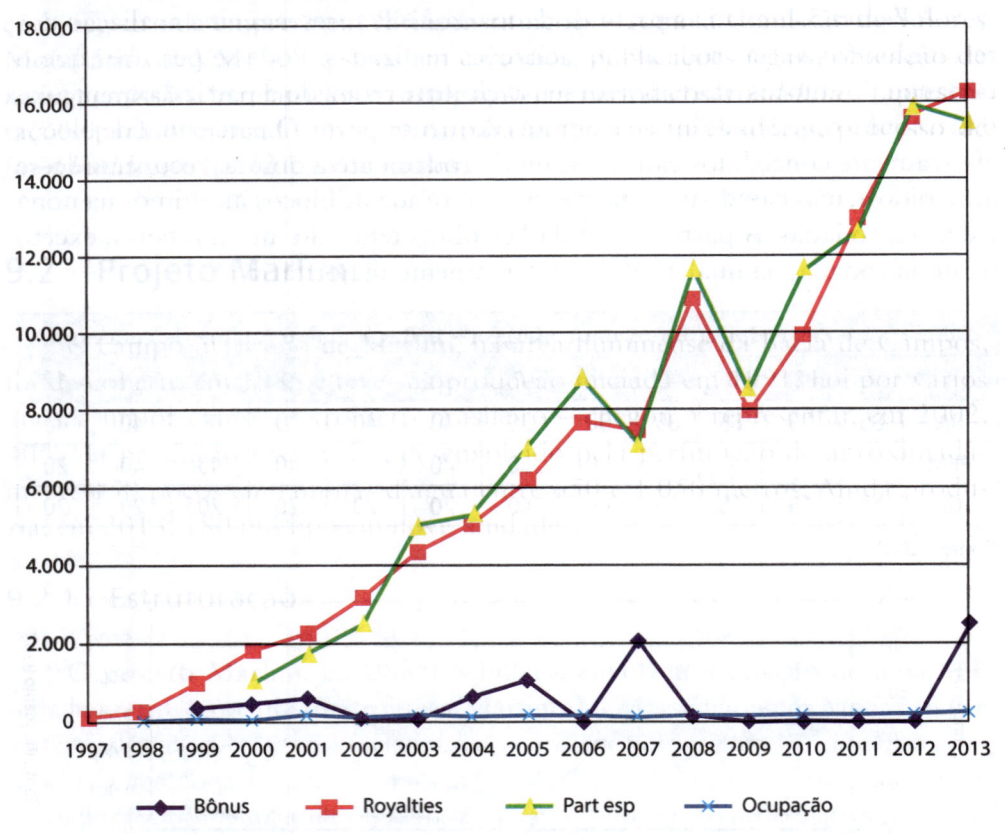

Figura 5.2 – Participações governamentais – valores arrecadados sob o regime de concessão (em milhão R$)
Fonte: ANP

6

Pré-sal e o novo marco regulatório

As descobertas de grandes volumes de petróleo em profundidades bem mais elevadas e a maior distância dessas acumulações do continente geraram uma nova discussão sobre a política energética nacional e conduziram a uma mudança na legislação do setor de petróleo e gás natural. As alterações daí advindas são de tal porte que constituem uma nova etapa da história petrolífera no Brasil.

6.1 O pré-sal

A origem do "pré-sal" remonta a 150 milhões de anos atrás, com a separação do continente Gondwana. No espaço aberto entre a América do Sul e a África, formou-se um grande lago que recebia matéria orgânica carregada pelos vários rios que ali desembocavam. Posteriormente, a entrada de água do mar provocou a deposição de espessa camada de sal que funcionou como uma rocha selante, trapeadora, em relação às formações inferiores. O material orgânico e as rochas sedimentares acumulados sob a camada de sal transformaram-se em hidrocarbonetos. Essa camada é cronologicamente anterior à deposição do sal e, por isso, chamada de pré-sal; constitui-se de rochas carbonáticas com boa porosidade (microbialitos) para tais profundidades.

Assim, há camadas de pré-sal tanto na costa brasileira quanto na costa ocidental africana, incluindo países como Angola, Namíbia, Nigéria, Gabão e Benin. No Brasil, a camada "pré-sal" forma um polígono que se estende por uma área de 800 km × 200 km, desde o Espírito Santo até Santa Catarina, englobando as bacias sedimentares do Espírito Santo, Campos e Santos. Situa-se em profundidades de água entre 1,5 mil e 3 mil metros, sob uma camada de sal com espessura de até 2 mil metros e com reservatórios carbonáticos microbiais entre 5 mil e 7 mil metros de profundidade (Figura 6.1). As dimensões desse polígono poderão ser ampliadas por decisão do Poder Executivo.

Há expectativa de que essas camadas contenham elevadas reservas de óleo e gás (algumas estimativas preveem até 90 bilhões de barris), com boa qualidade (quase 30 °API), baixa acidez naftênica e baixo teor de enxofre.

O primeiro poço, na área de Parati, concluído em julho de 2005, custou US$ 240 milhões ao longo de quinze meses e foi necessário para comprovar o modelo geológico e testar novas técnicas de perfuração. O segundo, que descobriu o campo de Lula, levou 183 dias; depois disso, vários poços foram concluídos em setenta dias ou menos e o seu custo caiu para 30% do poço inicial.

No entanto, várias dificuldades estão sendo e deverão ser superadas para a desenvolvimento do pré-sal (Falcão, 2008):

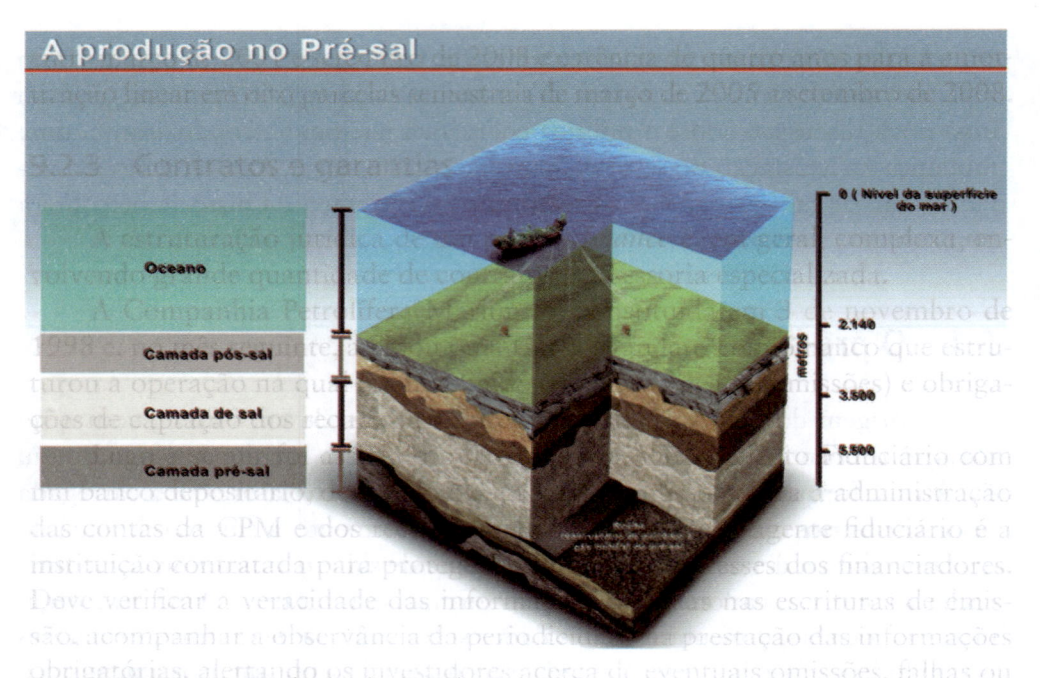

Figura 6.1 –Estrutura geológica do pré-sal
Fonte: Petrobras

- Problemas na perfuração de poços, como baixa taxa de penetração, fechamento do poço (prisão de coluna) e colapso no revestimento, devido à instabilidade do sal.
- Problemas na produção devido à presença de CO_2 (gás carbônico, agressivo à atmosfera e corrosivo para os equipamentos) e H_2S (gás sulfídrico), o que provoca a necessidade de materiais constituídos de ligas especiais.
- Reservatórios complexos e verticalmente heterogêneos, com possível monitoramento demandando recursos de nanotecnologia.
- Óleo parafínico, com risco de deposição de parafinas em tubulações longas e de formação de hidratos (solidificação) no contato com águas frias a grandes profundidades; deverão ser tratados com o uso de inibidores e isolantes térmicos.
- O transporte de gás poderá implicar alto custo devido à distância dos campos até o continente e à profundidade do leito marinho. Já foram realizados estudos para a utilização de uma unidade flutuante de liquefação (FLNG), que poderia ser colocada entre os blocos BM-S-9 e BM-S-11, os mais promissores, tendo posicionamento dinâmico, ancoragem por *turret*, tanques no casco e turbinas a gás para geração de energia. Mas essa ideia só poderá vir a ser implementada quando

a produção for suficientemente elevada para permitir a viabilidade econômica. Num primeiro momento, conta negativamente o fato de ser um projeto novo, com custos elevados de capital, operação e manutenção. É uma tecnologia ainda não testada comercialmente e teriam que ser construídas imensas embarcações. Assim, uma parcela relevante da produção de gás deverá ser reinjetada.

- Destinação do CO_2 produzido. Entre as alternativas estão a reinjeção nos reservatórios produzidos ou em reservatórios de gás exauridos, armazenagem em aquíferos salinos sob o fundo do mar ou estocagem em cavernas na camada de sal.
- Gargalos para o atendimento das metas de conteúdo local (CL) em termos de preço, prazo e capacitação: sondas de perfuração, plataformas de produção, linhas flexíveis, árvores de natal, barcos de apoio, aços especiais: 85% das empresas fornecedoras nacionais são de porte pequeno ou micro, o que dificulta o investimento em pesquisa e desenvolvimento.
- Falta de pessoal para operar sondas e plataformas. Há escassez de mão de obra especializada no mercado interno, mesmo com os intensos programas de treinamento e capacitação. A situação obriga à contratação de profissionais estrangeiros, mas o processo para imigração (obtenção de vistos) é complexo e demorado.
- Condições oceânicas adversas, com ondas até 40% maiores que as da Bacia de Campos: em Lula pode ocorrer onda centenária de até 11 metros. Isso gera maiores esforços sobre o *riser* e o sistema de ancoragem, devido ao deslocamento da plataforma pela ação de vento, ondas e correntes marinhas.
- Logística complexa pela distância (300 km da costa). Alternativas possíveis são *hubs* para passageiros e fluidos, além de aeronaves maiores e com maior autonomia de voo. Para o escoamento da produção de gás são considerados três caminhos: Caraguatatuba, Cabiúnas e Maricá, respectivamente, rota um, rota dois e rota três.
- Alguns campos situados próximos ao limite da Zona Econômica Exclusiva brasileira (ZEE), que se estende por 200 milhas náuticas, equivalente a 370 km. Essa região tem função econômica, com direitos soberanos sobre os recursos do mar para exploração e seu aproveitamento.

Esse limite foi estabelecido em 1970, durante o regime militar, e referendado pela Convenção das Nações Unidas sobre o Direito do Mar (CNUDM) da ONU em reunião em Montego Bay (Jamaica) em 1982. Em maio de 2004, o governo federal entrou com pleito junto à CNUDM para ampliar esse limite para 350 milhas náuticas (extensão da plataforma continental). É o Plano de

Levantamento da Plataforma Continental Brasileira (Projeto LEPLAC), iniciado em 1988, que busca o reconhecimento da Amazônia Azul, a qual abarcaria as águas territoriais brasileiras (12 milhas náuticas a partir da costa), a zona contígua (24 milhas náuticas), a Zona Econômica Exclusiva e 960 mil km² da plataforma continental, num total de 4,45 milhões de km², área marítima equivalente a metade do território brasileiro, e ainda com grande biodiversidade. A milha náutica equivale a 1.852 metros.

Em 2007 a ONU rejeitou o pleito e solicitou que a requisição fosse alterada. Em setembro de 2010, o Brasil desistiu de esperar o aval da ONU e, por decisão ministerial, estendeu unilateralmente sua soberania sobre a área da plataforma continental. Esses pedidos de extensão de jurisdição são feitos também por outros países: em outubro de 2012 o Canadá fez solicitação de mais 1,75 milhão de km² no seu processo de explorar regiões próximas ao Ártico.

A Marinha brasileira tem um projeto para fabricar cinco submarinos a fim de patrulhar a Amazônia Azul, sendo quatro convencionais e um com propulsão nuclear. O primeiro deve estar pronto em 2015 e deve entrar em operação em 2017 (CREA-RJ, 2013).

Os estudos para solucionar os problemas técnicos anteriormente apontados concentram-se nas seguintes áreas (Kennedy, 2010):

a)   Poço

* Redução da duração e custo da construção de poços, pois a perfuração representa quase 50% dos investimentos.
* Melhoria do desempenho de sondas, devido aos elevados custos envolvidos.
* Qualidade de cimentação, importante para garantir a segurança e a integridade dos poços.
* Integridade de poços: desvios nos trechos de sal, fluidos que garantam estabilidade, fraturamento hidráulico em poços horizontais.
* Desempenho da completação inteligente e facilidade para desequipar poços.
* Redução de custos de materiais por meio do emprego de novas ligas e estratégias de recompletação de baixo custo.
* Gerenciamento integrado do poço em tempo real.

b)   Reservatórios

* Previsibilidade da qualidade do reservatório e dos fluidos nele contidos.

- Caracterização interna do reservatório (sísmica).
- Modelo matemático para movimentação de fluidos.
- Recuperação secundária, viabilidade técnica da injeção de água e gás.
- Gerenciamento de reservatórios carbonáticos.
- Viabilidade de sísmica 4D.

c)   Engenharia submarina

- Qualificação de *risers* flexíveis para lâminas d'água superiores a 2,2 mil metros, submetidos a altas pressões, concentrações de CO_2 e necessidade de isolamento térmico.
- Qualificação de linhas flexíveis para injeção de gás em ambiente de alta pressão.
- Instalação, monitoramento e operação de *risers* desacoplados/acoplados e gerenciamento de temperatura nas linhas flexíveis.

d)   Unidades Estacionárias de Produção (UEP)

- Interação com *risers*.
- Padronização de sistemas de *floating, production, storage e offloading* (FPSO).
- Projetos de plataformas com ligação direta aos poços.
- Plantas de processamento e separação modularizadas e menos complexas para otimizar espaço e carga.
- Miniaturização dos componentes na superfície ou sua instalação no leito marinho.
- Operação da planta de separação de CO_2 e sua reinjeção.

A principal vantagem da instalação de separadores submarinos é que a água produzida pode ser reinjetada no reservatório ainda no fundo do mar, evitando o gasto de energia para elevar um produto que será descartado e aumentando a capacidade de processamento de hidrocarbonetos na plataforma. Permite, ainda, reduzir o volume de equipamentos de superfície na plataforma e diminuir os custos operacionais. O primeiro sistema de separação submarina água-óleo do mundo em águas profundas foi instalado no campo de Marlim, ligado à plataforma P-37. No futuro, poderá ser feito o mesmo com as plantas de processo, os sistemas de compressão e até os módulos de geração de energia necessários para fazer tudo funcionar.

Os FPSO são antigos navios petroleiros convertidos para armazenar o petróleo produzido numa plataforma até que navios aliviadores cheguem para transferir esses volumes para o continente. Começaram a ser utilizados em 1977 no campo Castellon, no Mar Mediterrâneo, como solução para armazenar a produção de pequenos campos situados em locações remotas, distantes de infraestrutura disponível. A partir daí, os FPSO passaram a ser cada vez mais empregados no desenvolvimento de campos em águas ultraprofundas.

Na proa do FPSO é instalado um *turret* (torre) que atravessa o casco e permanece fixo ancorado no local de instalação no mar, enquanto a embarcação pode girar em torno do *turret* em função da corrente marinha. As linhas flexíveis dos poços se interligam ao navio através do *turret*. O FPSO é usado quando a plataforma de produção não dispõe de ligação com oleodutos, devido a grande distância do continente, inviabilidade técnica ou econômica de instalação etc. São dimensionados em função da produção esperada, considerando a geração de energia necessária, espaço para separação e tratamento de fluidos e facilidade de manutenção.

Foram 97 os blocos do pré-sal licitados ainda sob o regime de concessão, sendo que 34 deles foram devolvidos ao longo do tempo. Os principais blocos encontram-se na Bacia de Santos (Tabela 6.1), onde os blocos BM-S-10, BM--S-22 e BM-S-52 foram devolvidos à ANP devido aos maus resultados obtidos.

Tabela 6.1 – Principais blocos do pré-sal na Bacia de Santos sob o regime de concessão	
BLOCO	**CONSÓRCIO**
BM-S-8 (Bem-te-vi, Carcará)	Petrobras (66%), Galp (14%), Barra (10%), QGOG (10%)
BM-S-9 (Carioca, Guará, Iguaçu)	Petrobras (45%), BG (30%), Repsol (25%)
BM-S-10 (Paraty)	Petrobras (65%), BG (25%), Partex (10%)
BM-S-11 (Tupi, Iara, Iracema)	Petrobras (65%), BG (25%), Galp (10%)
BM-S-21 (Caramba)	Petrobras (80%), Galp (20%)
BM-S-22 (Azulão)	Exxon (40%), Hess (40%), Petrobras (20%)
BM-S-24 (Júpiter)	Petrobras (80%), Galp (20%)
BM-S-52 (Corcovado)	Petrobras (60%), BG (40%)

O primeiro óleo do pré-sal foi produzido em setembro de 2008, no campo capixaba de Jubarte – a partir do poço 1-ESS-203, interligado à plataforma de produção P-34 –, onde a profundidade da água, a espessura da camada de sal e a distância em relação ao continente são bem menores.

Até 2013 haviam sido perfurados 144 poços exploratórios na área do pré-sal, com um índice de sucesso de 82%, bastante elevado. Especificamente no ano de 2013 todos os poços exploratórios perfurados pela Petrobras no pré-sal acusaram presença de hidrocarbonetos. Devido aos bons resultados obtidos, considera-se que a região do pré-sal apresenta baixo risco exploratório, elevado potencial produtivo e alta rentabilidade. Deverão entrar em operação, no período de 2014 a 2018, 28 novas sondas de produção, e espera-se que sua produção ultrapasse a do pós-sal em 2018. Esta deverá ser a principal fonte adicional de petróleo mundial nas décadas de 2010 e 2020. A produção média no final de 2013 alcançava 340 mil bpd e as reservas no pré-sal já representavam mais de um quarto das reservas totais da Petrobras.

Os investimentos serão vultosos, o que faz com que o desenvolvimento do pré-sal não seja um problema de economicidade, mas sim de financiabilidade, pois demanda grande esforço para obtenção dos créditos necessários. De toda forma, um desenvolvimento incremental permitirá que os recursos oriundos das primeiras fases ajudem a financiar as seguintes.

As descobertas do pré-sal permitirão um aumento sem precedentes nas reservas de petróleo e gás natural do país, que já vêm crescendo bastante ao longo desses primeiros anos do século XXI. Entre 2000 e 2013, as reservas de óleo cresceram 74%, enquanto as de gás quase dobraram (Figura 6.2).

6.1.1 Tupi/Lula

A prioridade foi o desenvolvimento da área de Tupi, situada em lâmina d'água de 2,14 mil metros, profundidade superior a 7 mil metros, a 286 km do continente e com reservas estimadas entre 5 bilhões e 8 bilhões boe. Fica localizada no bloco BM-S-11, que foi licitado segunda na rodada, e teve o primeiro poço perfurado em 2006.

A primeira fase envolveu um teste de longa duração (TLD), iniciado em maio de 2009, com produção de 14 mil bpd e duração inicialmente prevista de quinze meses. Foi utilizado o FPSO Cidade de São Vicente para receber a produção de até 20 mil bpd (em abril de 2010), limitada pela elevada razão gás/óleo (RGO 220 $m^3/1.000\ l$) e por acordo para limitar a queima de gás em 500 mil m^3/dia. Houve uma interrupção de dois meses para troca de ANM ("árvore de natal molhada", equipamento de cabeça de poço) que apresentou problemas técnicos. O óleo é de boa qualidade (28 °API), mas com elevado teor de CO_2 (8 a 12%), que será reinjetado no reservatório.

Com a declaração de comercialidade, em dezembro de 2010, a área de Tupi passou a ser o campo de Lula, o primeiro supergigante do país (campo com mais de 5 bilhões boe em volume recuperável).

A fase seguinte envolveu um projeto piloto, iniciado no final de 2010, com o FPSO Angra dos Reis ligado a um único poço, produzindo inicialmente em torno de 15.000 bpd. A partir de 2013, entrou em operação o FPSO Cidade de Parati, e a produção média alcançou 70.143 bpd. O gás começou a ser escoado em setembro de 2011 por um gasoduto (216 km, diâmetro de 18", capacidade total de 10 milhões m^3/dia) até o campo de gás não associado de Mexilhão, e é

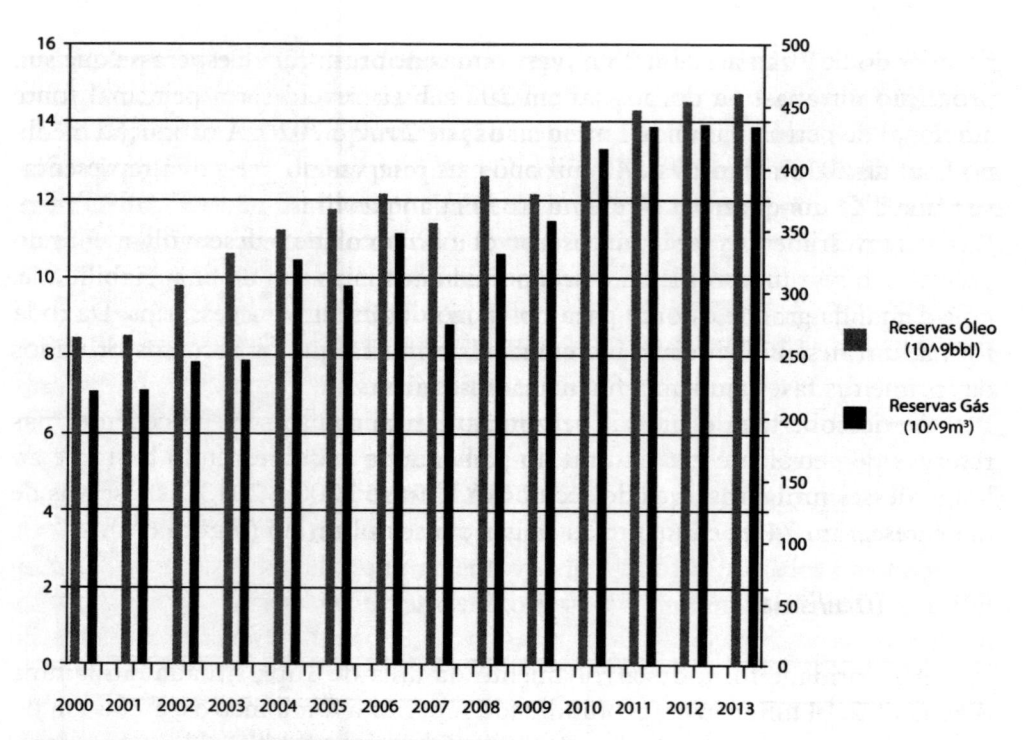

Figura 6.2 – Reservas brasileiras de petróleo e gás natural
Fonte: ANP

o duto rígido submarino com maior profundidade e comprimento já instalado no Brasil. O gás segue de Mexilhão até o litoral, em Caraguatatuba (SP), pelo gasoduto Gastau (145 km, 34"), enquanto o óleo é levado até o continente por navios aliviadores. No mesmo bloco, a área de Iracema passou a ser o campo de Cernambi.

No bloco BM-S-9, Guará – que também havia sido licitado na segunda rodada e cujo TLD se iniciara em dezembro de 2010 – passou a ser denominado campo de Sapinhoá em dezembro de 2011 e iniciou produção comercial em janeiro de 2013. E, em dezembro de 2013, foi declarada a comercialidade de Carioca, que passou a ser o campo de Lapa, também no BM-S-9.

Em julho de 2010, já havia sido iniciada a primeira produção comercial permanente do pré-sal brasileiro no campo de Baleia Franca, localizado a cerca de 85 km da cidade de Anchieta (ES), no complexo denominado Parque das Baleias, na Bacia de Campos. A produção girava em torno de 13 mil bpd de óleo grau 28 °API, com conexão dos poços ao FPSO Capixaba.

Em setembro de 2012, entrou em operação o FPSO Cidade de Anchieta, dando início à produção no campo de Baleia Azul, no pré-sal da Bacia de Campos, com produção de 42 mil bpd. Em dezembro de 2012, foi declarada a comercialidade nas áreas de Aruanã e Oliva, que passaram a ser designadas como campos de Tartaruga Verde e Tartaruga Mestiça, respectivamente, e cujo início de produção deverá ocorrer em 2017. Finalmente, em janeiro de 2013 foi iniciada a produção de Sapinhoá, utilizando o FPSO Cidade de São Paulo, com capacidade para processar 120 mil bpd de petróleo e 5 milhões de m³/dia de gás. O óleo será transferido por navios aliviadores, e o gás, pelo gasoduto Sapinhoá-Lula-Mexilhão até a unidade de Caraguatatuba.

Em 2013 já haviam sido concluídos os TLD de Lula, Lula Nordeste, Sapinhoá, Carioca Nordeste e Iracema Sul. Ocorreram também descobertas na camada pré-sal em vários campos que produziam o pós-sal há muito tempo, entre eles: Marlim, Marlim Leste, Caratinga, Barracuda, Jubarte, Linguado, Trilha, Pampo e Pirambu.

6.2 O novo marco regulatório

As descobertas do pré-sal deram início à discussão do modelo de exploração desses blocos.

No modelo de concessão, os governos celebram contratos com as empresas de petróleo, e estas assumem integralmente os riscos de exploração. Em caso de descoberta, elas se apropriam integralmente dos hidrocarbonetos produzidos durante o período concedido e determinam o ritmo da produção e o destino do óleo. O governo é remunerado em dinheiro através de *royalties* e participações sobre o que é produzido. Esse modelo (do tipo *tax and royalties*) era utilizado no Brasil de forma exclusiva até 2010 e é também adotado em países como Estados Unidos, Canadá, Reino Unido, Noruega, Dinamarca, Holanda, África do Sul, Nova Zelândia, Austrália e Peru.

No modelo de partilha da produção, o governo (diretamente ou por meio de uma estatal) contrata empresas de petróleo para as atividades de E&P, e estas são remuneradas ou com parte do óleo produzido ou com parte da receita auferida pela venda. Nesse modelo o Estado mantém um controle muito maior sobre as atividades desenvolvidas e retém uma parcela significativa da produção dos campos. Tal modelo remonta às décadas de 1950 e 1960, quando foram adotados por Bolívia e Indonésia, respectivamente; e teve grande expansão no período em que a OPEP estava fortalecida. Enfraquecido na década de 1990, retornou mais forte no século XXI e é empregado hoje em países emergentes ou em desenvolvimento e com grandes reservas, como China, Índia, Indonésia, Malásia, Líbia, Egito, Sudão, Angola e Equador.

Há ainda o modelo de prestação de serviço, adotado na Venezuela e México (neste até 2013), em que o governo contrata uma empresa de petróleo para explorar uma área, mas ela não corre risco nem se beneficia do direito à produção decorrente, recebendo um valor preestabelecido (em dinheiro ou óleo). Há países que adotam o modelo misto de concessão e partilha, como Rússia, Cazaquistão e Argélia e, a partir de 2010, o Brasil. A Arábia Saudita e a Bolívia utilizam tanto o modelo de partilha quanto o de prestação de serviços. Como na área do pré-sal os riscos exploratórios são baixos e a rentabilidade é elevada, o governo federal brasileiro propôs a introdução de contratos de partilha de produção, com o objetivo de aumentar a participação da União na renda petrolífera. Por seu lado, as empresas privadas, que desejavam a manutenção do modelo de concessão, sugeriram uma tributação maior na participação especial.

Também em 2013 o governo federal alterou o marco regulatório da atividade de mineração, com o objetivo de aumentar o recolhimento de *royalties* sobre a lavra de metais nobres e estimular a exploração do solo, evitando a ação de especuladores por meio do estabelecimento de prazos de concessão.

No caso do petróleo, além de obter mais recursos financeiros, o governo federal pretendia ampliar seu controle sobre a atividade (ritmo de exploração, capacidade e local de refino, destino da produção). Isso faz parte de uma estratégia de longo prazo para desenvolver o país e obter retorno sustentável. Transcende a indústria de petróleo, buscando relacionamento com outros setores e dinamismo industrial. Objetiva aquisição de conhecimento, capacitação tecnológica e estímulo à cadeia de fornecedores, com maior utilização da indústria nacional de bens e serviços, inclusive inserindo micro e pequenas empresas nesse grupo (Bicalho, 2010). O país poderá vir a ser o principal mercado mundial para as empresas fornecedoras na área de E&P.

O Brasil procura evitar o caminho de alguns países exportadores de petróleo que são dependentes da importação de derivados e não conseguiram criar uma indústria que sobreviva ao esgotamento das reservas de hidrocarbonetos. Fala-se em "maldição dos recursos naturais" quando, num país, a participação das exportações de produtos primários aumenta em relação ao PIB e a taxa média de crescimento do PIB *per capita* cai com o tempo.

Mas há exemplos positivos a seguir: Stavanger (Noruega) e Aberdeen (Escócia) tornaram-se polos de desenvolvimento tecnológico que sobreviverão à queda de produção do Mar do Norte. Tais cidades destacam-se em inovação, pesquisa e desenvolvimento, com forte cadeia de suprimentos, infraestrutura desenvolvida, mão de obra qualificada e setor acadêmico renomado. Com a produção crescente no Brasil, haverá um excesso de óleo que será destinado à exportação, e o país poderá se beneficiar de sua estabilidade política e da confiança que inspira nos potenciais compradores.

Os pontos principais do novo marco regulatório, aprovados por leis que foram sancionadas em dezembro de 2010, referem-se à instituição do regime de partilha (Lei 12.351), à cessão onerosa (Lei 12.276, que permitiu a capitalização da Petrobras), à criação de uma nova estatal (Lei 12.304) e à criação de um fundo soberano (também Lei 12.351).

O *modelo de partilha* será utilizado nos blocos do pré-sal (equivalente a 2% da área das bacias sedimentares nacionais) e em alguns outros de alta rentabilidade e baixo risco exploratório (blocos estratégicos). Porém, os contratos referentes aos blocos do pré-sal licitados anteriormente sob o regime de concessão serão respeitados. Pelo modelo de partilha, o CNPE define os blocos a serem leiloados, e a ANP ou contrata diretamente à Petrobras ou realiza uma licitação, em que será vencedor o concorrente que oferecer a maior parte da receita líquida do campo para a União. Os contratos têm duração máxima de 35 anos.

O contratado assume o risco da exploração e, se ocorrer descoberta comercial, ele será ressarcido pelos investimentos feitos (*cost oil*, óleo custo) e pagará os *royalties* com a entrega de parte dos hidrocarbonetos produzidos. O restante (*profit oil*, óleo lucro) será repartido pelas empresas com a União em parcelas que dependerão da percepção do risco geológico, político e comercial, além do poder de barganha das partes. No leilão é vencedor o proponente que oferece maior volume da futura produção para a União (pede para si a menor parcela do óleo lucro). O bônus de assinatura, o programa de trabalho e o conteúdo local são fixos, definidos previamente em edital, não tendo influência na definição do vencedor.

Pode ser estabelecido um limite para o óleo lucro, para evitar que propostas muito arrojadas façam com que o projeto se torne antieconômico e não seja declarada a comercialidade. Em alguns países a compensação do custo óleo é limitada por um teto anual, e o excesso só poderá ser utilizado no período seguinte.

A Petrobras é a única operadora e, portanto, tem participação mínima de 30% em cada bloco. E será, também, responsável pela estruturação da cadeia de fornecedores para petróleo, refinarias, petroquímica e biocombustíveis. Se ela for contratada diretamente, o CNPE será responsável por definir o percentual de repartição do óleo lucro; no entanto, se houver licitação, a Petrobras terá que aderir à proposta vencedora. Acredita-se que poucos blocos sob o regime de partilha sejam ofertados em cada leilão, devido aos elevados valores financeiros envolvidos.

A *capitalização da Petrobras* ocorreu em setembro de 2010, quando a empresa realizou oferta pública de ações para atender aos desafios financeiros da exploração do pré-sal. O propósito foi reduzir a relação dívida/capital (efetuar desalavancagem), o que facilita a manutenção do nível de *investment grade*, permitindo fontes de financiamento mais amplas e com menor custo. Foi a maior capitalização já feita no mundo, alcançando US$ 69,9 bilhões (R$ 120 bilhões), ultrapassando o antigo recorde da empresa de telecomunicações japonesa Nippon Telegraph and Telephone (NTT), que havia levantado US$ 36,8 bilhões em 1987. A alavancagem da Petrobras caiu de 35% para 16%.

Com a operação, a União (somando as parcelas do Tesouro Nacional e BNDES) aumentou sua participação no capital total da empresa de 39% para 48%; e no capital votante passou de 57,5% para mais de 64%. Com isso terá, naturalmente, maior participação nos recursos gerados pela companhia no futuro.

A União fez o pagamento da sua parte por meio da *cessão onerosa*, repassando à Petrobras os direitos de exploração de reservas ainda não licitadas (expectativa de baixo risco e produtividade elevada) no volume de 5 bilhões boe, incluindo os blocos de Franco, Iara, Florim, Tupi Nordeste, Sul de Tupi e Guará Leste. Caso o volume total encontrado fosse insuficiente para atingir o volume esperado, o bloco de Peroba poderia ser incluído (área contingente).

Por esses direitos a Petrobras pagou com a emissão de ações para a União, recebendo em troca títulos da dívida pública mobiliária federal, equivalentes ao volume de 5 bilhões boe (cessão onerosa), estimados em US$ 42,533 bilhões (ou R$ 74,8 bilhões). O contrato foi celebrado em 2010 por um prazo de quarenta anos, podendo ser estendido por mais cinco anos (Zacour, 2012); na fase de exploração, o conteúdo local mínimo é de 37% e, na de produção, deverá alcançar 65%.

Para avaliar o valor das áreas cedidas, a ANP contratou a certificadora internacional de reservas Gaffney, Clyne e a Petrobras, a DeGolyer & MacNaughton. O valor da operação será reavaliado posteriormente, pois sua correta valoração depende de fatores como curva de produção, investimentos, custo da produção, cenários de preço futuro, taxa de desconto empregada, grau de conhecimento/desenvolvimento das reservas e ambiente fiscal (participações governamentais).

Na cessão onerosa não há pagamento de participação especial (PE), o que provocou uma ação judicial por parte do estado do Rio de Janeiro, que se sentiu prejudicado pela possível perda de arrecadação; há apenas a cobrança de *royalties*, nas mesmas condições que no regime de concessão, com alíquota de 10%. A não incidência de PE faz com que o desenvolvimento desses campos tenha prioridade máxima, especialmente Franco, onde se estima que estejam mais de 60% do volume total da cessão.

Nesse campo, o primeiro poço foi perfurado em novembro de 2011, sendo encontrado óleo com 28 °API. Em dezembro de 2013, a Petrobras declarou a comercialidade das acumulações de Franco e Sul de Tupi, que passaram a ser os campos de Búzios e Sul de Lula, respectivamente. A fase de exploração dos blocos sob o regime de cessão onerosa foi concluída em maio de 2014, com a perfuração de dezesseis poços e índice de sucesso de 100%.

A produção inicial na área de cessão onerosa está prevista para o final de 2016 e deverá demandar a instalação de cinco unidades de produção. Será construída a chamada "rota três", um gasoduto de 307 km ligando a área à cidade de Maricá (RJ), de onde seguirá para o polo petroquímico de COMPERJ, em Itaboraí (RJ).

Para representar os interesses da União nos consórcios e na gestão dos blocos, foi criada a *empresa estatal* Pré-Sal Petróleo (PPSA). Trata-se de uma sociedade anônima de capital fechado vinculada ao Ministério de Minas e Energia, que tem como objetivo garantir que as empresas concessionárias executem as operações com os menores gastos, monitorando e auditando os custos, já que o custo óleo será integralmente ressarcido a elas em caso de sucesso exploratório. A PPSA não terá ativos operacionais e não fará investimentos, mas fiscalizará o custo do petróleo e as decisões de investimento, tendo voto de qualidade e poder de veto nos comitês operacionais, dos quais indicará metade dos membros. Os comitês serão responsáveis pela declaração de comercialidade das descobertas, pela definição dos planos e projetos de trabalho a serem submetidos à ANP e pela contabilização dos custos incorridos. A PPSA fará a gestão dos contratos de comercialização de petróleo e gás natural (que poderá ser executada pela Petrobras) e controlará as companhias exploradoras, inclusive a Petrobras. Sua diretoria é composta por quatro membros, com mandato de três anos, podendo ser reconduzidos. A nova estatal entrou em atividade efetiva no final de 2013.

Será constituído também um *fundo social* para aplicação da receita gerada. O fundo será composto por bônus de assinatura dos contratos de partilha, *royalties* da União (deduzidas as destinações específicas), totalidade das participações especiais, resultado da comercialização do óleo e do gás que caberá à União na partilha e aplicações financeiras. Seus rendimentos serão aplicados no exterior, e os juros obtidos deverão ser utilizados em investimentos em inovação científica e tecnológica, sustentabilidade ambiental e projetos de desenvolvimento regional, sociais e educacionais.

Com isso, pretende-se evitar consequências análogas às da chamada "doença holandesa", que ocorreu nos anos 1970 com a exploração bem-sucedida de reservas de gás no Mar do Norte. O resultado foi a apreciação do florim, tornando as importações holandesas baratas e reduzindo a taxa de investimento em outros setores, o que desmontou indústrias e atrofiou a produção agropecuária e as exportações em geral (Ismail, 2010). Atualmente isso está ocorrendo em Gana, em razão da sua crescente produção de petróleo.

O Brasil pretende seguir o exemplo bem-sucedido da Noruega, país com população pequena e grandes reservas de petróleo que criou um fundo para aplicar no exterior os recursos obtidos com a exportação de energia, o qual contava com US$ 450 bilhões em 2010. Há vários anos a Noruega apresenta o maior Índice de Desenvolvimento Humano (IDH) do mundo. Em 2012, seu índice era de 0,955. Quanto mais próximo de um é o índice, maior o desenvolvimento humano do país. O menor índice foi obtido por Níger e República Democrática do Congo, com 0,304; o do Brasil é 0,730. No mundo há vários outros fundos que destinam os recursos excessivos gerados para objetivos de longo prazo (educação, distribuição de renda), como no Azerbaijão (criado em 1999 para apoiar outros setores econômicos), Alasca e Botsuana (neste a receita é oriunda de diamantes).

Permanece intensa discussão sobre a distribuição dos *royalties* sob o regime de partilha (sua alíquota foi aumentada para até 15%) e participações especiais, com propostas no Congresso propondo uma revisão que aumente a abrangência e reduza a concentração nos municípios produtores. A Emenda Ibsen Pinheiro propôs uma mudança que incluía até os campos já licitados, modificando as regras vigentes e produzindo um conflito federativo, mas foi vetada pelo presidente da República em fins de 2010.

No final de 2012, houve novo embate com os estados produtores, defendendo que as modificações na distribuição da arrecadação fossem aplicadas aos novos campos, a serem licitados no futuro. Tal posição teve o apoio da Presidência da República, que vetou a proposta dos demais estados, os quais pugnavam por uma aplicação imediata dos novos critérios para todos os campos, incluindo os já em produção (emenda do deputado Vital do Rego). Como os estados não produtores têm maioria no Congresso, conseguiram derrubar o veto presidencial em fevereiro de 2013, o que fez com que os produtores recorressem ao STF (Supremo Tribunal Federal) e conseguissem interromper o processo temporariamente.

Com as mudanças propostas, os estados produtores teriam sua participação nos *royalties* reduzida de 26,25% para 20%; e nas participações especiais o percentual cairia ano a ano, desde 40% até o mínimo de 20% em 2018. Para os municípios produtores, os *royalties* seriam reduzidos gradualmente, de 26,25% para 4% até 2019; e as participações passariam de 10% para um piso mínimo de 4%, também em 2019. Haveria ainda uma queda na parcela da União, tudo isso para criar um fundo a ser repartido em parcelas iguais entre o conjunto dos estados e municípios não produtores. Tal fundo alcançaria, em 2019, 54% dos *royalties* e 30% das participações especiais.

Para os estados mais beneficiados pela atual legislação (Rio de Janeiro e Espírito Santo), as participações governamentais são uma forma de compensação por impactos territoriais, pois a exploração do petróleo atrai maiores contingentes populacionais, aumenta a demanda por serviços públicos e deteriora o meio ambiente. Além disso, as participações governamentais representam uma justiça intergeracional, compensando as gerações futuras pelo possível esvaziamento econômico posterior, já que os recursos explorados são finitos.

O exemplo típico dessas dificuldades é Macaé, situada no norte do estado do Rio de Janeiro. Por um lado, a cidade se beneficia da geração de empregos e recolhimento de tributos, ganhando peso econômico; por outro, sofre com os impactos do rápido e intenso processo de adensamento populacional, o que conduziu a problemas referentes a habitação, mobilidade urbana, violência e custo de vida elevado, com serviços caros e de má qualidade. A cidade transformou-se num enclave regional, contrastando com os municípios limítrofes, que mantêm um relativo esvaziamento econômico, com poucas alternativas de empregabilidade. A concentração de riquezas ao lado de municípios pobres gera uma movimentação pendular de pessoas diariamente. Santos (SP) e municípios próximos poderão ver esse fenômeno se repetir com o desenvolvimento do pré-sal na Bacia de Santos.

Para os demais estados, é necessária a redefinição dos critérios de repartição, que hoje é injusta, com excessiva concentração de recursos: Presidente Kennedy (ES) foi o município com maior PIB *per capita* do país (R$ 387,1 mil) em 2011. Além disso, os estados não produtores argumentam que a atual distribuição incentiva a corrupção e a má aplicação de recursos públicos (pela falta de transparência), desestimula a acumulação de capital humano e causa instabilidade macroeconômica em razão da oscilação dos preços internacionais do petróleo. Hoje, municípios como Campos e Macaé apresentam baixos índices em indicadores sociais, como o Índice de Desenvolvimento da Educação Básica (IDEB).

Em setembro de 2013, foi sancionada lei que destina 75% dos *royalties* do petróleo produzido sob o regime de partilha para a educação e 25% para a saúde. A aplicação de 50% dos recursos do Fundo Social vai para saúde e para educação, até que se cumpra a meta de aplicação de 10% do PIB em educação. A expectativa é que até 2028 os rendimentos obtidos pelo fundo sejam suficientes para cumprir as metas do Plano Nacional de Educação e de Saúde.

6.2.1 Licitação sob o modelo de partilha

A primeira rodada de blocos sob o regime de partilha ocorreu em outubro de 2013 com a oferta da área de Libra, a maior acumulação de petróleo descoberta no século XXI e a maior oferta recente no mundo. Situa-se a aproximadamente 170 km da costa, em lâmina d'água superior a 1,5 mil metros, tem profundidade total de mais de 5,5 mil metros e ocupa área de 1.547 km². Foi descoberta em 2010 com a perfuração do poço estratigráfico 2-ANP-2-RJS. Nela a ANP estima um potencial entre 8 bilhões e 12 bilhões boe.

O bônus de assinatura é um fator fixo, predeterminado, que funciona de forma análoga ao pagamento de "luvas" no arrendamento de uma loja. Seu valor nessa primeira rodada foi definido em US$ 15 bilhões, sendo que R$ 50 milhões são destinados à instalação da PPSA. O percentual mínimo oferecido de óleo lucro para a União foi estabelecido em 41,65%, considerando o barril de petróleo a US$ 105. O conteúdo local (CL) mínimo foi definido em 37% para a fase de exploração e entre 55% e 59% para a fase de produção.

Os consórcios concorrentes poderiam ser compostos por, no máximo, cinco empresas, sem limite mínimo de participação de cada uma delas; e o operador teria que ser, obrigatoriamente, classificado no nível A. Onze empresas interessadas pagaram a taxa de R$ 2 milhões para participar da licitação.

Só um consórcio se apresentou, constituído por Shell (20%), Total (20%), CNPC (10%), CNOOC (10%) e Petrobras (10%); esta já tinha garantida participação de 30% e, assim, totalizou 40%. As estatais chinesas CNPC e CNOOC, por terem o mesmo controlador, tinham que participar obrigatoriamente do mesmo consórcio. Todos os componentes do consórcio têm experiência internacional em águas profundas.

A oferta do percentual do óleo lucro destinado à União foi a mínima (41,65%), e o consórcio vencedor apresentou garantia financeira de R$ 610 milhões para cumprir o programa exploratório mínimo, que envolve reprocessamento de dados sísmicos em toda a área do bloco, estudos para nova aquisição de sísmica 3D, perfuração de dois poços e um TLD de produção (limitado a 180 dias), a serem realizados no intervalo de quatro anos. Espera-se que a produção seja iniciada em 2018 e venha a atingir 1 milhão bpd, oriundos de quase cem poços de produção (além da perfuração de outros cem poços de injeção). Libra deverá demandar de doze a dezoito plataformas de produção e entre sessenta e noventa barcos de apoio; e poderá gerar para a União R$ 1 trilhão entre *royalties* e participação especial, ao longo de trinta anos.

A recuperação de custos, sem correção monetária no tempo, será limitada a 50% nos dois primeiros anos, baixando para 30% nos anos seguintes. Essa é uma preocupação do mercado, que não sabe exatamente como os custos incorridos serão considerados e considera que a correção monetária será essencial para blocos de menor porte ou com maior grau de incerteza (portanto, menos rentáveis). O comitê operacional do consórcio responsável pelo campo de Libra aprovou um orçamento entre US$ 400 milhões e US$ 500 milhões para 2014.

Em junho de 2014, o CNPE aprovou a contratação direta da Petrobras para produzir, sob o regime de partilha, o volume excedente ao inicialmente contratado sob o regime de cessão onerosa (5 bilhões bbl). Esse direito envolve quatro áreas do pré-sal – Búzios, Entorno de Iara, Florim e Nordeste de Tupi –, e o contrato terá vigência de 35 anos. A Tabela 6.2 apresenta os volumes estimados pela ANP para cada área, bem como o excedente de óleo que caberá à União.

Para isso, a Petrobras deverá pagar à União um bônus de assinatura de R$ 2 bilhões já em 2014 e antecipar parte do excedente em óleo mesmo antes de iniciar a produção: R$ 2 bilhões em 2015, R$ 3 bilhões em 2016, R$ 4 bilhões em 2017 e R$ 4 bilhões em 2018. Os *royalties* serão de 15% sobre a produção.

Tabela 6.2 – Áreas com volume excedente ao contratado pela cessão onerosa		
Área	Volume estimado (bilhão boe)	Excedente de óleo – União (%)
Búzios	6,5 – 10,0	47,42
Entorno de Iara	2,5 – 4,0	48,53
Florim	0,3 – 0,5	46,53
Nordeste de Tupi	0,5 – 0,7	47,62

6.3   Cadeia de fornecedores

Um objetivo adicional do governo federal é desenvolver técnica e financeiramente o mercado de fornecedores nacionais para atender às necessidades de bens e serviços na exploração do pré-sal.

Um exemplo de sucesso dessa prática é a indústria naval: o Brasil teve seu segundo maior parque naval na década de 1970, mas, nas décadas seguintes a atividade foi quase dizimada, reduzida a encomendas esparsas e pouco significativas. Em 2000, o setor empregava apenas 1,9 mil pessoas, porém, com novas unidades e expansão e modernização das já existentes, ocupava 80 mil empregados no primeiro semestre de 2014, segundo o Sindicato Nacional da Indústria de Construção e Reparação Naval e Offshore (Sinaval).

Para isso muito contribuiu o Programa de Modernização e Expansão da Frota (PROMEF), lançado pela Transpetro em 2004, que encomendou a construção de 49 navios e vinte comboios hidroviários, com investimentos que ultrapassam os R$ 11,2 bilhões. No PROMEF, os navios têm índice de nacionalização de 65% na primeira etapa (lançada em 2005, com 26 unidades) e 70% na segunda (lançada em 2008, com 23 unidades), devendo ser entregues até 2020. São navios do tipo Suezmax, Aframax, Panamax, gaseiros, aliviadores com processamento dinâmico, de produtos e de transporte de *bunker*.

Houve a reativação de estaleiros ociosos e investimentos de grupos nacionais em outros novos. A expansão da indústria naval tem consequências em diversos segmentos, entre eles os de equipamentos pesados, máquinas, elétrica, automação e caldeiraria. Alguns estaleiros já estão em funcionamento, enquanto outros são chamados "virtuais", já que ainda não estão prontos mas já participaram de concorrências e receberam encomendas. Um estaleiro demanda algumas condições especiais, como grande área para a produção e acesso ao mar em águas protegidas e com profundidade mínima de 7 metros, além de facilidades de infraestrutura como energia transporte, habitação e serviços em geral.

O objetivo é que, em algum tempo, os estaleiros nacionais alcancem produtividade e competitividade semelhantes aos asiáticos, onde China, Coreia do Sul e Cingapura são referencias mundiais, beneficiados por apoio governamental, mão de obra abundante e barata e atuação de conglomerados. O Estaleiro Atlântico Sul (EAS), em Pernambuco, passou por problemas em 2012, com a saída do seu acionista estrangeiro que detinha a tecnologia, a coreana Samsung, e atraso na entrega de navios contratados pela Transpetro. Mas, em junho de 2013, o grupo japonês IHI (Ishikawajima) adquiriu 25% das ações da empresa. Os demais acionistas são os grupos nacionais Camargo Corrêa e Queiroz Galvão, cada um com 37,5%.

Os representantes da indústria nacional pleiteiam programas de incentivo à inovação tecnológica, desoneração na produção e comercialização de equipamentos e linhas específicas de financiamento do BNDES, que deverá ser o seu principal financiador. Sua proposta é inspirada no modelo asiático, com taxas baixas, prazos de carência longos, estrutura de seguros e tratamento tributário generoso, com subsídios implícitos.

Devem ser formados *clusters* tecnológicos, por meio da instalação de centros de pesquisa e desenvolvimento (P&D) e também pelo estímulo à instalação de empresas internacionais no país. São agrupadas empresas que produzem bens similares, havendo cooperação com universidades e com os investimentos necessários. Houston e Stavanger são exemplos desses centros de inovação.

No Rio de Janeiro está sendo constituído um *cluster* para equipamentos submarinos e um polo para navipeças, no Parque Tecnológico da Ilha do Fundão, onde várias companhias ocuparão uma área de 150 mil m². Entre elas estão Cameron, Wellstream, Rolls-Royce, FMC, Baker-Hughes, Schlumberger, Siemens, Vallourec Mannesmann, British Gas e Tenaris.

Várias empresas estão ocupando nichos específicos e sendo reconhecidas. São exemplos:

- Levantamentos sísmicos: Georadar.
- Tubos sem costura: Vallourec Mannesmann, Schulz, Tenaris/Confab.
- Linhas e tubos flexíveis: Technip Flexibras, Prysmian, GE Wellstream.
- Inspeção e reparo de *risers*, flutuadores e juntas telescópicas: Brastech.
- Construção e montagem de módulos: Techint.
- Controle e automação: Altus.

- Componentes de cabeça de poço: Rossini Murta.
- Base logística: Odebrecht, Brasco (grupo Wilson Sons).

Na parte de capacitação de mão de obra, destaca-se o Programa de Mobilização da Indústria Nacional de Petróleo e Gás Natural (PROMINP), criado em dezembro de 2003 e que oferece cursos para atender à demanda da indústria fornecedora. De 2006, quando começou o trabalho de qualificação de pessoal, até 2013, quase 100 mil profissionais concluíram os cursos em dezessete estados. Os cursos são gratuitos e, a depender da categoria profissional oferecida, podem exigir do aluno a comprovação de níveis de escolaridade (básico, médio, técnico e/ou superior). A participação nos cursos não garante emprego aos alunos, mas o objetivo é melhorar a qualificação da mão de obra que será, eventualmente, aproveitada pelas empresas privadas fornecedoras de bens e serviços do setor de petróleo. Entre as principais funções demandadas estão pedreiro, armador, encanador industrial, soldador de estrutura, caldeireiro, soldador naval, pintor industrial *offshore*, montador de andaime, auxiliar de movimentação de cargas e plataformista.

Outro exemplo de programas de fomento à indústria nacional é o Progredir, programa criado pela Petrobras em 2011. Ele busca agilizar e ampliar a oferta de bens e serviços e reduzir o custo de financiamentos de capital de giro para a cadeia de fornecedores da empresa. O programa foi desenvolvido em parceria com o Prominp e permite aos fornecedores da petrolífera estatal obter empréstimos junto a bancos parceiros do projeto com base nos contratos assinados com a Petrobras. Como as solicitações de financiamento e de antecipação de faturas são enviadas simultaneamente a todas as instituições financeiras participantes, há aumento da competitividade, maior transparência nas informações e, consequentemente, redução (entre 20% e 50%) do custo financeiro para o fornecedor (site da Petrobras). O Progredir está diretamente relacionado à proposta de ampliação do conteúdo local nos projetos da Petrobras.

Em 2012 foi lançado o Inova Petro, uma iniciativa conjunta da FINEP e do BNDES, com o apoio técnico da Petrobras, com o objetivo de fomentar projetos que contemplem pesquisa, desenvolvimento, engenharia, absorção tecnológica, produção e comercialização de produtos, processos e/ou serviços inovadores, de forma a desenvolver fornecedores brasileiros para a cadeia produtiva da indústria de petróleo e gás natural. Inicialmente foram disponibilizados R$ 3 bilhões para o programa, metade dos recursos apoiados pela FINEP e a outra pelo BNDES, e voltados para sistemas submarinos, instalações de superfície e construção de poços. As taxas variam de 2,5% a 5% ao ano, com prazo de doze anos, carência de quatro anos e alavancagem permitida de até 90% (site da FINEP). Em janeiro de 2014, foi lançado o segundo edital do Inova Petro, no valor de R$ 3 bilhões; serão selecionados planos de negócios de empresas em processamento de superfície, instalações submarinas, poços e reservatórios.

No desenvolvimento do pré-sal, havia previsão de contratação de 45 navios-sonda e plataformas de perfuração semissubmersíveis até 2017, para operação em águas profundas e ultraprofundas. As doze primeiras serão obtidas por meio de licitação internacional, com recebimento a partir de 2012 (atendimento de curto prazo enquanto a indústria nacional se prepara para as demais encomendas), e as outras 33 serão construídas no Brasil e operadas por empresas brasileiras, com recebimento entre 2015 e 2020. Mesmo nas sondas contratadas no exterior houve atraso: o primeiro navio-sonda teve o casco construído em Cingapura pelo estaleiro Jurong Espadon e foi lançado ao mar em julho de 2013. A montagem final ocorrerá a partir de 2014 no estaleiro Jurong Aracruz (ES) e deverá estar em condições de operar em 2015.

Das sondas a serem contratadas no Brasil, o primeiro lote de sete unidades foi licitado em julho de 2011 e teve a Sete Brasil S.A. (Sete BR) como vencedora, com o preço de US$ 4,63 bilhões (US$ 662,5 milhões por sonda). A Sete BR é uma empresa de propósito específico (ver seção 9.1), constituída em 2010 por um Fundo de Investimentos em Participações (FIP) e por investidores como quotistas, incluindo bancos e fundos de pensão: Santander, Bradesco, BTG Pactual, Petros, Previ, Funcef e Valia. Mais tarde entraram a Petrobras, as empresas de investimento EIG Global Energy Partners, Lakeshore e Luce Venture Capital e o fundo FI-FGTS (site da Sete Brasil).

Em maio de 2012, o segundo lote de 26 sondas foi dividido entre a Sete BR (21) e a Ocean Rig (cinco), com valores inferiores ao do primeiro lote. No entanto, em novembro de 2012, foi cancelada a contratação das cinco unidades da Ocean Rig, devido à previsão de um número menor de poços a serem perfurados no pré-sal da Bacia de Santos, em virtude da maior produtividade obtida pelos poços nos projetos já em desenvolvimento da produção nessa área.

Assim, foram contratadas 28 sondas divididas em quatro pacotes de sete unidades. Há uma exigência de conteúdo local crescente em cada pacote, desde a primeira até a sétima unidade, variando desde 55% até 65%. A distribuição de sondas pelos estaleiros é a seguinte: Atlântico Sul (sete), Jurong Aracruz (seis), Keppel Fels (seis), Paraguaçu (seis) e Rio Grande (três). E, como operadores das unidades, poderão estar Odebrecht, Etesco, Petroserv, Queiroz Galvão, Seadrill e Odfjel. A data para entrega das unidades varia de 2015 a 2020.

Para financiar a construção das sondas, a Sete BR conta com capital próprio, provido pelos sócios, e recursos de longo prazo fornecidos pelo BNDES, que irá financiar a parcela correspondente ao conteúdo brasileiro de bens e serviços para construção de cada sonda. Conta, ainda, com recursos provenientes das agências de fomento à exportação dos países que fornecerão o conteúdo importado e de bancos comerciais. A principal garantia para o financiamento são os contratos de afretamento das sondas por períodos de dez, quinze ou vinte anos, conforme a unidade. Os financiadores terão ainda em seu benefício uma garantia de *performance* contratada pelos estaleiros e uma garantia de crédito contratada pela Sete BR, ambas fornecidas pelo Fundo Garantidor da Construção Naval (FGCN), que teve sua capacidade especialmente ampliada para fazer frente a esse tipo de garantia.

A Sete BR admitirá como parceiras e coproprietárias das sondas empresas com experiência na operação dessas unidades. Cada sonda pertencerá a uma empresa de propósito específico, com controle acionário da Sete BR (75% a 85%) e da operadora da unidade (15% a 25%). A taxa diária de afretamento se situará em linha com as praticadas no mercado internacional.

Já para a fase de produção de campos do pré-sal na Bacia de Santos serão fabricadas oito plataformas idênticas (FPSO, de P-66 a P-73) com capacidade de 150 mil bpd de óleo e 6 milhões de m³/dia de gás, que deverão ser instaladas nos campos de Lula (cinco), Iracema (duas) e Carcará (uma). O projeto está sendo desenvolvido no estaleiro Rio Grande (RS), onde foi construído um dique seco para a produção dos oito cascos de navios em série (replicantes), o que permitirá menores custos (simplificação de projeto, padronização de equipamentos e redução de sobressalentes, armazenamento e treinamento), ganho de escala e antecipação de produção. As unidades terão casco duplo, com conteúdo nacional de 70%; a primeira deverá estar pronta em 2014 e a última em 2017.

Para os campos da cessão onerosa serão construídos quatro FPSO (P--74 a P-77) a partir da conversão de navios do tipo *very large crude carrier* (VLCC, capacidade de armazenamento de 2 bilhões bbl) em cascos das futuras unidades. Essa conversão envolve o reforço estrutural do casco, a ampliação, reforma e adaptação das acomodações, instalação de equipamentos e utilidades e adaptação do sistema de ancoragem. Posteriormente cada casco será encaminhado a outro canteiro para a etapa de instalação de módulos da planta de produção e de processamento de petróleo e gás, além da integração das unidades (instalação dos módulos nos cascos). Os quatro FPSO terão capacidade de produção de 150 mil bpd de óleo e 7 milhões m³/d de gás, sendo que a P-76 atuará em Lula Nordeste e os demais em Búzios. O projeto inicial previa utilizar o estaleiro carioca Inhaúma (antigo Ishibras), porém parte dos trabalhos foi transferida para o estaleiro chinês Cosco.

A Petrobrás vai investir US$ 350 milhões em um terminal flutuante de tancagem para escoar parte da produção do pré-sal a partir de 2013. A unidade ficará a 90 km da costa, entre o norte de São Paulo e o sul do Rio de Janeiro, e contará com um navio do tipo *floating, storage and affloading* (FSO, flutuante, para estocagem e transferência) que ficará permanentemente ancorado.

7

A Petrobras

A atividade petrolífera no Brasil esteve, até o final do século passado, diretamente ligada à Petrobras (Petróleo Brasileiro S.A.), empresa nacional de economia mista, fundada em 3 de outubro de 1953 e que iniciou suas operações em 10 de maio de 1954. Mesmo após a quebra do monopólio do petróleo, ela continua a ser o grande *player* desse mercado. Neste capítulo analisamos a atuação da empresa desde a sua criação até os dias de hoje.

7.1   A fase inicial

Quando da sua criação, no segundo governo de Getúlio Vargas, a Petrobras recebeu do antigo Conselho Nacional do Petróleo os seguintes recursos:

- Campos de Candeias, Itaparica, Dom João e Água Grande, todos na Bahia, descobertos, respectivamente, em 1941, 1942, 1947 e 1951. A produção total de petróleo era de 2,7 mil bpd, pouco mais de um milésimo da produção atual.
- Sondas de perfuração e produção, cujas equipes contavam com grande número de elementos estrangeiros, que quase monopolizavam as funções principais.
- 47 poços já perfurados.
- Reservas de 170 mil boe.
- 22 navios petroleiros, através da Frota Nacional de Petroleiros (FRONAPE), criada em 1950.
- Refinaria de Mataripe, em São Francisco do Conde (BA), cuja construção se iniciou em 1947 e foi concluída em 1950, com capacidade de refino de 5 mil bpd.

Ao longo de mais de seis décadas de existência, a Petrobras tem exercido um papel duplo. Por um lado é uma empresa autônoma, buscando objetivos empresariais da mesma forma que grupos privados, já que tem ações transacionadas em bolsas de valores e acionistas privados. Por outro lado, tem sido um instrumento do Estado, atuando no controle do fluxo comercial com o exterior (gerando economia de divisas com sua produção); gerando empregos e estimulando, por substituição de importações, o crescimento da indústria privada nacional, especialmente a de bens de capital, naval e de serviços de engenharia; desenvolvendo – sozinha ou em cooperação com universidades – tecnologias industriais, ambientais e gerenciais; atraindo investimentos e gerando receita tributária. Chegou até mesmo a ajudar a fechar as contas do balanço de pagamentos do país, com operações financeiras no exterior, comandadas pelo Banco Central, nos períodos mais intensos de crise econômica do século XX.

Desde sua criação, nos anos 1950, até meados da década de 1980 (época do Estado empresário), gozou de autonomia, especialmente no período militar, quando havia um pacto tácito entre a empresa e o governo que garantia remuneração adequada para os derivados, liberdade para a tomada de decisões sobre investimentos e permitia a criação de subsidiárias para atuação em segmentos relacionados (Marinho Júnior, 1989).

Em 1963 passou a exercer também o monopólio da importação de petróleo, objetivando reforçar o poder de negociação frente às companhias internacionais e induzir a construção e expansão do parque de refino do país.

Até os anos 1970 dedicava-se mais à área de *downstream*. O objetivo era a autossuficiência de derivados; e não a de petróleo: este podia ser comprado no Oriente Médio com alta qualidade e a preços baixos. A primeira refinaria construída pela empresa foi a de Presidente Bernardes (Cubatão-SP), concluída em 1955; e, seis anos depois, ficava pronta a Refinaria Duque de Caxias (REDUC), em Duque de Caxias (RJ). Em 1967, a empresa já processava 92% de todo o volume consumido no Brasil.

A área de *upstream*, que demandava maiores investimentos e apresentava riscos elevados, tinha importância menor e se concentrava na área terrestre do Nordeste. Contudo, já durante a década de 1950 houve crescimento da atividade e, ao seu final, aproximadamente cinquenta sondas perfuravam no país, sendo 45 próprias. Na Amazônia, onde havia sido encontrado óleo em quantidade não comercial em Nova Olinda (PA) em 1955, atuavam dezessete unidades; as demais estavam no Nordeste, majoritariamente na Bahia, pois a atividade em Alagoas foi permanente, mas sempre restrita.

O Relatório Link, preparado pelo geólogo americano Walter Link, superintendente de Exploração da Petrobras entre 1955 e 1961, indicava a inexistência de reservas de grande porte nas bacias sedimentares terrestres no país e recomendava investimentos no mar e no exterior. Na época, Link foi acusado de estar a serviço das multinacionais do setor (Camargo, 2013). Contudo, a partir das "crises do petróleo", a empresa voltou-se para o segmento E&P – que ainda hoje absorve a maior fatia dos seus investimentos – visando a reduzir a evasão de divisas do país.

7.2   A expansão e criação de subsidiárias

Na área de distribuição de derivados, em que a Petrobras passou a atuar em 1962, nunca houve monopólio. A partir de 1971, sua atuação nessa área se deu por meio de uma subsidiária, a *Petrobras Distribuidora (BR)*, que detém 37,5% do mercado brasileiro (gasolina e óleo diesel são os derivados que mais contribuem para o faturamento da empresa).

A Petrobras atuou na petroquímica com a criação da subsidiária *Petroquisa*, em 1968, uma *holding* de subsidiárias e participações financeiras para garantir o fornecimento de matérias-primas a preços estáveis e competitivos. As empresas ligadas à Petroquisa tinham composição acionária tripartite, com a participação também de capital privado nacional e estrangeiro.

Em abril de 1972, foi criada outra subsidiária, a *Braspetro*, para exercer atividades exploratórias fora do território nacional e complementar a produção nacional, sugestão que havia sido feita no Relatório Link. Inicialmente atuou na Colômbia, Iraque e Madagascar. Seu maior feito foi a descoberta dos campos gigantes de Majnoon (11 bilhões boe) e Nahr Umn, no Iraque, em 1976, os quais foram a seguir retomados pelo governo iraquiano, que, como compensação, garantiu fornecimento de petróleo ao Brasil durante as crises do petróleo.

Majnoon está localizado na província de Basra, próximo à fronteira com o Irã, numa área desértica, mas sujeita a inundações no verão e primavera, devido ao degelo da neve de montanhas próximas (Gomes, 2013). Esse campo teve sua exploração interrompida pelas diversas guerras em que o Iraque se envolveu mais à frente, e acabou inexplorado por quase três décadas, sendo atualmente desenvolvido pela Shell e pela estatal malaia Petronas. Há dificuldades em razão dos muitos resíduos explosivos existentes na região, consequência dos diversos embates bélicos ocorridos nas últimas décadas.

No final de 1975, surgiu a subsidiária *Interbras*, uma *trading company* que foi a maior do Brasil e assumiu os contatos comerciais com o exterior, procurando reduzir o déficit de transações comerciais do país devido às "crises do petróleo" e abrindo novas frentes para a colocação de produtos e serviços nacionais (automóveis, frangos, obras civis...). Um exemplo da atuação da Interbras é a grande quantidade de automóveis Passat nas ruas de Bagdá, capital do Iraque, nas últimas décadas.

A Petrobras atuou, ainda, nas áreas de fertilizantes e mineração. Na primeira com a criação da *Petrofértil*, em março de 1976, também uma *holding* que controlava diversas empresas produtoras de insumos agrícolas básicos – entre elas a Ultrafértil, Fosfértil e Goiasfértil –, visando à autossuficiência no setor. Em 1977 foi constituída a *Petromisa* para pesquisar, industrializar e comercializar minerais.

A partir da Nova República (1985), houve uma drástica redução de autonomia e perda de poder político da Petrobras, com a atuação da Secretaria de Controle das Empresas Estatais (SEST), criada em 1979, e a imposição de restrições orçamentárias, maior incidência tributária, obrigação de suportar subsídios e desigualdades relativas aos preços internos, congelamento de preços de derivados para conter a inflação e uma acentuada rotatividade nos postos de alta gerência. A defasagem dos preços dos derivados, a inadimplência de órgãos do governo e de outras estatais e os prejuízos com o subsídio do álcool (início do Projeto Proálcool) geraram deterioração financeira, com perdas superiores a US$ 10 bilhões. Isso afetou o programa de investimentos e conduziu a cortes de pessoal (AEPET, 2011).

Com o Programa Nacional de Desestatização (PND), no governo Collor, a Interbras e a Petromisa foram extintas (em 1991), assim como o CNP. A Petroquisa vendeu suas participações em 27 empresas e a área de fertilizantes foi significativamente reduzida. Ainda no governo Collor, foram vendidas a Petroflex, Fosfértil, Copesul e Cia. Álcalis do Rio Grande do Norte. O mesmo ocorreu com a Petroquímica União e a Ultrafertil, já no governo Itamar Franco.

Outras subsidiárias foram criadas já a partir do final do século XX, após a quebra do monopólio. Em maio de 1998 foi alterada a razão social da Petrofertil para *Gaspetro*, que tinha como objetivo a produção, comércio, armazenamento, transporte e distribuição de gás natural, GLP e gases raros, além de fertilizantes, energia termelétrica, sinais de voz e imagem por meio de sistemas de comunicação por cabo e rádio. A Gaspetro é uma empresa de participações que detém 51% do capital da Transportadora Brasileira Gasoduto Bolívia-Brasil S.A. (TBG), responsável pela operação do gasoduto no território brasileiro, e 11% do GTB (lado boliviano do gasoduto), entre outros ativos, além de parcelas em várias distribuidoras estaduais de gás e termelétricas.

Em junho de 1998, foi criada a *Transpetro*, responsável pela operação de dutos, terminais e navios e pelo armazenamento de granéis, petróleo, derivados e gás. Em 2002, a Braspetro foi incorporada à *holding* Petrobras. Em maio de 2002, foi aprovada a criação da *Petrobras Energia* (PESA), que hoje é responsável pelas operações na Argentina.

E foi criada, em agosto de 2008, uma nova subsidiária, a *Petrobras Biocombustíveis* (PBio), que, lidera o mercado nacional de biodiesel com três unidades próprias – em Montes Claros (MG), Candeias (BA), Quixadá (CE) – e duas em parceria com a empresa BSBios, em Marialva (PR) e Passo Fundo (RS). Juntas, essas unidades têm capacidade de produzir 821 milhões de litros/ano, dando à empresa a liderança nesse segmento. A usina de Candeias é a maior unidade de produção de biodiesel no país, com capacidade de produção de 217 milhões de litros/ano.

Em 2013, a BSBios tornou-se a primeira empresa do Brasil a exportar biodiesel com fins comerciais, enviando 22 toneladas para Roterdã (Holanda). No setor de etanol a PBio tem participação em dez usinas (uma no exterior), com capacidade de produzir 1,5 bilhão de litros de etanol por ano, respondendo por mais de 5% do mercado nacional.

Em abril de 2010, foi feita parceria com a portuguesa Galp visando à produção de biocombustíveis para o mercado europeu, que deverá ser oriundo do estado do Pará, onde serão construídas novas usinas usando a palma (dendê).

Em janeiro de 2012, a Petroquisa foi incorporada na Petrobras, com a transferência total do patrimônio líquido da subsidiária para a controladora, sem aumento de seu capital social. A operação visou a minimizar custos, simplificar a estrutura societária e favorecer a integração entre as atividades no setor.

Em novembro de 2012 a *Liquigás*, que era subsidiária da BR Distribuidora desde 2004, passou a ser subsidiária integral da Petrobras. A alteração teve caráter apenas societário, sem alteração das estruturas das empresas envolvidas. A Liquigás atua no engarrafamento, distribuição e comercialização de GLP em 23 estados brasileiros e passou a liderar o setor em 2014. É um mercado maduro e bastante concentrado, com as quatro empresas líderes ocupando mais de 85% do total: Liquigás, Ultragaz (grupo Ultra), Supergasbrás (grupo holandês SHV) e Nacional (grupo cearense Edson Queiroz).

7.3 Petrobras hoje

É o maior sistema empresarial do país, composto por aproximadamente 280 empresas, entre subsidiárias, controladas, controladas em conjunto e coligadas.

Sua estrutura organizacional foi desenhada em abril de 2000 (tendo sofrido pequenas mudanças posteriores) com a incorporação de subsidiárias à estrutura da *holding*, e é composta por sete diretorias: quatro de negócios (Exploração & Produção, Abastecimento, Gás & Energia e Internacional) e três de apoio (Corporativa, Serviços e Finanças).

Em 2013, sua receita operacional líquida foi da ordem de R$ 304,89 bilhões, e o lucro líquido atingiu R$ 23,57 bilhões. No país, alcançou a produção média de 1,931 milhão bpd de óleo e 61,921 milhões de m³ diários de gás natural, tendo reservas provadas de petróleo de 13,512 bilhões bbl e de gás natural de 391,286 bilhões de m³ pelo critério SPE (Society of Petroleum Engineers). Seu custo de extração é de US$ 14,76/bbl, alcançando US$ 32,98/bbl com a adição de participações governamentais.

Também em 2013 a Petrobras foi a maior arrecadadora de tributos do país (R$ 98,975 bilhões entre impostos e participações governamentais), respondendo por mais de 10% da arrecadação total da Secretaria da Receita Federal. É também uma das maiores exportadoras brasileiras, com uma média de 207 mil bbl/dia de petróleo e 186 mil bbl/dia de derivados. Considerando o que produz e o impacto de seus investimentos e gastos na economia, a empresa manteve uma participação entre 2% e 3% do PIB brasileiro nas últimas duas décadas do século XX, atingiu quase 6% em 2001 e ultrapassou 12% nos últimos anos. Em maio de 2014 foi considerada a trigésima maior empresa do mundo pela revista Forbes, que considera como critérios receita, lucro, ativos e valor de mercado.

É a maior geradora de patentes do país, com mais de mil depositadas no Instituto Nacional de Propriedade Intelectual (INPI), além de outras no exterior. Seu centro de pesquisas, o CENPES, criado em 1963, é referência internacional, ocupa uma área de 300 mil m² e conta com mais de duzentos laboratórios. Em dezembro de 2013, a empresa tinha 62.692 empregados (centenas com doutorado e mais de mil com mestrado), e mais 23.416 em subsidiárias e no exterior. Entre 2014 e 2018, deverá investir US$ 9,5 bilhões em pesquisa e desenvolvimento (P&D).

Desde 2000 tem ações negociadas na Bolsa de Nova York, e no ano seguinte entrou na Bolsa Latino-Americana (Latibex) em Madri, onde são transacionadas as ações de empresas latino-americanas. A partir de 2006, as ações passaram também a ser negociadas na Bolsa de Buenos Aires (BCBA). Hoje tem em torno de 1 milhão de acionistas, mas a União mantém a maioria das ações com direito a voto.

A empresa é reconhecida mundialmente por sua liderança na exploração e produção de petróleo em águas profundas (completação do poço 7-RO-21-RJS a 1.886 metros e perfuração do poço 1-RJS-543 a 2.777 metros de lâmina d'água), tendo recebido o prêmio da Offshore Technology Conference (OTC) em 1991, como empresa que mais contribuiu para o desenvolvimento tecnológico dessa indústria, e em 2000, pelo desenvolvimento do campo de Roncador.

Em setembro de 2001, tornou-se a primeira empresa brasileira a obter *rating* (avaliação de risco financeiro) três níveis acima daquele recebido pelo Brasil (risco soberano). Obteve o *investment grade* das três principais agências internacionais de risco (Standard & Poors, Moody's e Fitch), o que permitiu a redução no custo dos empréstimos e a obtenção de prazos de financiamento mais longos.

Em 2006, passou a fazer parte do Dow Jones Sustainability Index World (DJSI), o mais importante índice mundial de sustentabilidade, que avalia as melhores práticas de gestão social, ambiental e econômica de empresas de 58 setores em todo o mundo. A empresa destaca-se em relacionamento com os clientes, gestão da marca, desempenho ambiental, desenvolvimento de recursos humanos e cidadania corporativa, assim como em razão da redução na emissão de poluentes e no vazamento de óleo, do menor consumo de energia e pelo sofisticado e transparente sistema de atendimento a fornecedores. Em 2013, participaram do índice 333 empresas de 25 países, sendo 27 do setor de petróleo e gás.

A Petrobras integrou também o índice regional Dow Jones Sustainability Emerging Markets, que engloba 81 empresas de vinte países em desenvolvimento. É ainda a empresa brasileira com maior número de certificações pelas normas internacionais ISO 14001 (meio ambiente) e BS 8800 ou OHSAS 18001 (segurança e saúde).

Em 2006, a Petrobras garantiu a autossuficiência brasileira de petróleo, embora continuasse importando e exportando petróleo e derivados porque o parque refinador nacional não é totalmente compatível com o óleo produzido (limitação de processamento de petróleo pesado). Inicialmente a autossuficiência foi volumétrica, mas não econômica, pois o valor do óleo leve é superior ao do pesado e os volumes transacionados eram equivalentes. Com a posterior expansão da produção (e consequente exportação), o saldo volumétrico garantiu também o superávit financeiro.

Nos últimos anos, com a queda de produção do etanol e o maior consumo de gasolina – devido ao estímulo à indústria automobilística e aos baixos preços dos derivados praticados no mercado interno –, a Petrobras passou a aumentar as importações de derivados e viu seus resultados financeiros reduzidos. Óleo diesel, gasolina e nafta são os derivados mais importados, enquanto o óleo combustível é o principal item exportado. Alguns analistas entendem que três razões contribuíram para isso (Braga; Freitas, 2013):

- A defasagem entre os preços internos e externos dos derivados de petróleo. O valor de venda não acompanhou nem o aumento do barril no mercado internacional nem a variação cambial, sendo usado para conter o impacto na inflação. Segundo o Instituto de Economia da Universidade Federal do Rio de Janeiro (IE/UFRJ), isso provocou uma perda de R$ 104 bilhões para a Petrobras no período 2011-2013.
- Os investimentos no refino, área menos lucrativa, mas estratégica para evitar que o país se transforme num mero exportador de petróleo bruto.
- A política de conteúdo local mínimo, que conduz a um aumento no custo de aquisição de equipamentos e insumos.

O Plano de Negócios do Sistema Petrobras 2014/2018 indica uma atuação como empresa integrada de energia, com foco no mercado nacional, buscando rentabilidade e responsabilidade social. A atuação internacional será mais contida, priorizando as atividades de E&P. Os investimentos totais alcançam US$ 220,6 bilhões, sendo 70% destinados ao segmento E&P (US$ 82 bilhões para o pré-sal, incluindo a cessão onerosa), visando a colocar a empresa entre os cinco maiores produtores mundiais na próxima década. Só em 2013 os investimentos totalizaram R$ 104,4 bilhões, sendo 57% direcionados a E&P.

7.3.1 Atuação no país

A área de *E&P* é prioritária na empresa há várias décadas, e no século atual houve a busca da autossuficiência na produção de petróleo, com a incorporação de inúmeros campos e a instalação de novas unidades produtoras. Em 2006 os destaques foram as plataformas P-50 (Albacora Leste, 180 mil bpd) e P-34 (Jubarte, 60 mil bpd). No ano seguinte, diversos outros projetos entraram em produção, embora nem todos tenham atingido a sua capacidade total de produção: SSP-300 (Piranema, 30 mil bpd), Manati (Bahia, 6 milhões de m³ gás/dia), fase mil de Golfinho (100 mil bpd), Espadarte (100 mil bpd), P-52 e P-54, ambas em Roncador, 180 mil bpd cada.

Em 2008 entraram em produção as plataformas P-51 (a primeira plataforma semissubmersível inteiramente construída no país) e P-53, respectivamente em Marlim Sul e Marlim Leste, com capacidade de 180 mil bpd cada. Em 2009 passaram a operar os FPSO Cidade de Niterói (Marlim Leste), Cidade de São Vicente (Tupi), Espírito Santo (Parque das Conchas), Frade e Cidade de São Mateus (Camarupim e Camarupim Norte).

E em 2010 os destaques foram: módulo um de Cachalote e Baleia Franca (FPSO Capixaba, 100 mil bpd), desenvolvimento inicial de Uruguá/Tambaú (FPSO Cidade de Santos, 25 mil bpd, 10 milhões de m³ gás/dia), Lula (FPSO Cidade Angra dos Reis, 100 mil bpd) e fase dois de Jubarte (P-57, 180 mil bpd e 10 milhões de m³ gás/dia). Os TLD de Tiro e Guará acrescentaram mais 30 mil bpd, cada um.

Em 2011 entrou em produção a fase três de Marlim Sul (P-56, 100 mil bpd); e, no ano seguinte, o projeto piloto de Baleia Azul, no pré-sal (FPSO Cidade de Anchieta, 100 mil bpd, 6 milhões de m³ gás/dia). Em 2013 destacaram-se: Sapinhoá (FPSO Cidade de São Paulo, 120 mil bpd, 5 milhões de m³ gás/dia), Baúna/Piracaba (antes áreas de Tiro e Sídon, FPSO Cidade de Itajaí, 80 mil bpd, 2 milhões de m³ gás/dia), Lula Nordeste (FPSO Cidade de Parati, 120 mil bpd, 5 milhões de m³ gás/dia) e Papa-Terra (P-63, 140 mil bpd, 1 milhão de m³ gás/dia) e módulo três de Roncador (P-55, 180 mil bpd, 6 milhões de m³ gás/dia). A P-55 é a maior plataforma semissubmersível construída no Brasil e uma das maiores do gênero no mundo.

Em 2013, no programa de desinvestimentos, ocorreu a venda da totalidade da participação nas concessões de Atlanta e Oliva, na Bacia de Santos, e no Parque das Conchas (Argonauta, Abalone, Nautilus e Ostra), na Bacia de Campos.

Em março de 2014, foi iniciada a operação da P-58 (180 mil bpd) no Parque das Baleias (ES), em reservatórios do pré-sal; e, em maio de 2014, entrou em produção a fase 4 de Roncador, com a plataforma P-62 (180 mil bpd, 6 milhões de m³ gás/dia), à qual serão interligados catorze poços de produção e oito de injeção.

A expectativa é de que a produção nacional da Petrobras apresente crescimento nesta década, alcançando 4,2 milhões bpd até 2020, e que esse patamar seja mantido na década seguinte, com a empresa participando de novos leilões que virão a ocorrer nos próximos anos.

Na área de *Gás Natural e Energia*, os objetivos da primeira década do século XXI foram a ampliação da malha de gasodutos e a operação dos terminais de regaseificação de GNL no Ceará (7 milhões de m³/dia) e Rio de Janeiro (20 milhões de m³/dia). A partir de agora, garantida a capilaridade de distribuição de gás para várias regiões do país e com a nova unidade de GNL na Bahia (14 milhões de m³/dia), o foco é o aproveitamento do gás associado produzido no pré-sal, o aumento da geração termelétrica e o atendimento e expansão das áreas de fertilizantes e de petroquímica.

Na distribuição de gás natural, o grupo Petrobras tem participação em quase todas as unidades da federação. A última aquisição, realizada em junho de 2011, foi a da Gás Brasiliano, que pertencia ao grupo italiano ENI, por US$ 271 milhões, e que garante acesso ao mercado do noroeste paulista (375 municípios).

No mercado interno de gás natural, entre 2001 e 2002, a Petrobras havia se engajado no Programa Prioritário de Termeletricidade (PPT), projeto que previa a construção de 29 termelétricas. Devido à diminuição da demanda e a indefinições na regulamentação do setor elétrico brasileiro, a implantação de várias delas foi postergada ou interrompida. Três térmicas *merchant* foram adquiridas para extinguir os pagamentos contingenciais a que a empresa era obrigada pelos contratos originais. Esse tipo de usina vende energia exclusivamente no mercado livre, sem contratos firmes, e são as últimas a serem acionadas, por terem custo de geração mais elevado.

A empresa é a sétima maior geradora de energia elétrica do país; seu parque termelétrico conta com dezesseis unidades, com capacidade superior próxima a 6,9 Gw. São elas: Luis Carlos Prestes (MS), Barbosa Lima Sobrinho (RJ), Governador Leonel Brizola (RJ), Euzébio Rocha (SP), Aureliano Chaves (MG), Mário Lago (RJ), Rômulo Almeida (BA), Sepé Tiaraju (RS), Celso Furtado (BA), Bahia 1 (BA), Jesus Soares Pereira (RN), Termoceará (CE), Araucária (PR), Juiz de Fora (MG), Fernando Gasparian (SP), Piratininga (SP), Tambaqui (AM), Jaraqui (AM), Arembepe (BA), Cuiabá (MT), Muricy (BA) e Baixada Fluminense (RJ). A maior é a Leonel Brizola (Termorio), em Duque de Caxias (RJ), sendo também a maior termelétrica da América Latina. Tem ainda cinco usinas eólicas (Fatos e Dados Petrobras, 2013).

Na área de *refino*, sua capacidade nominal no país ultrapassa 2,1 milhões bpd, por intermédio de doze refinarias distribuídas pelo país: Paulínia (SP), São José dos Campos (SP), Duque de Caxias (RJ), Araucária (PR), São Francisco do Conde (BA), Cubatão (SP), Betim (MG), Canoas (RS), Mauá (RS), Manaus

(AM), Guamaré (RN) e Fortaleza (CE). É a única grande empresa de petróleo do mundo que tem a maior parte da produção voltada para o consumo das próprias refinarias, vendendo principalmente para o mercado doméstico. Em 2004 a empresa recebeu o título de Refinador Internacional do Ano, concedido pela publicação *World Refining Magazine*, que considera o desempenho dos refinadores quanto ao meio ambiente, crescimento e rentabilidade.

No segmento *downstream*, o objetivo é expandir as refinarias para processar o máximo do petróleo nacional, melhorar a qualidade dos derivados (ajuste a novas especificações) e reduzir a parcela referente a óleo combustível em benefício de derivados mais leves (e mais rentáveis). Essas medidas visam à exportação e ao atendimento de metas ambientais nacionais, como controle da poluição do ar, tratamento de efluentes líquidos e deposição de recursos sólidos. A empresa pretende alcançar capacidade de refino de 3,9 milhões bpd até a próxima década, acompanhando a produção e o consumo domésticos.

Nos próximos anos devem entrar em operação as refinarias COMPERJ (RJ), Abreu e Lima (PE) e Premium (MA, CE). O perfil da demanda de derivados mudou bastante no Brasil ao longo do tempo. Na década de 1950, obtinha-se 38% de óleo combustível e 34% de gasolina, contra 18% de diesel. Hoje, este último é o principal derivado (45%), enquanto a gasolina caiu para 27% e o óleo combustível para 4% (Figura 7.1).

Na *gestão financeira*, com a obtenção do nível de *investment grade* por agências de *rating* internacionais e a capitalização de 2010, a empresa passou a captar recursos elevados a taxas mais baixas, e tem financiado seu ambicioso programa de investimentos procurando manter o grau de alavancagem líquida

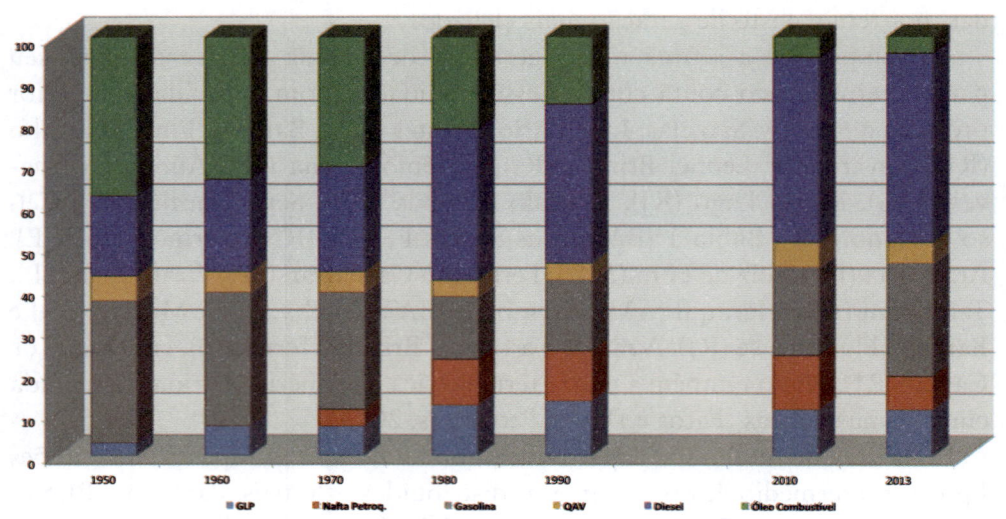

Figura 7.1 – Participação de derivados no mercado brasileiro (em %)
Fonte: Petrobras

adequado (em 2013, alcançou 39%). A prioridade é manter a disciplina de capital num período em que o fluxo de caixa líquido é negativo. Tal situação deverá se alterar a partir de 2017.

A companhia retornou à *petroquímica*, por meio de sua subsidiária Petroquisa. Com a aquisição da Ipiranga e Suzano, passou a ter papel extremamente relevante nos três polos petroquímicos nacionais, e hoje tem participação acionária significativa (46%) na Braskem. A Petrobras incorporou a Petroquisa em 2012, detém o controle acionário da Innova e da Petroquímica Suape (esta em fase de implantação) e tem ainda participação do controle acionário da Deten (28,56%), Petrocoque (40%), FCC (50%) e Metanor (49,53%). Possui também três fábricas de fertilizantes nitrogenados, localizadas em Laranjeiras (SE), Camaçari (BA) e Araucária (PR).

Sua subsidiária *Transpetro* possui rede de dutos no país de 14,6 mil km entre oleodutos e gasodutos, sessenta navios petroleiros, e a tancagem total dos 49 terminais supera 10,6 milhões de m^3 – é a maior empresa de transporte e logística da América Latina. Por meio do Programa de Modernização e Expansão da Frota (PROMEF), a empresa contratou a construção de 49 petroleiros, num valor de US$ 4,7 bilhões, sendo que sete já haviam sido entregues até abril de 2014.

Para o transporte marítimo de apoio às atividades de E&P, foi criado pela Petrobras o Programa de Renovação da Frota de Embarcações de Apoio Marítimo (PROREFAM). A sua primeira etapa ocorreu em 2000, com a contratação de dezoito embarcações, e a segunda em 2004, com mais vinte. Mas o maior impacto resultou da terceira etapa, a partir de 2008, com a contratação de 146 novas embarcações com diferentes finalidades (site da Petrobras):

- *Anchor handling tug supply* (AHTS): navios dotados de guindastes com elevada capacidade de tração, destinam-se ao manuseio de âncoras de grande porte, atividades de reboque e suprimento.
- *Platform supply vessel* (PSV): usados para suprir as plataformas com cargas sólidas ou líquidas, como água, combustível, fluidos de perfuração e produtos químicos. Tais cargas são colocadas no convés, cabines ou tanques.
- *Pipe laying support vessel* (PLSV): navios que fazem o lançamento de dutos a serem instalados no fundo do mar.
- RSV-ROV (*remote operated vehicle supportVessel*): barcos que usam um robô acionado remotamente na superfície para executar trabalhos de manutenção submarina e mapeamento do leito oceânico.
- *Oil spill response vessel* (OSRV): empregados no combate ao derramamento de óleo no mar e seu recolhimento.

Essas embarcações são construídas em estaleiros brasileiros por armadores nacionais que, posteriormente, as alugam à Petrobras. Os contratos têm vigência de oito anos, renováveis por igual período; e um conteúdo local mínimo de 50% a 60% na construção e de 70% na operação das embarcações. Entre os vários armadores contratados estão Bram, Stamav, Galáxia e São Miguel (todos com dez ou mais unidades) e serão utilizados vários estaleiros no Rio de Janeiro, São Paulo, Santa Catarina, Rio Grande do Sul e Amazonas. Até maio de 2014, haviam sido contratadas 110 unidades, sendo que 26 já estavam operando. Mas há falta de estaleiros para reparos no Brasil, o que aumenta o tempo de parada dos navios quando necessitam manutenção.

Outra subsidiária, a *BR*, da área de distribuição de derivados, tem 7.710 postos de serviço no país, com *market share* de 37,5%. Seu objetivo é alcançar um patamar de 40%. Em biocombustíveis, deseja manter a liderança da produção nacional de biodiesel e também do etanol, por meio de participações societárias e construção de etanoldutos.

7.3.2 Atuação no exterior

No plano internacional, têm sido prioridades o Golfo do México (menor custo de capital e facilidade de financiamento, proximidade do mercado consumidor, campos de Cascade e Chinook), a América do Sul (afinidades culturais e econômicas, posição competitiva na distribuição, gás no Peru e Bolívia) e o oeste africano (condições geológicas semelhantes em águas profundas, Nigéria e bloco 26 de Angola).

A atuação internacional começou há algumas décadas no segmento *upstream* com a subsidiária Braspetro. Em dezembro de 1999, foram compradas duas pequenas refinarias na Bolívia, com capacidade total de 60 mil bpd, iniciando a internacionalização na área do refino. Posteriormente, em 2007, essas refinarias foram recompradas pelo governo boliviano por US$ 112 milhões.

Foi negociada uma operação de troca de ativos com a YPF/Repsol, por meio da qual a empresa argentina ficou com uma participação de 30% da refinaria Alberto Pasqualine (RS) e a posse de trezentos postos BR e a Petrobras ficou com uma rede de setecentos postos de distribuição no país vizinho (rede EG3) em dezembro de 2001, e uma refinaria de 30 mil bpd em Baia Blanca. Posteriormente a Petrobras retomou o controle total da refinaria gaúcha.

No segundo semestre de 2002, a Petrobras adquiriu por US$ 1,18 bilhão o controle da argentina Perez Companc, a maior empresa independente privada de óleo e gás da América Latina, com atuação em todos os segmentos da cadeia petrolífera e produção, na época, de 120 mil bpd. Pouco depois foi adquirida por US$ 89,5 milhões a Petrolífera Santa Fé, pequena empresa de

E&P (6 mil bpd de óleo e 640 mil m³/dia de gás), filial da Devon na Argentina. No final de 2004, a Petrobras adquiriu o controle acionário da Conecta, distribuidora de gás natural no Uruguai, por US$ 3,2 milhões.

Em 2006, adquiriu 50% da refinaria de Pasadena (Texas, Estados Unidos) e, posteriormente, em junho de 2012, comprou o restante, ficando com o controle total da unidade, que tem capacidade de refino de 100 mil bpd. No início de 2008, comprou, por aproximadamente US$ 50 milhões, 87,5% da refinaria Nansei Sekiyu (Okinawa, Japão), com capacidade para refinar 100 mil bpd de óleo leve, e um terminal com capacidade de armazenamento de 9,6 milhões de barris.

A empresa tem atuação em cerca de 25 países em quatro continentes. Está associada a várias companhias de petróleo, com direitos em dezenas de contratos, sendo operadora em alguns deles. A produção de petróleo e gás natural obtida no exterior alcançou 219 mil boe em 2013.

Na Nigéria, participou das duas maiores descobertas do final do século XX: os campos de Akpo (20%, gás, entrou em produção em março de 2009) e Agbami (12,5%, pico de 250 mil bpd), no Golfo de Benin, ambos com elevada qualidade de óleo (acima de 45 °API, com baixo teor de enxofre).

Na América do Norte, foi iniciada a produção do campo Cascade em fevereiro de 2012 e, sete meses depois, a de Chinook. São campos operados pela Petrobras, em lâmina d'água de 2,5 mil metros e profundidade de 8 mil metros, onde pela primeira vez foi usado um FPSO na produção em águas profundas no Golfo do México, o FPSO BW Pioneer, que está interligado ao gasoduto mais profundo do mundo. A Petrobras tem 100% de Cascade e 66,7% de Chinook.

Com o programa de desinvestimentos iniciado em 2013, a empresa se desfez de alguns ativos no exterior, com o objetivo de liberar recursos financeiros para sua prioridade corporativa, que é o desenvolvimento dos campos no pré-sal brasileiro. Com isso, foram vendidos metade dos ativos na África e outros no Golfo do México americano, Peru e Colômbia.

7.4 Exploração e produção (E&P) na Petrobras

Na estrutura da empresa, o segmento E&P é responsável pelas atividades de exploração, perfuração de poços e produção de hidrocarbonetos (petróleo e gás). Nos planos estratégicos mais recentes, o E&P absorve em torno de 70% dos investimentos da empresa.

Até 1995 o segmento era constituído por três departamentos independentes: Departamento de Exploração (DEPEX), Departamento de Perfuração (DEPER) e Departamento de Produção (DEPRO). Todos tinham uma estrutura parecida, com duas superintendências: uma técnica, que conduzia as atividades-fim, e outra de apoio. As atividades de sondagem e serviços especiais estavam, em sua maior parte, inseridas no DEPER, prestando serviços para os demais; uma parcela menor, no entanto, ficava no DEPRO.

O objetivo da mudança de 1995 foi prover uma gestão por centro de resultados (unidades operacionais distintas), em que a contribuição de cada unidade fosse a diferença entre o seu faturamento e os correspondentes custos operacionais e de investimento, e definir responsabilidades por processos, reduzindo as interfaces e eliminando redundâncias, especialmente nas atividades de apoio. Isso se constituiu numa quebra de paradigma da cultura de cada um dos órgãos originais, promoveu uma maior descentralização e deixou para a sede da empresa (no Rio de Janeiro) as funções de planejamento, coordenação, auditoria e novas tecnologias.

Em 2000, na reestruturação geral da empresa, foram criadas unidades de negócios (UN), formadas por um conjunto de concessões exploratórias e de produção, instalações operacionais e administrativas. Elas foram definidas por critérios como localização geográfica, afinidade geológica, estágio de desenvolvimento das concessões, infraestrutura disponível e porte.

Em 2010, a gestão central foi fortalecida, e as UN regionais foram transformadas em unidades operacionais (UO) distribuídas pelo país (Manaus, Natal, Aracaju, Salvador, Vitória, Macaé, Rio de Janeiro, Santos e Itajaí). Na atual estrutura estão gerências executivas, sediadas no Rio de Janeiro, com o objetivo de gerir de forma centralizada atividades fundamentais como Exploração, Serviços (logística, contratação, sondagem, poço), Construção de Poços Marítimos, Projetos de Desenvolvimento da Produção, Pré-Sal, Gestão de Investimentos em Sondas/Unidades de Produção e Libra. Outras atividades são Corporativa e de Gestão Norte-Nordeste e Sul-Sudeste.

A UO-AM, sediada em Manaus, atende toda a Amazônia até o Maranhão. São atividades majoritariamente terrestres, de perfuração e produção, com destaque para a região do Urucu (AM). Ali, as primeiras descobertas comerciais ocorreram em 1986, a produção foi iniciada em 1988 e hoje atinge mais de 55 mil bpd de óleo de alta qualidade – acima de 40 °API – e elevados volumes de gás natural (campos de Rio Urucu e Leste de Urucu). Essas reservas estão sendo monetizadas a partir da construção de um gasoduto com extensão de 600 km que segue até Manaus. A 25 km de Urucu há uma nova área em avaliação – Igarapé-Chibata – que poderá vir a ser um novo polo produtor. Os custos operacionais na UO-AM são elevados, devido à logística dentro da floresta, que demanda o uso intensivo de helicópteros e depende do regime dos rios. Eventualmente ocorre atividade marítima.

A unidade de Natal (UO-RNCE) atende à Bacia Potiguar (Rio Grande do Norte e Ceará) com atividades tanto de perfuração quanto de produção, com maior intensidade em terra (quinhentos poços em mais de sessenta campos) na região em torno de Mossoró (Canto do Amaro, Alto do Rodrigues); mas também no mar, em águas rasas (até 50 metros de lâmina d'água) em catorze campos. Quase todos já estão maduros, como Ubarana, Atum, Pescada e Xaréu, pois a maioria foi descoberta nos anos 1970 e teve produção iniciada na década seguinte. Canto do Amaro é o campo nacional com maior número de poços em atividade (mais de mil) e o maior produtor terrestre (22.274 bpd em 2013). No final de 2013, foi encontrada uma acumulação com grau API médio em águas profundas no litoral potiguar, numa área chamada de Pitu, o que abre novas perspectivas para a região. O Rio Grande do Norte lidera a produção terrestre no Brasil.

A unidade de Aracaju (UO-SEAL) atende às regiões dos estados correspondentes (Sergipe e Alagoas) e atua principalmente em campos terrestres antigos, com destaque para Carmópolis (SE), o maior campo terrestre do país em volume recuperável de óleo, onde já foram perfurados quase 2 mil poços ao longo de cinquenta anos, sendo hoje o segundo na produção *onshore* no país (quase 20 mil bpd). Neste século novos campos marítimos entraram em produção, como Piranema, com óleo 46 °API e boa produção de gás. A partir de 2010 foi encontrado óleo de alta qualidade em várias acumulações em águas ultraprofundas no litoral sergipano (Moita Bonita, Barra, Farfan e Muriú), o que pode representar uma nova província petrolífera e a retomada da atividade na região. Há expectativa da instalação de uma unidade de produção com capacidade para 100 mil bpd em 2018.

A unidade de Salvador (UO-BA) atende ao estado da Bahia, a região onde foi iniciada a exploração petrolífera no país. A atividade é basicamente terrestre, nas bacias do Recôncavo e Tucano, onde há produção em mais de setenta campos – quase todos antigos, maduros e com elevada produção de água – com aproximadamente 2 mil poços ativos. Novos investimentos estão sendo feitos na área para aumentar o fator de recuperação de campos maduros como Miranga, Água Grande, Taquipe e Candeias. A expectativa é de obter rápida geração de caixa dos projetos, com baixo tempo de retorno. Na área marítima há operações nas bacias de Camamu-Almada e Jequitinhonha e o destaque é o campo de Manati, um dos maiores produtores de gás do país.

Os campos marítimos do Nordeste são, em sua maioria, maduros, com produção decrescente, e precisam ser revitalizados com a perfuração de novos poços, tanto produtores quanto injetores, mas há dificuldade na obtenção de licenças ambientais devido à pequena profundidade da lâmina d'água e à proximidade da costa.

A unidade de Vitória (UO-ES) atende à região terrestre do norte do Espírito Santo (em torno de São Mateus) e sul da Bahia, que teve um novo impulso de atividades, com boas descobertas após longo período de estagnação (campo de Fazenda Alegre, 1996). Mas seu principal foco é a crescente atuação marítima na Bacia do Espírito Santo (ao longo do litoral centro-norte do Espírito Santo e o litoral do extremo sul da Bahia) e norte da Bacia de Campos, que fizeram da região a segunda maior produtora do país. Aí estão os campos de Jubarte, Cachalote, Baleia Franca, Baleia Azul, Baleia Anã, Caxaréu, Pirambu, Manguangá e Catuá (o chamado Parque das Baleias), mais ao sul e com óleo mais pesado. Mais ao norte estão Golfinho (grandes reservas de óleo leve e gás associado), além de Peroá, Cangoá, Canapu e Camarupim (gás).

A Bacia de Campos é responsável por quase 80% da produção de petróleo nacional (Figura 7.2) e quase 40% da de gás natural (Figura 7.3) e nela estão campos gerenciados pela UO-BC e pela UO-RIO. Um total de 45 campos estavam produzindo através de 55 sistemas de produção em 2013. O porto de Imbetiba, em Macaé, movimenta mais de 200 mil toneladas mensais de carga, sendo o maior da indústria petrolífera no mundo.

A unidade de Macaé (UO-BC) cobre a maior parte dos campos tradicionais da Bacia de Campos (Namorado, Cherne, Garoupa, Pargo, Carapeba, Vermelho, Enchova, Pampo...), além dos campos gigantes de Marlim (atualmente em torno de 200 mil bpd, mas durante muito tempo o maior produtor do país) e Albacora. Está passando por um processo para recuperar os elevados níveis de eficiência operacional, que caíram nos últimos anos, inclusive porque utiliza unidades de produção mais antigas. O Programa de Aumento da Eficiência Operacional (PROEF) envolve ações relacionadas à entrada em operação de novos sistemas de produção, integração de operações, gestão da manutenção, planejamento de paradas programadas e atualização tecnológica, com abrangência nas instalações submarinas, poços e superfície.

A unidade do Rio de Janeiro (UO-RIO), criada em 2000, opera os ativos de maior investimento da empresa no início deste século, como Marlim Sul (maior produtor em 2013, com mais de 287 mil bpd), Roncador, Marlim Leste e Barracuda, todos com produção superior a 50 mil bpd. São concessões localizadas em águas profundas e ultraprofundas, utilizando plataformas mais modernas e com melhor desempenho operacional. A UO-Rio é a principal unidade de produção da Petrobras, representando mais de 900 mil bpd no final de 2013.

A unidade de Santos (UO-BS), instalada em 2006, é responsável pelas atividades na maior parte da Bacia de Santos, uma área de 352 mil km² que vai do litoral sul do Rio de Janeiro até a costa norte de Santa Catarina, onde a lâmina d'água chega a 3 mil metros, a geologia é complexa, as reservas situam-se em maiores profundidades e são mais distantes da costa. Inicialmente o objetivo da unidade era desenvolver o campo de Mexilhão, que contém grandes volumes de gás natural. Mas, com a descoberta do pré-sal, as atividades ganharam uma dimensão muito maior, cobrindo campos como Lula, Cernambi e Sapinhoá; e as áreas de Iara, Carcará, Carioca (atual campo de Lapa) e Caramba. A unidade é responsável ainda pelos polos de Uruguá-Tambaú e Merluza.

A unidade de Itajaí (UO-SUL) foi criada em 2010 visando a uma melhor distribuição da responsabilidade pela gestão das operações na Bacia de Santos. Sua atuação é principalmente no mar, envolvendo a produção de Baúna e Piracaba (águas rasas, óleo leve) e o desenvolvimento da produção de Cavalo Marinho, Caravela, Estrela do Mar e Tubarão. Em terra, atua no desenvolvimento da produção de Barra Bonita, na Bacia do Paraná. Desenvolve ainda atividades exploratórias na Bacia de Pelotas.

Enquanto muitas empresas de petróleo recompram suas ações por não terem projetos interessantes em carteira, a Petrobras tem muitos, precisando ranqueá-los devido aos limites de financiabilidade e disponibilidade de recursos tecnológicos. A descoberta de potenciais reservas em camadas de pré-sal está alterando o panorama petrolífero nacional: nos próximos anos, a Bacia de Santos deve tomar a liderança mantida pela Bacia de Campos por décadas, e a região em torno de Santos pode reproduzir o que ocorreu próximo a Macaé.

A produção de petróleo cresceu quase permanentemente ao longo da existência da Petrobras (Figura 7.2). Nas décadas iniciais, ela apresentava valores modestos, quando a prioridade era o *downstream*. Com as crises do petróleo na década de 1970, houve a mudança de prioridade para o *upstream*, e a produção quase triplicou na primeira metade dos anos 1980, quando a atividade marítima ultrapassou a terrestre. Com a queda de investimentos nos governos iniciais da Nova República, a produção ficou estabilizada por quase dez anos; mas, a partir de meados da década de 1990, ela teve uma ascensão intensa com a entrada de grandes campos descobertos anteriormente (Marlim e Albacora são os grandes destaques). Essa tendência continua no século XXI, chegando ao recorde em 2011, com a obtenção de mais de 2 milhões bpd. A produção marítima é responsável por aproximadamente 90% do total, sendo que na Bacia de Campos são produzidos quase 80% dos barris brasileiros. Esse percentual já foi maior, e essa região seguirá perdendo participação no mercado nacional com o aumento da atividade na Bacia de Santos.

A produção de gás natural apresenta perfil muito semelhante ao do petróleo (Figura 7.3), já que quase 90% dos campos brasileiros são de gás associado. As variações numéricas são semelhantes no tempo, sendo diferenças a menor participação marítima (em torno de 75%) e da Bacia de Campos (menos de 40%).

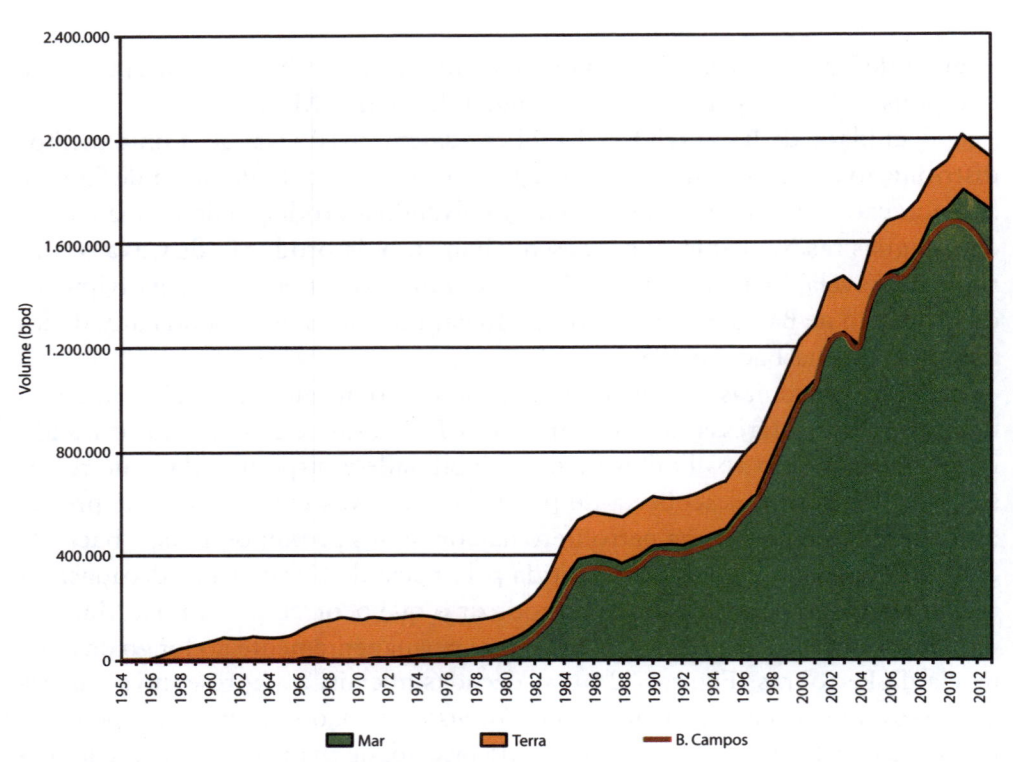

Figura 7.2 – Produção de petróleo da Petrobras (em bpd)
Fonte: Petrobras

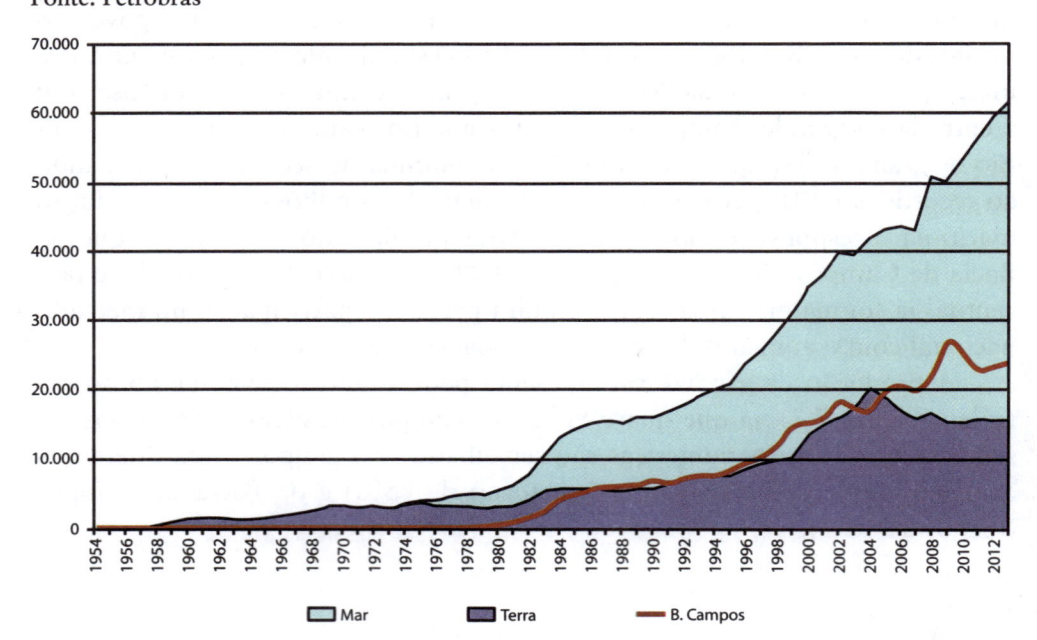

Figura 7.3 – Produção de gás natural da Petrobras (em milhar m³/dia)
Fonte: Petrobras

8

Crise de energia e o Programa Prioritário de Termeletricidade

Apesar da maior eficiência da indústria quanto ao uso da energia, o seu consumo no Brasil vem apresentando crescimento superior ao da economia como um todo desde a última década do século passado. Esse estado permanece em função do potencial de crescimento industrial (aumento da capacidade instalada e diversificação dos ramos industriais), comercial (aumento da participação do setor na economia e modernização), residencial (aumento do consumo médio e agregação de novos consumidores) e automotivo.

No país, mais de 70% da eletricidade é gerada a partir da fonte hidráulica, mais barata e menos poluente. Apenas quando os reservatórios estão baixos são acionadas as termelétricas, o que aumenta o custo de energia. As hidrelétricas foram muito estimuladas nos governos militares, quando da construção de Paulo Afonso IV, Itumbiara, Porto Primavera, Tucuruí e Itaipu. O realismo tarifário e o quadro de liquidez internacional permitiam a obtenção de financiamentos com facilidade e baixo custo. No entanto, a partir da segunda metade da década de 1970, os "choques do petróleo" contribuíram para o esgotamento do modelo então vigente, levando ao aumento da taxa de juros nos Estados Unidos (1979), à moratória mexicana (1982) e às "décadas perdidas" no Brasil. O controle da inflação no país reprimiu as tarifas elétricas, minando a capacidade de autofinanciamento do setor e atrasando as obras de expansão, o que só não provocou problemas na década de 1980 devido ao baixo crescimento da demanda elétrica.

Nos anos 1990, a política energética subordinou-se à política econômica, fortemente calcada no pensamento liberal, priorizando a estabilidade monetária e o ajuste fiscal. Para o controle da inflação, era preciso manter uma taxa cambial baixa (apreciação do real) e fechar o balanço de pagamentos. Para tanto, foi estimulada a entrada de recursos externos, seja por meio do aumento dos juros (atração do capital especulativo) ou da venda de ativos (investimento privado externo). Houve redução do papel do Estado, com venda de patrimônio público e com financiamento do Fundo de Amparo ao Trabalhador (FAT). Seguindo os ditames do Programa Nacional de Desestatização (PND), criado em 1990, o setor energético recebeu uma substancial recomposição tarifária a partir de 1993, de forma a atrair investidores privados.

Em dezembro de 1996, foi criada a Agência Nacional de Energia Elétrica (ANEEL), autarquia vinculada ao Ministério de Minas e Energia, para regular e fiscalizar a geração, transmissão, distribuição e comercialização da energia elétrica.

Em agosto de 1998, foi criado o Operador Nacional do Sistema Elétrico (ONS), entidade de direito privado, responsável pela coordenação e controle da operação das instalações de geração e transmissão de energia elétrica no Sistema Interligado Nacional (SIN). O ONS faz a operação física do sistema, coordenando e planejando o fornecimento de energia elétrica no longo prazo de modo que sua demanda seja atendida ao menor custo possível e é fiscalizado e regulado pela ANEEL. Como as hidrelétricas apresentam menor custo, elas têm prioridade para o despacho de energia, e o ONS determina quando as usinas termelétricas ou eólicas devem entrar em operação.

O século XXI se iniciou com um sério déficit na oferta de energia elétrica, num período com falta de chuvas e esvaziamento das principais hidrelétricas, o que conduziu a um racionamento energético (redução esperada de 20% em relação ao consumo anterior), com consequências na balança comercial, no crescimento econômico e no mercado de trabalho. Entre as causas dessa situação, podemos apontar (Bicalho, 2006):

- Falta de uma política energética eficiente no país: o CNPE (Conselho Nacional de Política Energética) reuniu-se apenas duas vezes nos seus anos iniciais de existência.
- Limitação de investimento das estatais na geração devido ao ajuste fiscal: a Resolução 2.827 do Conselho Monetário Nacional (março de 2001) restringira a concessão de empréstimos do Sistema Financeiro nacional a essas empresas.
- Privatização das distribuidoras federais sem regras de controle que as obrigassem a investir na expansão da oferta de energia no volume e velocidade necessários. As companhias privadas preferiram aguardar que outros ativos estatais fossem privatizados a realizar novos investimentos.
- Demora na obtenção de licenças ambientais.
- Demora na definição da política do preço do gás natural importado da Bolívia.
- Complexidade do processo: volatilidade e sazonalidade de geração (o nível dos reservatórios aumenta de novembro a abril e cai a partir daí) e consumo, não estocabilidade do produto, estrutura de formação do preço.

Para atender a essa demanda, o governo brasileiro ampliou as ações do Programa Nacional de Conservação de Energia Elétrica (PROCEL), que havia sido criado em 1985. Criou também o Programa Prioritário de Termeletricidade (PPT), em fevereiro de 2000, que previa a instalação de 49 termelétricas em dezenove estados, com capacidade total de 17 mil Mw. O PPT era calcado nas seguintes premissas:

- Consumidores de grandes quantidades tornam-se produtores de energia.

- Maior confiabilidade de suprimento e menor custo para as empresas.
- Projetos de pequeno porte e rápida implantação.
- Descentralização no planejamento e execução dos projetos.
- Condições favoráveis de financiamento pelo BNDES.
- Fornecimento de gás pela Petrobras por vinte anos e a preços baixos.
- Menor emissão de poluentes.
- Geração distribuída e mais próxima do mercado consumidor, melhorando a segurança do sistema elétrico como um todo. As hidrelétricas, com grandes distâncias entre a usina e o consumo final, apresentam maiores perdas na transmissão.

Ainda assim, o processo não deslanchou, com poucas termelétricas efetivamente construídas e, na maioria, com participação do Estado por meio da Petrobras, que tinha participação minoritária nos projetos e garantia o fornecimento do gás necessário, oriundo basicamente da Bolívia. Isso viria a provocar elevado prejuízo para a empresa, pois o contrato de compra era do tipo *take or pay*, com pagamento pela disponibilidade do duto, quando o consumo inicialmente era de menos de 30% desse total. A Petrobras assumia, ainda, o risco cambial (gás comprado em dólar na Bolívia e vendido em reais no Brasil), posteriormente repassado para o governo federal. Isso contribuiu para que fosse estimulado o uso do gás veicular para utilizar o volume pago e, até então, não utilizado.

A partir de 2002, com o término do racionamento e quedas no consumo e no preço da energia, a construção das usinas foi ainda mais retardada. Para garantir o abastecimento em caso de necessidade, o governo federal contratou 52 termelétricas emergenciais, num total de 2 mil Mw, com o aluguel sendo pago pelo seguro-apagão, extinto apenas em dezembro de 2005. Mas, com a sobra de energia elétrica no mercado, elas ficaram sem despachar.

As termelétricas são remuneradas por uma parcela fixa, mesmo quando inativas, para que estejam disponíveis para operar a qualquer momento, quando haja necessidade – uma compensação pelo custo de oportunidade do capital investido. Quando em funcionamento, recebem uma parcela adicional calculada com base na energia efetivamente fornecida (R$/Mwh).

O novo governo federal, quando assumiu em 2003, interrompeu o modelo de privatização do setor elétrico, ao encontrar um cenário complicado:

- Prejuízo acumulado das empresas de energia elétrica (em 2002, superior a R$ 10 bilhões).
- Geradoras descapitalizadas.
- Distribuidoras endividadas. A Eletropaulo, a maior da América Latina e pertencente ao grupo AES, não cumpriu as obrigações de fi-

nanciamento de US$ 1,2 bilhão com o BNDES, pois foi afetada pela desvalorização cambial (com a energia de Itaipu comprada em dólar e endividamento contraído na mesma moeda).

- Excedente de produção: sobra de energia devido à queda de consumo e hidraulicidade favorável.
- Investimentos adiados: dos quase 8 mil Mw em hidrelétricas licitados em 2000 pela ANEEL, pouco mais de 500 Mw estavam em construção em 2003.
- Tarifas elevadas: índice de correção (IGP-DI) inadequado por ser fortemente afetado pela variação cambial.
- Indefinição quanto ao papel das agências reguladoras.

A partir daí foi instituída uma nova legislação para o modelo elétrico, com o fortalecimento do planejamento estratégico pelo Estado, contratos de longo prazo para a venda de eletricidade e a criação da Empresa de Pesquisa Energética (EPE), com a função de avaliar permanentemente a segurança do suprimento elétrico.

Já no final de 2003 e início de 2004, um novo risco de escassez de energia elétrica no Nordeste do país fez com que as 41 termelétricas dessa região fossem acionadas, gerando 1,28 mil Mw. Em 2004, mesmo com a recuperação econômica, a situação financeira do setor elétrico continuava preocupante, com a dívida total alcançando R$ 53 bilhões e fortemente concentrada na CESP, Eletropaulo e Light (R$ 18 bilhões), que tinham dívida bem superior aos seus patrimônios líquidos.

Após 2005 a situação das distribuidoras melhorou significativamente devido ao saneamento financeiro (menor endividamento e sem exposição cambial, maturação dos investimentos de 2002 e 2003), ao melhor cenário macroeconômico (juros decrescentes, crescimento econômico, estabilidade/valorização da moeda e ofertas de financiamento), aliados à revisão tarifária e ao crescimento da demanda.

Mas permanecia um crônico risco de escassez de energia elétrica, pela dependência da geração hidráulica e porque 70% da capacidade de armazenamento dos reservatórios se concentrava nas regiões Sudeste e Centro-Oeste. Somava-se a isso a discussão para a definição de um novo arcabouço regulatório e a dificuldade para obtenção de licenças ambientais para os grandes projetos hidrelétricos.

No início de 2008, com poucas chuvas, houve novo risco de "apagão" o que obrigou a entrada em operação de várias usinas movidas a gás e seis usinas a óleo, além da redução do consumo próprio pela Petrobras. Logo a seguir, com um período de abundância de chuvas, o problema foi adiado e o risco foi minorado com novos investimentos em gasodutos nacionais, em grandes e pequenas centrais hidrelétricas, em energia nuclear e energias alternativas.

Os investimentos na distribuição não têm sido suficientes – transmissão e distribuição são monopólios naturais – , crescendo em taxa inferior à da elevação da demanda, o que já provocou interrupções no fornecimento de energia nos verões de 2010 e de 2012. Ao longo de 2013 e 2014, usinas termelétricas tiveram que ser acionadas, elevando os custos de geração e aumentando a importação do gás boliviano. Tal situação obrigou o governo federal a emprestar R$ 11,2 bilhões às distribuidoras de energia elétrica, para que elas pudessem comprar a energia mais cara. Mas a rede de linhas de transmissão que interliga as cinco regiões do país alcançava 20 mil km no início de 2014, um acréscimo de 67% em relação ao início do século XXI.

Em 2013 foi obtida uma redução no custo da energia elétrica para consumidores residenciais (em torno de 18%) e industriais (até 32%) como consequência de desoneração tributária, pela Medida Provisória 579/2012. As empresas que aceitaram a proposta do governo federal tiveram suas concessões de geração, transmissão e distribuição, que venceriam em 2017, prorrogadas até 2042 e receberam uma indenização em troca da redução das tarifas cobradas.

O grupo formado por CHESF, Eletronorte, Eletrosul e Furnas recebeu R$ 14 bilhões. Essa redução nas tarifas de energia deverá causar queda na arrecadação do Imposto sobre Circulação de Mercadorias e Serviços (ICMS), afetando os estados. Assim, algumas empresas rejeitaram a proposta, como CESP, COPEL e CEMIG. Esta última devolveu dezoito das 63 hidrelétricas que operava. A Eletrobras registrou, nos anos de 2012 e 2013, prejuízo de R$ 6,9 bilhões e R$ 6,2 bilhões, respectivamente.

Anualmente é instituído o "horário de verão" que antecipa em uma hora os relógios nas regiões Sul, Sudeste e Centro-Oeste (às vezes, também na Bahia e Tocantins), aumentando a segurança de suprimento de energia nos horários de pico e reduzindo a necessidade das termelétricas despacharem energia de custo mais elevado. A primeira utilização desse procedimento foi na Alemanha, em 1916, e hoje ele é empregado em diversos países como forma de economia energética.

Uma política energética eficiente e integrada é fundamental para evitar a repetição dos problemas já ocorridos e permitir investimentos nesse setor fundamental para o crescimento da economia nacional. Os objetivos principais são: aumentar os investimentos públicos e privados, reduzir as tarifas, criar um mercado competitivo e melhorar a qualidade do serviço ofertado. Isso envolve definições de curto prazo para um cenário de médio prazo (Bicalho, 2006):

- Participação de cada fonte energética na matriz nacional, já que elas se complementam (possível retorno à expansão nuclear, disponibilidade do gás boliviano, do pré-sal e GNL).
- Uso e reposição de reservas de fontes não renováveis.
- Utilização de formas energéticas alternativas.
- Implantação de políticas de conservação de energia.
- Integração energética com países limítrofes – particularmente com os do Mercosul e Guiana e Suriname – , o que gera complementaridade de regimes hidrológicos, maior confiabilidade nos sistemas elétricos, mas também dependência.
- Balanceamento entre redução do custo de geração de energia com a proteção ambiental (demora na liberação de licenças e pagamento de compensações ambientais).
- Participação de recursos públicos nos investimentos em energia e infraestrutura (Estado produtor ou regulador).

Um projeto geral para o Cone Sul – nos moldes do conseguido pela Europa Ocidental na segunda metade do século XX – tem sido prejudicado pela falta de infraestrutura de interconexão física entre os países da região, pela baixa integração dos planejamentos energéticos de cada país, pela não homogeneidade dos sistemas regulatórios de cada um, além dos entraves gerados pela falta de moedas fortes e internacionalmente conversíveis na região. Acrescente-se a isso as indefinições políticas após a chegada de Evo Morales ao governo da Bolívia (impacto maior no estado de São Paulo) e as solicitações do Paraguai de maior remuneração pela energia de Itaipu vendida ao Brasil.

Em 2000 já ocorrera a crise elétrica na Califórnia, em que o mercado sofreu as consequências da inércia governamental frente ao poder das geradoras, que retiveram capacidade ofertada. Isso conduziu a blecautes, descontrole de preços (aumentando em vinte vezes num período de um ano) e insolvência de distribuidoras.

Em 2004 a Argentina também passou por uma crise energética, muito semelhante à que havia ocorrido no Brasil três anos antes. E, no final de 2013, os apagões retornaram em virtude das altas temperaturas e do crescimento industrial. Lá, o gás tem tido uma participação crescente, atualmente superior a 50% na matriz energética. A demanda aumentou com a recuperação econômica pós-2002 e, com os preços contidos para segurar a inflação, há desestímulo a investimentos que reponham as reservas consumidas.

Também em países como Venezuela, Bolívia e Equador, com linha política mais nacionalista, os investimentos privados caíram. A restrição no fornecimento de gás levou Brasil, Chile e Colômbia a importarem GNL, enquanto o Peru, com governo mais liberal, tornou-se exportador de GNL no Oceano Pacífico. O Chile, que é carente em recursos minerais, passou a importar até mesmo carvão.

Observa-se que, após décadas de folga na oferta energética, os Estados nacionais relaxaram no planejamento da política energética, que tem consequências diretas na política industrial, fiscal, ambiental e social.

Porém, em abril de 2014, Peru, Equador, Chile, Colômbia e Bolívia assinaram a Declaração de Lima, que visa a construir, entre 2014 e 2024, um sistema elétrico interligado na região andina que permita transações de energia elétrica entre os países e um quadro regulatório integrado.

9

Project finance na indústria de petróleo e gás natural

A partir do final do século XX, com a quebra do monopólio, a indústria de petróleo brasileira utilizou, além das tradicionais formas de captação de recursos financeiros, também a de projetos estruturados (*project finance*). Trata-se de um tipo de estruturação adequada a projetos de grande porte, empregada mundialmente nas áreas de energia e infraestrutura.

A Petrobras, como o principal *player* da atividade no país, foi a empresa que patrocinou os maiores projetos, inicialmente focados no segmento *upstream*, objetivando complementar o desenvolvimento de campos já detidos pela empresa antes da quebra do monopólio e iniciar a exploração de novos, dentro dos limites de tempo estabelecidos pelo órgão regulador, a ANP. Por volta de 1998, os preços do barril de petróleo estavam muito deprimidos (chegando a menos de U$ 10), o que comprometia o caixa de todas as companhias petrolíferas. A situação era agravada pelas várias tormentas no mercado financeiro internacional – crise asiática, crise russa –, que restringiam o crédito; e, então, a Petrobras ainda não havia obtido o nível de *investment grade* pelas agências de *rating*.

Acrescente-se a isso as restrições de endividamento muito rígidas, em virtude do controle orçamentário aplicado às empresas estatais em decorrência dos acordos do país com o Fundo Monetário Internacional (FMI). No cálculo do superávit primário, eram considerados os resultados das estatais para mensuração do montante da dívida pública consolidada. O Banco Central, por meio da Resolução 2827, restringiu as operações de crédito das instituições financeiras para órgãos do setor público, como as estatais, com o objetivo de reduzir o déficit público. Tais limitações estavam presentes na época, mas foram sendo gradativamente liberadas posteriormente, e, a partir da Lei de Diretrizes Orçamentárias (LDO) de outubro de 2009, os resultados da Petrobras seriam retirados dessa base de cálculo.

Mas, na época, o *project finance* foi a alternativa para captação de recursos para desenvolver vários campos da Bacia de Campos, como Marlim, Albacora, Barracuda e Caratinga, entre outros: mais de US$ 6 bilhões foram levantados dessa forma. A partir de 2003, os preços do petróleo aumentaram e a produção nacional cresceu, o que permitiu que mais projetos de óleo pudessem ser desenvolvidos com recursos próprios – utilizando o orçamento da empresa – ou com fontes de financiamento corporativo.

Assim, as estruturações por *project finance* se deslocaram para a área de gás natural, menos rentável, envolvendo projetos com investimentos iniciais muito elevados e com tempo de retorno mais longo. O objetivo principal era a construção de gasodutos, etapa fundamental para aumentar a capilaridade da distribuição dessa fonte energética e permitir a monetização das suas reservas, ao mesmo tempo que se atendiam objetivos ambientais. Dessa forma foram captados US$ 7,5 bilhões para a construção dos gasodutos da Malha Nordeste (Ceará a Bahia), Malha Sudeste (São Paulo, Minas Gerais e Rio de Janeiro), Urucu-Manaus (Amazonas) e Gasene (de Cabiúnas, no Rio de Janeiro, até Catu, na Bahia).

Neste capítulo são apresentados os processos de estruturação, gestão e encerramento dos principais *project finance* das áreas de petróleo e gás no Brasil, com destaque para os projetos Marlim e Gasene, responsáveis pela captação de US$ 6 bilhões e referências para outras operações estruturadas no país.

Na década atual esse tipo de estruturação continua ativa na construção de sondas marítimas de perfuração pela empresa Sete Brasil, como visto na seção 6.3.

9.1 *Project finance*

Projeto estruturado, ou *project finance*, é um tipo de estruturação destinada a obter financiamento para um projeto ou ativo específico, no qual o pagamento da dívida é garantido pelo fluxo de caixa a ser gerado pelo projeto, dispensando o emprego de garantias reais, como geralmente ocorre em financiamentos corporativos. A garantia dos investidores se baseia nas receitas futuras do projeto e na propriedade dos ativos construídos ou a ele transferidos. Por isso, é fundamental casar o cronograma do fluxo de caixa do projeto com o da amortização da sua dívida (Finnerty, 1998).

A área de *project finance* teve grande crescimento em todo o mundo a partir do final dos anos 1980, com a expansão do modelo neoliberal e o advento das privatizações. Os valores captados flutuam no tempo em função de eventos macroeconômicos e especificidades dos setores. Na área de petróleo houve uma redução significativa em 1999 em função da queda dos preços do barril, elevando-se fortemente a partir de 2003, quando os preços se recuperaram. No setor energético, no início deste século, houve queda de mais de 50% nos valores estruturados após a crise da Califórnia. Na mesma época, cresceu muito na área de telecomunicações, com a disseminação do uso da telefonia celular.

A partir de 2003, o número de projetos voltou a aumentar: ao longo da década passada a média anual de projetos desenvolvidos situou-se em torno de quinhentos, envolvendo acima de US$ 200 bilhões por ano. Em 2008, com a crise do *subprime*, o valor total caiu, mas um novo crescimento ocorreu à proporção que a economia mundial se recuperou.

No mundo têm sido desenvolvidos projetos principalmente nas áreas de energia, infraestrutura (água, serviços sociais, rodovias, portos, aeroportos), petroquímica, petróleo e gás, telecomunicações e lazer (estádios esportivos, parques temáticos, turismo). No Brasil há empreendimentos em energia (usinas de Jirau e Santo Antônio), na extração/transporte de óleo e gás (plataformas, gasodutos, desenvolvimento de campos), etanol (usinas, etanolduto), construção civil, fabricação de papel e celulose e pequenas centrais hidrelétricas (PCH).

No entanto, o *project finance* não é um tipo novo de estruturação. Vários exemplos de financiamento podem ser encontrados ao longo do tempo, como:

- Exploração de minas de prata de Devon pela Coroa britânica com recursos dos banqueiros florentinos Frescobaldi (século XIII).
- Expedições para colonização da América e África (séculos XV e XVI).
- Invasões de colônias de outros países, como a da Companhia das Índias Ocidentais Holandesas no Nordeste brasileiro, com a administração de Maurício de Nassau (século XVII).
- Abertura do Canal de Suez por Ferdinand Lesseps, reduzindo significativamente o caminho marítimo entre a Europa e a Ásia (século XIX).
- Construção do oleoduto *Trans Alaska Pipeline*, do túnel sob o Canal da Mancha e do parque Euro Disney (todos já no século XX).

Nesse tipo de estruturação há a figura do patrocinador (*sponsor*), que é o principal interessado na concretização do projeto, embora não precise necessariamente ter participação acionária na empresa, que, em geral, é criada para isso. Essa empresa é uma sociedade de propósito específico (SPE), ou *special purpose company* (SPC), uma unidade econômica independente que concentra os riscos e vai ao mercado captar os recursos necessários para a construção das instalações, endividando-se e assumindo a responsabilidade de repagar os investidores (*lenders*).

Como personalidade jurídica independente, a SPE tem objeto social específico para atender o projeto, com disposições legais que impõem limites às suas operações. Tem vida limitada e, ao final do projeto, é extinta ou incorporada pelos patrocinadores, que recebem os ativos constituídos ou as ações da SPE.

O uso de uma SPE traz as seguintes vantagens (Nevitt; Fabozzi, 2000):

- Não comprometimento do balanço do empreendedor (*off-balance sheet*) com um alto endividamento por um longo prazo de maturação, melhorando suas demonstrações financeiras.
- Preservação da capacidade de alavancagem do empreendedor, evitando que fique impedido de desenvolver novos projetos até que as garantias empenhadas sejam novamente liberadas.
- Expansão da capacidade de endividamento dos parceiros, possibilitando a concretização de projetos grandes demais para um único patrocinador.

- Afastamento de créditos privilegiados (trabalhistas e fiscais), sendo um *senior debt*, isto é, tem preferência de recebimento em caso de inadimplência (*default*).
- Obtenção de melhor classificação de risco, em geral.
- Possibilidade de evitar (*non recourse*) ou restringir (*limited recourse*) o uso de garantias reais (hipoteca de imóveis, penhor de bens móveis, caução de dinheiro, direitos e títulos, alienação fiduciária de bens) ou pessoais (fiança em contratos ou aval em títulos de crédito) dos patrocinadores (Borges, 1998).

Em relação aos dois primeiros itens citados como vantagens, eles hoje são mais difíceis de alcançar. Com a crise de confiança gerada por escândalos corporativos em 2001, envolvendo empresas de grande porte como a Enron e a WorldCom, que maquiaram seus balanços e provocaram perdas para milhares de investidores, as regras contábeis ficaram mais rígidas. Em junho de 2002, foi aprovada a Lei Sarbanes-Oxley nos Estados Unidos, com o objetivo de aperfeiçoar os controles financeiros, aumentar a confiabilidade e garantir transparência na gestão financeira das empresas, além de aumentar a credibilidade na contabilidade, auditoria e segurança da informação das companhias, de modo a evitar fraudes e fuga de investidores. Esse novo contexto também atingiu o Brasil, com frequência obrigando a consolidação da SPE no balanço da empresa patrocinadora, pois passou a importar a caracterização do controle econômico, e não mais do controle societário.

Num *project finance*, o grau de interferência por parte dos investidores é maior, com um detalhado pacote de garantias e um acompanhamento rígido dos gastos dos valores desembolsados, por meio de inspeções ou relatórios. Da mesma forma que os recursos são destinados exclusivamente ao projeto, e não ao restante da companhia empreendedora, as receitas e ativos são também segregados do risco do empreendedor, evitando-se o seu risco de insolvência ou que sejam desviados para outras atividades fora do escopo definido para o projeto. Presume maior risco para o financiador, que tenta mitigá-lo ou receber remuneração maior e se preocupa bastante com o risco do projeto (qualidade dos créditos).

Na estruturação por *project finance* é ponto crítico a análise dos seus diferentes riscos, como os de construção, operação, suprimento ou matéria-prima, infraestrutura existente, produção e mercado. Também influem os fatores macroeconômicos, como o impacto de inflação elevada, instabilidade da taxa de câmbio (quando a moeda da dívida é diferente da moeda de receita), taxa de juros e incerteza político-econômica (risco-país). A liquidez do mercado em relação à emissão da dívida deve também ser levada em conta.

No Brasil, cuidado especial deve ser tomado com a parte tributária, já que a carga é elevada (atingiu mais de 35% do PIB nos últimos anos, segundo a Secretaria de Receita Federal), o que a coloca em nível próximo a de países desenvolvidos. Além disso, a legislação é complexa, envolvendo várias instâncias (federal, estadual, municipal) e sofrendo frequentes atualizações. O contribuinte deve atender às prestações tributárias principais – pagamento de impostos, contribuições, taxas e, eventualmente, multas – e às obrigações acessórias, que são deveres instrumentais para auxiliar a fiscalização e arrecadação de tributos: declaração de impostos, emissão de notas fiscais, apresentação de declarações... Como dizia Benjamin Franklin, já no século XIX, "só há duas certezas na vida: a morte e os impostos".

Outro fator de risco é a obtenção de licenças ambientais, em geral um processo bastante moroso. Isso pode atrasar a conclusão da obra, e o período de repagamento da dívida ser iniciado sem que o projeto esteja gerando receita.

Projetos de dutos são especialmente atingidos por esses complicadores. Quase sempre os oleodutos e gasodutos têm longa extensão, podem atravessar diferentes estados e vários municípios, devendo se submeter a diversas legislações fiscais. Necessitam desapropriar faixas de servidão ao longo dos dutos e podem enfrentar travessias especiais, como rios e florestas.

O *project finance* envolve, em geral, vários contratos entre os diversos participantes da estrutura, com o objetivo de minimizar os riscos ou alocá-los a quem tiver melhor condição de os absorver, suportar, controlar e gerenciar. Isso significa que o risco será tomado por quem tem mais capacidade de reduzir sua frequência ou severidade, maior acesso aos meios de mitigação e que possa gerar uma cobrança de prêmio de risco (*spread*) menor. Procura-se uma relação "ganha-ganha" entre os diversos envolvidos na empreitada.

A estrutura contratual é fundamental para o sucesso da operação, definindo os parâmetros e avaliando as condições que possam afetar a estabilidade das receitas futuras, o que é essencial na determinação da capacidade creditícia do projeto. Quanto mais complexa a estrutura, mais cara ela será, com pagamento de comissões, atraso da liberação de recursos e custos mais elevados. As obrigações contratuais são detalhadas e exaustivamente discutidas entre as partes. Devem ser evitadas brechas contratuais que possibilitem que uma das partes se sinta prejudicada e recorra a tribunais para ressarcimento.

Para projetos com financiamentos internacionais é habitualmente escolhido o ambiente legal anglo-saxão (leis inglesas ou norte-americanas), mais estável, detalhado e tradicional. Países com sistema legal pouco desenvolvido – os da China e Europa Oriental, por exemplo – tornam o andamento dos projetos mais lento, devido ao maior risco que embutem.

Podem ser necessárias garantias adicionais como seguros, depósitos em contas garantidas, contratos de fornecimento de matéria-prima ou de compra dos produtos ou serviços a serem gerados no futuro (contratos *offtake*). Dessa forma, os prazos e custos de estruturação podem ser superiores aos de um financiamento corporativo e, em geral, são viáveis apenas para projetos longos e de porte elevado (como frequentemente são os de infraestrutura e energia), intensivos em capital, em que os custos de *overhead* possam ser diluídos no valor da captação total (Tinsley, 2000).

Para projetos de valor total elevado, como costumam ser os de petróleo e gás, o mercado nacional pode não ter capacidade de atender toda a demanda de recursos necessária. Isso leva à busca do mercado internacional, onde, por vezes, os bancos se associam, formando um sindicato financiador.

O *project finance* possibilita o acesso a recursos de instituições oficiais de crédito, obtendo taxas de juros efetivas competitivas e sinalizando um menor risco aos investidores em potencial. Entre esses organismos de fomento, temos agências multilaterais de crédito como o Banco Mundial, que, em sua estrutura, conta com um braço de financiamento às empresas (International Finance Corporation – IFC) e um segurador de risco político (Multilateral Investment Guarantee Agency – MIGA). E ainda o Banco Interamericano de Desenvolvimento (BID) e o Overseas Private International Corporation (OPIC).

Para o caso de compras em moeda estrangeira, temos as *export credit agencies* (ECA), agências de crédito às exportações de vários países, como a japonesa Japan Bank for International Cooperation (JBIC), a canadense Export Development Canada (EDC), a italiana Servizi Assicurati Del Commercio Estero (SACE) e a alemã Hermes. A Figura 9.1 apresenta uma série de ECA existentes no mundo.

Pode-se acessar também o mercado de títulos e capitais (debêntures, *commercial papers*, *bonds*...), que tende a ser viável apenas para projetos grandes, já que o processo é mais demorado, envolvendo a obtenção de graus de *rating* por agências internacionais especializadas (Standard & Poor's, Moody's, Fitch) e a necessidade de divulgação de informações (*disclosure*), por vezes sigilosas. Em compensação, podem ser obtidos prazos mais longos de repagamento da dívida.

A classificação de *rating* sinaliza aos investidores a capacidade de determinada empresa ou país de honrar seus compromissos financeiros. Pode ser usada uma escala global – em moeda estrangeira e local que permita comparações entre países – ou uma escala nacional. Prática corrente no mercado internacional, expandiu-se no Brasil nas últimas décadas devido principalmente à emissão de debêntures por empresas privadas. Estas, submetidas a um processo contínuo de análise por parte das classificadoras, têm de fornecer ampla abertura de informações.

As agências, ao avaliar o *rating* de uma empresa, costumam considerar o risco do negócio e o risco financeiro. Neste último estão incluídos: política fi-

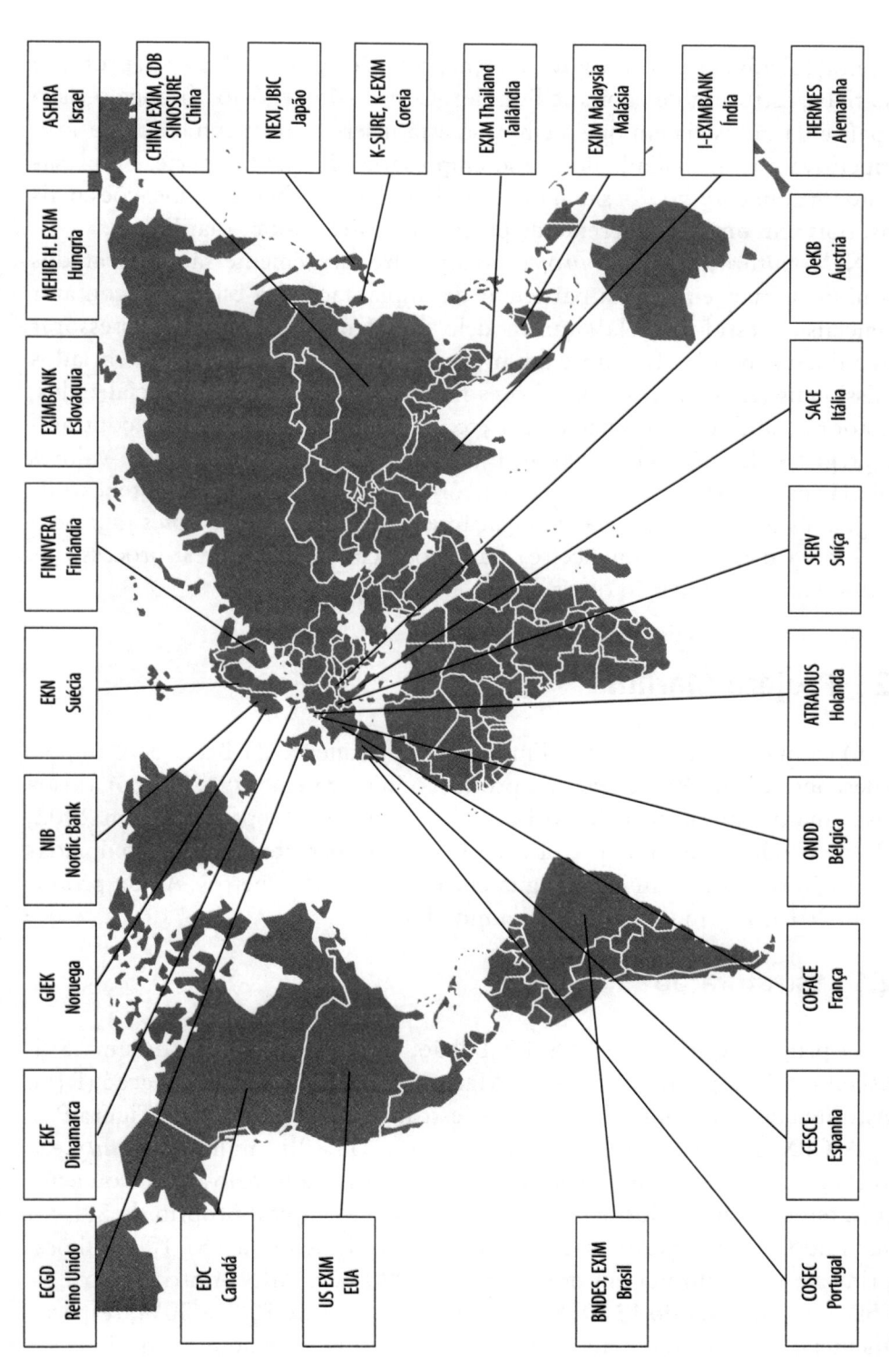

Figura 9.1 – *Export Credit Agencies* (ECA)

nanceira, tolerância ao risco, governança, proteção ao fluxo de caixa, proteção aos ativos, estrutura de capital e liquidez. O risco do negócio abrange o risco do país e da indústria em que a empresa está inserida, bem como sua posição competitiva e lucratividade do grupo empresarial de que faz parte. Empresas que lidam com *commodities* têm maior dificuldade de obter classificações mais altas, pois têm um risco inerente de preço, que sofre maior volatilidade.

Na estruturação de um *project finance*, frequentemente são contratados consultores financeiros para participar da implantação da estrutura, contatar potenciais investidores, elaborar modelo econômico-financeiro e assessorar com a documentação. É sempre um processo trabalhoso, envolvendo variados profissionais (engenheiros, consultores financeiros, advogados especializados, contadores, auditores, despachantes etc.) e diversas etapas, como contratações, registro da empresa em várias instituições – como a Comissão de Valores Mobiliários (CVM) –, registros em cartórios, publicações legais, obtenção de *rating*, emissão de relatórios e divulgação em periódicos, *roadshows* (apresentações para o mercado financeiro) para potenciais investidores, processo de *bookbuilding* e liquidação de títulos.

9.2 Projeto Marlim

O campo marítimo de Marlim, na área fluminense da Bacia de Campos, foi descoberto em 1985 e teve sua produção iniciada em 1991. Foi por vários anos o maior campo petrolífero brasileiro – chegou a representar, em 2002, 40% da produção nacional –, desenvolvido pela perfuração de aproximadamente 150 poços em lâminas d'água entre 650 e 1.050 metros. Ainda produzia, em 2013, 180 mil bpd em nove unidades.

9.2.1 Estruturação

O projeto Marlim, de US$ 1,5 bilhão, envolveu a criação de uma SPE brasileira, a Companhia Petrolífera Marlim (CPM), sediada em Macaé (RJ) e constituída em novembro de 1998. Sua estrutura é apresentada na Figura 9.2.

A CPM recebeu um *equity* equivalente a US$ 200 milhões. *Equity* é a parcela referente ao capital próprio da empresa, injetado pelos sócios ou acionistas, tendo menor prioridade de repagamento. O capital próprio da SPE foi constituído em duas parcelas iguais em reais, equivalentes a US$ 100 milhões: a primeira integralizada em dezembro de 1998 pelo ABN Amro e pelo BNDESPar (subsidiária do BNDES), com participações de 70% e 30%, respectivamente; e a segunda, um ano depois, por um grupo de acionistas nacionais –

não atuantes em petróleo e energia –, envolvendo transferência de ações. E a CPM foi ao mercado de capitais para captar a dívida (*debt*) de US$ 1,3 bilhão, tanto no país quanto no exterior.

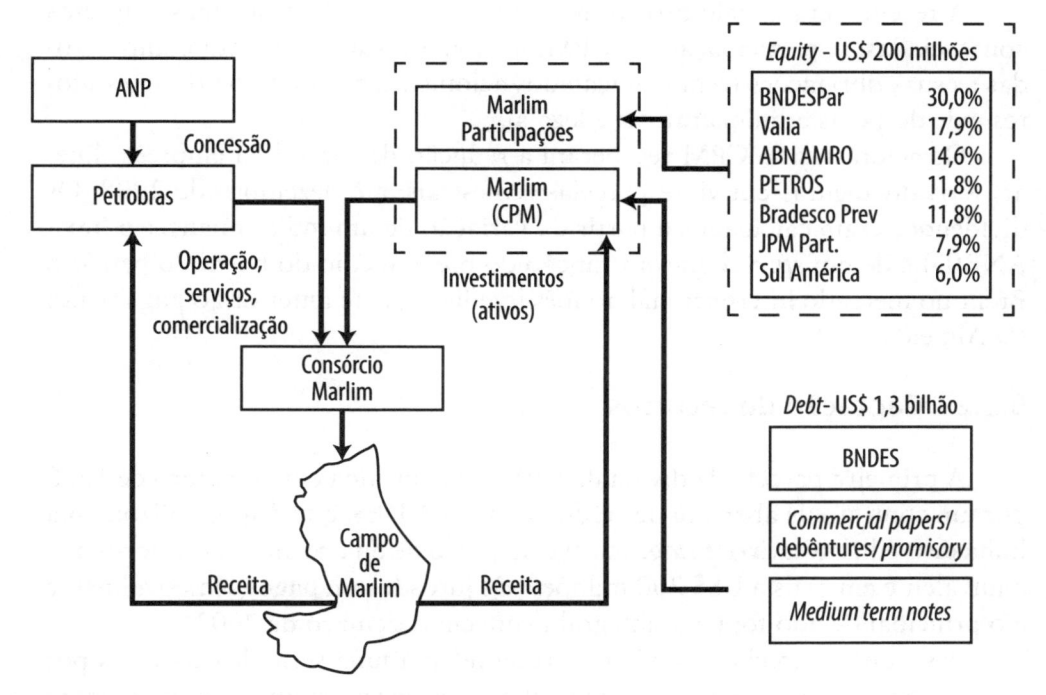

Figura 9.2 – Estrutura do projeto Marlim

Foi constituído um consórcio não operacional, o Consórcio Marlim, entre a Petrobras – que detinha e continua detendo a concessão total do campo petrolífero – e a CPM. Esta disponibilizou os recursos obtidos para o consórcio adquirir ativos e manteve a titularidade destes. A Petrobras contribuía com serviços, operação e manutenção dos ativos, e comercializava o óleo produzido, repassando ao outro consorciado sua parte na receita. Havia uma opção de compra e venda de ações da CPM com a Petrobras ao final do projeto.

Em 1999 foi criada outra SPE, a Marlim Participações S.A. (MarlimPar), com estrutura de capital idêntica à da CPM original, e tendo esta como subsidiária integral da MarlimPar. A criação dessa empresa e a abertura de seu capital objetivaram a participação de entidades de previdência complementar (fundos de pensão) no projeto, atendendo a legislação pertinente: tais entidades são impedidas de dar em caução as ações que detêm, o que era uma garantia integrante do projeto.

Tanto a CPM quanto a MarlimPar eram administradas por um conselho de administração e por uma diretoria. O conselho de administração era composto por dez membros, sendo cinco titulares e cinco suplentes, todos com mandato de um ano, e havia dois diretores.

A receita gerada pelo projeto Marlim era partilhada pelas duas empresas consorciadas. A participação da CPM, menor, era suficiente para cumprir todas as suas obrigações (remuneração dos acionistas, pagamento dos investidores e de despesas administrativas e legais).

Os acionistas da CPM receberam a redução de capital da empresa (linear) e os dividendos em vinte parcelas semestrais, até dezembro de 2008. Os dividendos eram calculados a partir da variação de um índice financeiro (taxa ANBID) e de um *spread* que era função do preço médio do barril do petróleo Brent no mercado internacional no mês imediatamente anterior ao pagamento (D'Almeida, 2005).

9.2.2 Captação de recursos

A primeira parcela da dívida da CPM foi contraída em dezembro de 1998 por um contrato de abertura de crédito com o BNDES, que disponibilizou uma linha de crédito rotativo (*bridge loan*) pelo prazo de quatro anos, no valor-limite equivalente em reais a US$ 200 milhões. Os juros foram pagos semestralmente e o principal devido foi pago integralmente em dezembro de 2002.

A segunda parcela da dívida correspondeu a uma série de captações por notas promissórias (*commercial papers*), títulos de empréstimo de curto prazo no mercado nacional, no valor equivalente a US$ 600 milhões. Foram seis emissões sucessivas, entre 1998 e 2000, com cada uma servindo para rolar (ou alterar) as anteriores. Essas captações, temporárias, de curto prazo, aguardavam condições melhores do mercado em que pudessem ser obtidos recursos de mais longo prazo e a taxas mais atrativas.

Em substituição à última parcela de notas promissórias, a CPM fez uma emissão de debêntures em dezembro de 2000, em duas séries, com valor total de R$ 1 bilhão. A primeira série foi de R$ 700 milhões, referenciada ao CDI, com pagamento de juros semestrais; a segunda, de R$ 300 milhões, indexada ao IGPM, com pagamento de juros anuais. O vencimento das duas séries, com amortização total da dívida, ocorreu em dezembro de 2005.

O Certificado de Depósitos Interbancários (CDI) é um índice financeiro apurado e divulgado pela Central de Custódia e Liquidação Financeira de Títulos (CETIP) que corresponde à variação da taxa média diária de depósitos interfinanceiros *over* extragrupo. O Índice Geral de Preços ao Mercado (IGPM) é um índice financeiro apurado e divulgado pela Fundação Getulio

Vargas (FGV) que registra o ritmo evolutivo de preços como medida da inflação nacional.

Debêntures são títulos de crédito ao portador de médio e longo prazo, emitidos em séries uniformes, que representam empréstimos amortizáveis e remunerados através de juros. Em geral esse tipo de ativo fica em poder de investidores institucionais (fundos de pensão e tesouraria de bancos), mas pode ser comprado por pessoas físicas. A emissão pode ser pública ou privada. No primeiro caso ela é aberta ao público em geral e deve ser registrada na Comissão de Valores Mobiliários (CVM). A emissão privada é voltada para um grupo restrito, não sendo necessário o seu registro na CVM.

A remuneração final das debêntures emitidas pela CPM ocorreu por um processo de *bookbuilding*, sistema de leilão fechado em que o mercado define a taxa a ser paga pelo papel. Cabe aos bancos coordenadores estabelecer um teto e aos investidores enviar ordens de intenção de compra, sem acesso às ofertas dos demais. Eles têm, portanto, influência na formação da taxa, e amplia-se o universo de participantes do processo. O banco coordenador apura a demanda pelo papel, ordenando as propostas em ordem crescente de *spread* exigido. Caso a demanda seja superior ao volume ofertado, é feito um corte no nível equivalente à oferta e a taxa limite irá remunerar todos os investidores aceitos, mesmo aqueles que fizeram proposta inferior (apuração pelo modelo holandês). Naturalmente, se ocorrer o oposto, todos os investidores receberão a taxa máxima inicialmente proposta.

Devido à elevada procura no *bookbuilding* das debêntures da CPM, os *spreads* finais caíram muito em relação aos tetos propostos. Foram as menores taxas entre todas as captações de debêntures de 2001, comprovando a excelente imagem do projeto Marlim perante o mercado financeiro e os riscos bastante mitigados.

Foi feita, então, uma emissão de notas promissórias, no valor de R$ 600 milhões, indexadas ao IGPM e com prazo de amortização final para dezembro de 2011. Essa nova captação teve por objetivo um melhor casamento entre o cronograma de amortização e o da depreciação dos ativos, garantindo maior eficiência tributária.

A terceira parcela da dívida (US$ 500 milhões) foi obtida por meio de duas captações em *medium term notes*, notas (*bonds*) emitidas no mercado internacional com juros pré-fixados e um programa definido de amortização.

A primeira captação foi decomposta em duas séries: uma em dezembro de 1999, de US$ 200 milhões, e a outra em fevereiro de 2000, de US$ 100 milhões. Ambas com amortização linear uniforme e pagamento de juros em dez parcelas semestrais consecutivas, de junho de 2000 a dezembro de 2004.

A segunda captação ocorreu em setembro de 2000, no valor de US$ 200 milhões e melhores condições de custo e prazo: pagamento de juros semestrais entre março de 2001 e setembro de 2008 e carência de quatro anos para a amortização linear em oito parcelas semestrais de março de 2005 a setembro de 2008.

9.2.3 Contratos e garantias

A estruturação jurídica de um *project finance* é, em geral, complexa, envolvendo grande quantidade de contratos e assessoria especializada.

A Companhia Petrolífera Marlim foi constituída em 3 de novembro de 1998 e, no mês seguinte, assinou uma Carta Mandato com o banco que estruturou a operação na qual eram definidos a remuneração (comissões) e obrigações de captação dos recursos (valor e prazo).

Logo a seguir foi assinado o Contrato de Agenciamento Fiduciário com um banco depositário, definindo obrigações e comissões para a administração das contas da CPM e dos recursos nela depositados. O agente fiduciário é a instituição contratada para proteger os direitos e interesses dos financiadores. Deve verificar a veracidade das informações contidas nas escrituras de emissão, acompanhar a observância da periodicidade na prestação das informações obrigatórias, alertando os investidores acerca de eventuais omissões, falhas ou inverdades constantes de tais informações; e verificar a regularidade da constituição de garantias reais e de eventuais garantias flutuantes e fidejussórias que venham a ser constituídas.

O Contrato de Consórcio, assinado entre a Petrobras e a CPM em 14 de dezembro de 1998, estabelecia os compromissos das duas empresas objetivando o desenvolvimento do campo de Marlim. Ele se extinguiu quando todas as obrigações foram cumpridas e os ativos da CPM foram transferidos à Petrobras, livres de ônus ou encargos, mediante mudança de titularidade das ações da CPM.

O Contrato de Suporte, celebrado pelas mesmas empresas na mesma data, complementava as obrigações da Petrobras. Estabelecia que, se ocorresse algum evento de inadimplemento por causa desta última, o contrato seria extinto e a dívida teria seu vencimento antecipado, tornando-se imediatamente exigível.

O Acordo de Acionistas regulava, entre outras matérias, direitos de voto, dividendos, assembleias de acionistas, transferência de ações e eleição dos membros do Conselho de Administração. Sua primeira versão foi também celebrada em 14 de dezembro de 1998 e, posteriormente, recebeu vários aditivos, um deles para tratar do estabelecimento de regras para a gestão da Marlim Participações. O Acordo permaneceu válido até o término do Contrato de Consórcio. No caso de admissão de novos acionistas (alienação de ações), os já participantes tinham direito de preferência.

Pelo Contrato de Opção de Compra de Ações, os acionistas da MarlimPar outorgaram à Petrobras uma opção de compra de parte das ações de sua propriedade, limitada a um valor percentual máximo, caso a legislação permitisse. No início do consórcio, a Resolução 2.515 do Banco Central não permitia tal operação, mas essa restrição caiu posteriormente. A opção poderia, então, ser exercida a qualquer tempo, mas não houve interesse em exercê-la.

Pelo Contrato de Opção de Compra e Venda de Ações, os acionistas da MarlimPar outorgaram à Petrobras uma opção de compra e, em troca, a Petrobras outorgou a eles uma opção de venda na totalidade das ações da MarlimPar. Essas opções foram exercidas após o cumprimento de todas as obrigações assumidas no consórcio. Poderiam também ser exercidas no caso de ocorrência de um evento de inadimplemento.

As garantias oferecidas aos acionistas e investidores da CPM eram:

- Penhor de petróleo (parte da produção do campo de Marlim por um determinado período).
- Penhor de ativos (transferência da titularidade dos ativos).
- Caução de ações (totalidade das ações representativas do capital social e direitos a elas relativas).
- Caução de contas (penhor mercantil dos recursos depositados nas contas bancárias).

9.2.4 Encerramento

Em dezembro de 2008, foi paga a última parcela da remuneração devida aos acionistas da MarlimPar e, então, a Petrobras ficou em condições de exercer a opção de compra das ações da SPE (ou indicar outra empresa para efetuar tal exercício). Foi constituído um grupo de trabalho composto por profissionais de várias áreas da companhia para analisar os aspectos financeiros, contábeis, fiscais, legais e societários decorrentes da operação proposta. Foi decidido que a própria Petrobras era a indicada para exercer a opção, sendo a proposição aprovada pela Diretoria Executiva da empresa.

O pagamento e exercício da opção ocorreram no fim do primeiro quadrimestre de 2009. A CPM continuou tendo seu controle acionário detido pela MarlimPar, mas agora esta pertencia à Petrobras. Assim, as duas SPE passaram a ser subsidiárias integrais da estatal. As empresas fizeram comunicado formal ao mercado (Fato Relevante) e à Comissão de Valores Mobiliários (CVM). A seguir foram substituídos os diretores e membros do Conselho de Administração das duas SPE.

A tarefa seguinte foi incorporar a CPM à MarlimPar e esta à Petrobras, pois as SPE não tinham mais razão para existir. A incorporação é a operação pela qual uma ou mais sociedades são absorvidas por outra, que lhes sucede em todos os direitos e obrigações (art. 227, Lei 6.404/76). As incorporações ocorreram em dezembro de 2010, ao mesmo tempo que os recursos financeiros existentes nas SPE eram transferidos para a Petrobras. A seguir foram solicitadas as baixas das empresas incorporadas na Junta Comercial do Estado do Rio de Janeiro (Jucerja) e demais órgãos estaduais e municipais, e também na Secretaria de Receita Federal, sendo que eventuais pendências fiscais correspondentes às SPE passaram à responsabilidade da Petrobras. Foram comunicados também o Tribunal de Contas da União (TCU) e a Controladoria Geral da União (CGU).

9.3 Outros projetos na Bacia de Campos

A Bacia de Campos é há décadas a principal região produtora de petróleo do país e onde se desenvolveu com maior intensidade a atividade *offshore*, tanto no fim do século XX quanto no início do atual. Portanto, lá foram feitos os maiores investimentos e vários *project finance* foram estruturados nessa região. Estes são apresentados a seguir, em ordem cronológica (D'Almeida, 2006).

a)   Projeto Cabiúnas

O projeto Cabiúnas visava ao aumento da capacidade de transporte e processamento do gás natural da Bacia de Campos de 8 milhões de m³/dia para 14 milhões de m³/dia, através de malha de escoamento para atender os campos de Albacora Leste, Roncador e Frade; e também à redução da queima de gás (projeto Queima-Zero), a construção de unidade de recuperação de líquidos (URL) em Cabiúnas, unidade de fracionamento de líquidos na Refinaria Duque de Caxias (UFL REDUC) e duto de GNL entre Cabiúnas e a refinaria Duque de Caxias.

Em março de 2000, foi assinado um contrato, no valor de US$ 850 milhões, entre a Petrobras e a SPE Cabiúnas Cayman Investment Company (CCIC), empresa com o propósito específico de captar recursos para a construção dos ativos do projeto junto a instituições financeiras internacionais; e de tornar-se proprietária destes, disponibilizando-os à Petrobras pelo prazo de dez anos. Ao final desse período, os ativos seriam adquiridos pela Petrobras, mediante a compra da totalidade das ações da SPE pela própria Petrobras ou por empresa por ela designada.

Os financiadores do projeto foram o JBIC, as *trading companies* japonesas Mitsui e Sumitomo e bancos comerciais internacionais.

As principais garantias ofertadas foram:

- Penhor de gás: a Petrobras dava em penhor à CCIC um determinado volume de gás, como garantia de pagamento das obrigações de arrendamento assumidas.
- Contrato de Caução de Recebíveis: a Petrobras empenhava à CCIC seus direitos creditícios decorrentes de alguns contratos de fornecimento de gás firmados com distribuidoras.

A construção terminou em setembro de 2006, o repagamento da dívida foi concluído em setembro de 2009 e a opção de compra da CCIC foi exercida em março de 2010, encerrando o projeto.

b) Projeto Barracuda

Esse projeto teve por objetivo desenvolver dois campos de petróleo, situados a aproximadamente 180 km do continente, com reservas da ordem de 1,1 bilhão boe e em lâminas d'água de 600 a 1.100 metros (Barracuda) e 800 a 1.350 metros (Caratinga). Para tanto, foram perfurados mais de cinquenta poços.

O projeto, de US$ 2,5 bilhões, envolveu a construção de duas plataformas (conversão de navios em unidades tipo FPSO), a P-43 (Barracuda) e a P-48 (Caratinga), além dos sistemas de produção que as conectam aos poços. Cada plataforma tem capacidade de produção de óleo de 150 mil bpd e 6 milhões de m^3/dia de gás. A construção dos ativos ficou a cargo da Kellogg, Brown & Root (KBR), empresa do grupo americano Halliburton, por meio de um contrato de *engineering, procurement and construction* (EPC).

A estruturação envolveu três SPE constituídas na Holanda: a *holding* Barracuda & Caratinga Holding Company (BCHC), proprietária da Barracuda & Caratinga Leasing Company (BCLC), que, por sua vez, é controladora da Cardos. Os acionistas da BCHC eram *trading companies* japonesas, inicialmente a Itochu e a Mitsubishi e, posteriormente, também a Marubeni e a Mitsui.

Em junho de 2000, foram assinados contratos de aluguel (*charter* para as plataformas e *leasing* para os sistemas de produção e poços) entre a Petrobras e a BCLC. Os acionistas aportaram recursos de US$ 100 milhões, e o restante foi fornecido pelos investidores JBIC, BNDES e um sindicato de bancos privados internacionais.

As principais garantias oferecidas aos financiadores foram: penhor de petróleo, penhor de ativos, manutenção de conta garantia, abertura da conta 2644 (em dólares, junto ao Banco Central do Brasil, para pagamentos que não pudessem ser remetidos ao exterior) e seguro de risco político e comercial junto a instituições internacionais como a Nippon Export and Investment Insurance (NEXI) e a Multilateral Investment Guarantee Agency (MIGA).

Em setembro de 2010, após o repagamento total da dívida, a estruturação financeira foi encerrada pelo exercício de compra das ações da BCHC e dos ativos do projeto, de propriedade da BCLC, por uma subsidiária da Petrobras no exterior.

c)   Projeto EVM

Esse projeto foi desenvolvido em paralelo ao de Barracuda-Caratinga, mantendo com este similaridades quanto a financiadores, controles e garantias. O projeto EVM teve por objetivo possibilitar o desenvolvimento complementar dos campos de Espadarte, Voador e Marimbá, além de outros sete campos de menor porte. Foi estruturado em junho de 2000 na forma de um arrendamento mercantil firmado entre a Petrobras e a SPE EVM Leasing Corporation (EVMLC), que captou recursos de US$ 1,077 bilhão.

Os acionistas da EVMLC, que aportaram US$ 123 milhões, eram cinco *trading companies* japonesas: Itochu, Marubeni, Mitsubishi, Mitsui e Sumitomo. O financiador principal foi o JBIC, mas também houve participação de um sindicato de bancos internacionais – liderado pelo Banco Tokyo Mitsubishi (BoTM) – e do BNDES, por meio de sua linha específica de crédito.

Os ativos constituídos pela EVMLC eram arrendados à Petrobras, e o valor do aluguel permitia à SPE honrar seus compromissos. Os desembolsos para o projeto ocorreram de agosto de 2000 a dezembro de 2002. O repagamento foi iniciado em dezembro de 2000 e se estendeu até junho de 2007, quando foi concluído o projeto. A Petrobras, por meio de uma subsidiária no exterior, exerceu a opção de compra e venda negociada com a EVMLC e teve os ativos reavidos.

Os pagamentos eram semestrais, com taxas fixas para os acionistas e indexados à variação da LIBOR mais um *spread* para os financiadores da dívida. As principais garantias oferecidas aos financiadores foram: conta garantia (equivalente a um pagamento semestral), conta 2644, seguro de risco político, penhor de petróleo e penhor de ativos.

d)   Projeto Albacora Japão

O projeto teve por objetivo viabilizar o desenvolvimento e a expansão da produção do campo de Albacora, na época o segundo maior produtor do país, levantando recursos de US$ 173 milhões. Para tanto, em novembro de 2000, foi constituído um consórcio entre a Petrobras e a Albacora Japão Petróleo Ltda. (AJPL), uma SPE brasileira, constituída com capital social de US$ 66,5 milhões, mediante aportes iguais da *trading* japonesa Nissho Iwai Corporation (NIC), atualmente Sojitz, e da empresa petrolífera japonesa Petroleum Corporation (INPEX).

Em contrapartida pelo valor captado a SPE recebeu a propriedade dos ativos do projeto, que eram operados pela Petrobras para a produção do óleo. Os resultados do consórcio eram partilhados pelos parceiros segundo condições contratualmente estabelecidas.

Os financiadores do projeto foram o JBIC e um sindicato de bancos privados, formado pelo Industrial Bank of Japan (IBJ) e pelo BoTM. Os juros eram referenciados à taxa Libor. A duração do projeto foi de dez anos e, em junho de 2011, a Petrobras recomprou os ativos da AJPL, encerrando o projeto.

e)   Projeto Albacora Petros

Originalmente, o projeto Albacora AJPL teria um valor superior e contaria com a participação da empresa japonesa Japan National Oil Corporation (JNOC). No desenrolar das negociações, o JNOC acabou por sair da estrutura proposta, o que reduziu o valor captado com as instituições japonesas e abriu espaço para novo projeto.

O Consórcio Albacora Petros foi formado em 2000 entre a Petrobras e o fundo de pensão Petros, para permitir o desenvolvimento complementar do campo de Albacora. Não houve a necessidade de constituir uma SPE. O financiador único foi a Petros, em um montante de R$ 470 milhões, sendo R$ 380 milhões em dinheiro e R$ 90 milhões como compensação de parte do crédito que detinha com a Petrobras.

A Petros recebeu a titularidade dos ativos envolvidos no projeto e a Petrobras ficou responsável pela sua operação. A partilha de resultado entre os consorciados era baseada na produção projetada para o campo de Albacora, no preço estabelecido pela ANP para o óleo desse campo e no preço do petróleo Brent. Anualmente, o fluxo de pagamentos à Petros, resultante da partilha de resultado, sofria também correção pelo IGPM.

Os principais contratos dessa estrutura eram:

- Contrato de Consórcio: definia a partilha de resultados, mantendo a Petrobras como única concessionária e operadora dos ativos de produção.
- Contrato de Compra e Venda: regia a transação de compra pela Petros de parte dos ativos já constituídos pela Petrobras no campo de Albacora.
- Contrato de Opção de Compra e Venda: obrigação futura da Petros vender e da Petrobras comprar os ativos utilizados como lastro do Consórcio Albacora.

Ao final de dez anos, a estrutura foi concluída, as opções exercidas e os ativos voltaram a pertencer à Petrobras.

f)   Projeto PCGC

Esse projeto de pequeno porte (de R$ 205 milhões) envolveu a criação em 2001 da SPE Companhia de Recuperação Secundária (CRSec), com o objetivo de levantar recursos para a recuperação secundária de petróleo em campos maduros (Pargo, Carapeba, Garoupa, Cherne e Congro).

O *equity* da CRSec foi de R$ 43,45 milhões, integralizado por acionistas nacionais: grupo paulista JPM, BNDES e Unibanco AIG. A remuneração era calculada pela variação do IGPM mais um *spread* variável de acordo com o preço do petróleo Brent. A dívida de R$ 161,8 milhões correspondeu a debêntures, remuneradas pela variação do CDI mais um *spread* fixo.

Com os recursos captados, a CRSec arrendou os ativos à Petrobras por um Contrato de Locação de equipamentos por oito anos (período do projeto), usando a receita do arrendamento para o pagamento de sua dívida. O valor de aluguel era calculado de forma que a SPE pudesse honrar seus compromissos (despesas, remuneração do capital e retorno do capital). A CRSec e seus credores não se expunham ao risco de *performance* do projeto PCGC, já que a SPE não tinha participação na receita dos campos de petróleo, sendo sua única fonte de caixa a locação dos equipamentos para a Petrobras.

A estrutura contratual desse projeto era constituída de:

*   Contrato de Penhor de Ativos: a SPE os dava em penhor mercantil aos debenturistas.
*   Contrato de Custódia e Controladoria: organizava e ordenava a aplicação dos recursos da CRSec contidos nas suas contas correntes.
*   Contrato de Caução de Contas: a SPE dava em caução aos debenturistas a totalidade dos créditos referente aos recursos mantidos nas contas correntes.
*   Contrato de Investimento: os acionistas da SPE outorgavam à Petrobras a opção de compra, e a Petrobras outorgava aos acionistas a opção de venda das ações da CRSec de que os acionistas eram titulares.
*   Contrato de Locação de Equipamentos: tinha como objeto a locação dos ativos pela CRSec à Petrobras.
*   Contrato de Acordo de Acionistas: estabelecia os direitos e obrigações em relação às ações detidas, à administração da CRSec e à condução dos seus negócios.

Ao final da vida útil do projeto, foram exercidas a opção de compra e a opção de venda, pelas quais os acionistas da CRSec venderam e a Petrobras comprou a totalidade das ações da SPE por valor simbólico. Em dezembro de 2013, a CRSec foi incorporada à Petrobras.

g) Projeto NovaMarlim

Quando da estruturação do projeto Marlim, havia consciência de que, para desenvolver o campo gigante de Marlim, seriam necessários recursos adicionais. Aquele, no entanto, não era o momento adequado para captações maiores, tanto pelas condições do mercado financeiro e de capitais quanto pela dinâmica do desenvolvimento físico do campo, dividido em fases.

Assim, em dezembro de 2001, foi iniciado o projeto NovaMarlim, bastante semelhante ao anterior, mas aproveitando a experiência e a reputação adquiridas, o que possibilitou estruturação mais simples e custos menores. O projeto de R$ 2,164 bilhões (equivalente a US$ 834 milhões na época), integralmente captados no mercado doméstico, envolveu a criação de duas SPE brasileiras sediadas em Macaé: a NovaMarlim Petróleo (NMPet) e sua *holding*, a NovaMarlim Participações (NMPar).

Foi constituído um consórcio não operacional, o Consórcio NovaMarlim, entre a Petrobras e a NMPet. Esta disponibilizava os recursos captados para aquisição de ativos, enquanto a Petrobras os operava e comercializava o óleo produzido, repassando ao outro consorciado sua parte na receita. Havia uma opção de compra e venda de ações da NMPet com a Petrobras ao final do projeto (após 7,5 anos).

A NMPet recebeu *equity* equivalente a R$ 128,7 milhões, fez captação de dívida subordinada, por meio de debêntures conversíveis em ações, e da dívida principal, mediante lançamento de debêntures públicas.

Os acionistas da NMPet receberam a redução de capital da empresa (linear) e os dividendos em parcelas semestrais, de dezembro de 2005 a junho de 2009. Os dividendos eram calculados a partir da variação de um índice financeiro (taxa ANBID) e de um *spread* (menor que no projeto Marlim) que era função do petróleo Brent. A dívida subordinada foi amortizada até julho de 2009.

A emissão de debêntures foi feita em duas séries: a primeira de R$ 1.137 milhões, referenciada ao CDI e com pagamento de juros anuais de dezembro de 2002 a dezembro de 2006; a segunda de R$ 663 milhões, indexada ao IGPM, com pagamento de juros anuais de dezembro de 2002 a dezembro de 2008.

As garantias oferecidas aos acionistas e investidores foram as mesmas do projeto Marlim: penhor de petróleo, penhor de ativos, caução de ações e caução de contas. Não houve necessidade de manutenção de conta reserva.

Em junho de 2009 foi paga a última parcela da remuneração devida aos acionistas da NMPar e, então, a Petrobras ficou em condições de exercer a opção de compra das ações da SPE (ou indicar outra empresa para executar tal exercício). Foi constituído um grupo de trabalho, composto por uma equipe multidisciplinar, que decidiu que a própria Petrobras era a indicada para exercer a opção, sendo a proposição aprovada pela diretoria executiva da empresa.

Os processos de decisão e implantação foram muito rápidos (aproveitando a experiência anterior do projeto Marlim), e o pagamento e o exercício da opção ocorreram em julho de 2009. As providências seguintes (comunicação ao mercado, substituição de diretores etc.) também seguiram o padrão ditado pelo projeto Marlim. E as incorporações da NMPar e NMPet ocorreram em dezembro de 2010 (simultaneamente às das SPE de Marlim), ao mesmo tempo que os recursos financeiros existentes nas SPE eram transferidos para uma conta corrente da Petrobras.

9.3.1 Análise dos projetos na Bacia de Campos

As estruturações por *project finance* para os campos da Bacia de Campos se configuraram como um sucesso, já que houve um aumento significativo nos valores produzidos, além de uma boa percepção dos potenciais investidores sobre as estruturas criadas. A produção dos doze campos envolvidos aumentou mais de 80% no período de 1998 a 2006 (de 524.078 bpd para 951.231 bpd), quando eles representaram 67% da produção de toda a bacia. Cinco deles estavam entre os oito maiores campos brasileiros, contribuindo efetivamente para que o país alcançasse a autossuficiência de petróleo em 2006.

No caso de Marlim – campo que já vinha produzindo desde 1991 –, a estruturação do *project finance* permitiu o desenvolvimento das fases seguintes e um significativo aumento da produção, que dobrou num período de pouco mais de três anos. A Figura 9.3 apresenta a perfil de produção do campo de Marlim a partir de 1998. Atualmente o campo já está em fase de maturidade, mas permanece como um dos maiores do país.

A percepção dos investidores também foi positiva. Foram utilizadas para os campos da Bacia de Campos estruturas diversas, e ocorreram captações no país e exterior por meio de diferentes títulos, alcançando financiadores tradicionais como BNDES e JBIC, mas também instituições bancárias, fundos de pensão e até grupos financeiros de menor porte, além de debêntures e *bonds*, bastante pulverizados no mercado doméstico e internacional, respectivamente.

A credibilidade também foi demonstrada na obtenção de taxas de juros menores, nas garantias menos rígidas e no menor tempo para estruturar cada projeto posterior. Na comparação de projetos semelhantes, como Marlim e

NovaMarlim, percebe-se que o segundo teve *spreads* para acionistas menores e a eliminação de garantias como a conta garantia, que obriga a se manter um depósito equivalente a parte da dívida futura e a valores de juros a pagar num período determinado. E o projeto foi estruturado em menos de cinco meses, um recorde absoluto para os elevados valores envolvidos.

Em alguns projetos ocorreram renegociações posteriores para adequar as taxas cobradas às novas condições de mercado e do *rating* da patrocinadora. A curva de aprendizado permitiu estruturações posteriores mais rápidas e menos desgastantes, com a eliminação dos erros anteriormente ocorridos. Também os intervalos entre os repagamentos ficaram maiores, reduzindo o trabalho operacional da administração das estruturas e das SPE.

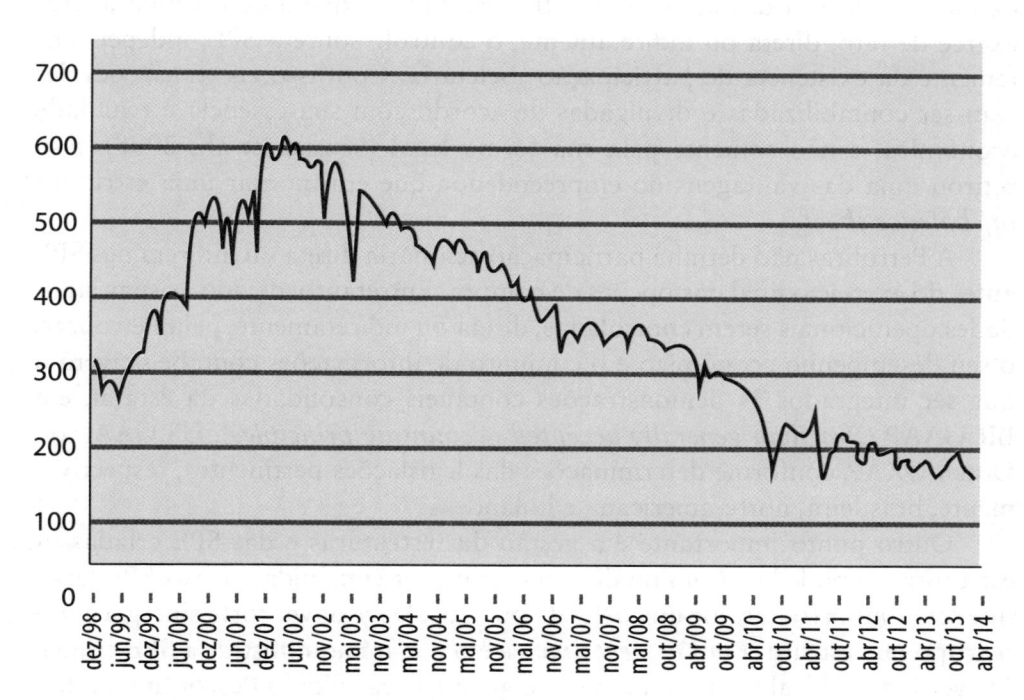

Figura 9.3 – Produção do campo de Marlim (em milhar bpd)
Fonte: Petrobras

Além dos riscos habituais de qualquer *project finance*, os da Bacia de Campos contavam com alguns mais específicos da atividade petrolífera, como o de reservas, construção e operação de unidades, comercialização da produção, legislação ambiental e influência governamental (preço de venda do petróleo e derivados, tributação, desregulamentação da indústria petrolífera, possibilidade de privatização da Petrobras).

No entanto, vários desses riscos foram mitigados pela experiência da Petrobras no setor (líder mundial em exploração em águas profundas), pelo uso de tecnologia já provada, pelas estruturas de produção e distribuição de óleo existentes, pela liquidez do produto no mercado internacional e pelo interesse do Estado em trazer novos atores para o mercado, garantindo regras estáveis e atrativas, além da busca pela autossuficiência. A quantidade e as características das garantias foram suficientes para dar conforto a acionistas e investidores, devido ao elevado índice de cobertura, que tornava desprezível o risco de *default*.

Em 2004, a CVM emitiu norma obrigando as companhias abertas a consolidarem em suas demonstrações contábeis as informações referentes às SPE, quando a essência das atividades entre elas indicar que a companhia aberta exerce de fato, direta ou indiretamente, o controle sobre a SPE, independentemente da existência de participação societária. Com isso, as transações devem ser contabilizadas e divulgadas de acordo com sua essência e realidade econômica, e não somente pela sua forma legal (Szuster et al., 2008). Isso retirou uma das vantagens do empreendedor, que era montar uma estrutura *off-balance sheet*.

A Petrobras não detinha participação acionária direta ou indireta nas SPE antes do exercício final das opções de compra. Entretanto, devido às suas atividades operacionais serem controladas, direta ou indiretamente, pela Petrobras, o seu desempenho econômico e o conjunto de informações contábeis tiveram que ser integrados às demonstrações contábeis consolidadas da estatal, em BR GAAP (*Brazilian generally accepted accounting principles*), US GAAP ou Dutch GAAP, conforme determinações das legislações pertinentes, respectivamente, brasileira, norte-americana e holandesa.

Outro ponto importante é a gestão das estruturas e das SPE criadas. A estruturação pode levar um ou dois anos para ser concluída, mas as SPE terão que ser administradas por uma década ou mais. Deve haver forte sinergia entre o grupo que estrutura um *project finance* e o que irá administrar a SPE criada. Na verdade, o ideal é que seja o mesmo grupo, para evitar a descontinuidade e perda de informações. Muitas vezes, sob a pressão de fechar um projeto e obter os recursos necessários, o estruturador assume compromissos que demandarão esforço desproporcional ou mesmo não poderão ser cumpridos em termos de prazo, geração de relatórios, levantamento de informações etc. Sempre que possível, as obrigações devem ser reduzidas a um mínimo adequado às partes e os pagamentos de pequeno valor feitos com maior espaçamento no tempo.

9.4　Projetos de gasodutos

Os elevados investimentos realizados no setor de gás natural na primeira década do século XXI concentraram-se bastante na construção de gasodutos e objetivaram:

- Monetizar reservas de gás natural no Brasil e na Bolívia.
- Aumentar a participação do gás na matriz energética nacional pela construção de uma infraestrutura de transporte.
- Reduzir o risco associado aos contratos de longa duração de importação e entrega de gás.
- Atender aos compromissos contratuais de fornecimento de gás firmados com distribuidoras, termelétricas (Programa Prioritário de Termeletricidade – PPT), mercado GNV (gás natural veicular).
- Gerar empregos e garantir à indústria local um conteúdo nacional mínimo no fornecimento de bens e serviços.

O primeiro grande empreendimento em gasodutos com o traçado inteiramente no Brasil foi o projeto Malhas, com um trecho na região Nordeste (do Ceará a Bahia) e outro trecho na região Sudeste (do Gasbol em São Paulo para Rio de Janeiro e Minas Gerais), em um investimento de US$ 1 bilhão, com financiamento do BNDES, consórcio de bancos internacionais e *trading companies* japonesas.

9.4.1　Projeto Gasene

O projeto Gasene foi o empreendimento que compreendeu a construção e operação de um gasoduto de interligação das malhas de gasodutos Nordeste e Sudeste, conectando Cabiúnas (RJ) a Catu (BA), numa extensão total de aproximadamente 1,4 mil km, capacidade de transporte de até 20 milhões de m³/dia e com investimentos da ordem de quase US$ 4 bilhões (D'Almeida, 2010).

É o maior gasoduto em extensão construído no país neste século e atravessa 68 municípios nos estados do Rio de Janeiro, Espírito Santo e Bahia (Figura 9.4). É composto por três grandes trechos:

- Cabiúnas-Vitória (Gascav), com extensão de 303 km e diâmetro de 26".
- Cacimbas-Vitória, com extensão de 130 km e diâmetro de 28".
- Cacimbas-Catu (Gascac), com extensão de 954 km e diâmetro de 28".

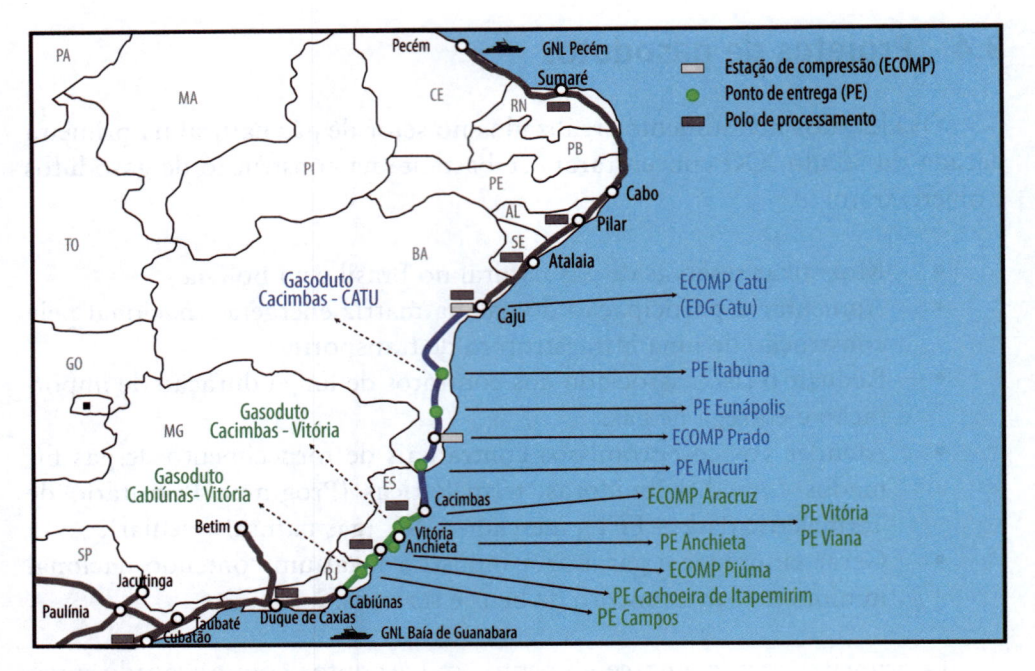

Figura 9.4 – Gasoduto e demais instalações do Gasene
Fonte: Petrobras

O trecho central já havia sido construído anteriormente, de fevereiro de 2005 a novembro de 2007, com recursos próprios da Petrobras. Esse trecho não fez parte do investimento do projeto Gasene, pois já pertencia à Transportadora Associada de Gás S.A. (TAG), subsidiária da Petrobras que presta serviços de transporte dutoviário e que incorporou várias transportadoras em que a estatal tinha anteriormente participação acionária relevante. O Gascav foi construído entre abril de 2006 e fevereiro de 2008, e o Gascac, de março de 2008 a março de 2010.

Além do pleno atendimento ao mercado térmico, o Gasene ampliou o acesso ao gás natural, a partir do desenvolvimento de novos mercados. Isso se tornou possível por meio dos oito pontos de entrega construídos ao longo do seu traçado, nas cidades de Itabuna, Eunápolis e Mucuri (Bahia); Cachoeiro de Itapemirim, Anchieta, Viana e Vitória (Espírito Santo); e Campos de Goitacazes (Rio de Janeiro).

Além de dois trechos de gasodutos propriamente ditos e dos pontos de entrega, o projeto Gasene envolveu também três estações de compressão: Piúma e Aracruz, no Espírito Santo, e Prado, na Bahia. Nas estações de compressão, o gás natural tem a pressão elevada para garantir que adquira energia suficiente e chegue ao seu destino final.

Na região Sudeste, a construção de pontos de entrega ao longo do Gasene viabilizou a instalação de novos empreendimentos, como as usinas termelétricas vencedoras dos leilões de energia nova realizados pelo governo federal. As térmicas de Linhares (204 Mw), Cacimbas (130 Mw), Escolha (330 Mw), Joinville (330 Mw) e João Neiva (330 Mw), todas localizadas no município de Linhares (ES), serão atendidas pelo gás natural transportado pelo Gasene.

O Gascac, trecho norte do projeto Gasene, interliga a Estação de Tratamento de Gás de Cacimbas, em Linhares (ES), à Estação de Distribuição de Gás (EDG) de Catu, em Pojuca (BA), local onde se configura o *Hub* 1 (ponto de encontro de diferentes gasodutos). Em Pojuca, o Gasene se interliga ao gasoduto Catu-Pilar. É por essa infraestrutura, agora integrada, que o gás natural é levado aos estados de Sergipe, Alagoas, Pernambuco, Paraíba, Rio Grande do Norte e Ceará.

A construção do gasoduto foi complexa pela grande extensão do empreendimento, demandando serviços de locação (abertura e liberação de faixa, marcação de caminho), terraplenagem, distribuição dos tubos ao longo do percurso ("desfile de tubos") e sua soldagem; e também abertura de valas, colocação e enterro de tubos, cobertura e teste hidrostático. A seguir foi feita a recomposição da área, com o plantio de mudas para apressar o reflorestamento e evitar erosão (revestimento vegetal dos taludes). Desafios adicionais foram as travessias especiais (rios, córregos, rodovias, ferrovias), a desapropriação de áreas em faixas de servidão e recomposição de rios e de sistemas de dragagem.

Foram tarefas críticas a obtenção de licenças ambientais com o IBAMA e órgãos estaduais (condição precedente para a liberação de recursos pelos financiadores) e licenças de operação com a ANP; além da aquisição de tubos (310 mil toneladas) e grandes compressores. No final, antes da entrada em operação, ocorreram as etapas de comissionamento, pré-operação e operação assistida.

Foram desenvolvidas ações de responsabilidade social junto às comunidades ao longo do traçado e promovido um programa de desenvolvimento de mão de obra voltado à qualificação dos empregados das empresas envolvidas na construção e montagem do gasoduto. Nos municípios na área de influência da obra que possuem menos de 20 mil habitantes, foram fornecidos recursos técnicos e financeiros para a realização do Plano Diretor Urbano (PDU), seguindo as orientações do Ministério das Cidades e em parceria com instituições de ensino superior locais.

9.4.1.1 Estruturação

Para viabilizar a construção do gasoduto, foram constituídas duas SPE: a Transportadora Gasene S.A. (Gasene) e sua holding Gasene Participações Ltda. Ambas foram criadas em março de 2005 e nelas não havia participação acionária direta ou indireta da Petrobras. A Transportadora Gasene tinha sede no Rio de Janeiro e treze filiais, situadas em Macaé, Campos (RJ), Guarapari,

Vitória, Serra, Linhares, São Mateus (ES), Eunápolis, Teixeira de Freitas, Camacam, Barra do Rocha, Laje e Salvador (BA).

Os recursos iniciais foram obtidos por empréstimos-ponte (*bridge loan*) com o Banco Santander (2005) e, posteriormente, o BNDES. E em dezembro de 2007 foram contratados dois financiamentos de longo prazo com o BNDES, o que implicou na quitação dos empréstimos-ponte em vigor até o momento. Foram assinados o Contrato de Financiamento Mediante Repasse de Recursos Externos do China Development Bank (CDB) e o Contrato de Financiamento Mediante Abertura de Crédito (financiamento direto), num total equivalente a 80% do total de investimentos então previstos para a construção dos dois trechos do gasoduto (Gascav e Gascac). Os desembolsos ocorreram ao longo do tempo, à medida que as obras eram realizadas.

O financiamento direto do BNDES para a Gasene no valor de R$ 3,164 bilhões foi dividido em dois subcréditos, um para o Gascav e outro para o Gascac, com custo equivalente à variação da TJLP adicionada a um *spread* e inferior ao custo dos empréstimos-ponte. Os recursos do CDB repassados pelo BNDES foram no valor de US$ 750 milhões, com taxa de juros fixa. Os financiamentos serão amortizados até 2022.

Os demais recursos necessários para a implantação do projeto Gasene foram oriundos da emissão de notas promissórias, no valor de até R$ 1,3 bilhão. Isso já havia sido negociado anteriormente, e a primeira nota fora emitida em outubro de 2006. O restante foi integralmente emitido e sacado em quatro tranches entre 2008 e 2009, à medida da necessidade de caixa da Transportadora Gasene.

A estruturação final do projeto Gasene é apresentada na Figura 9.5.

A receita para a Gasene honrar seus compromissos vinha de um Contrato de Serviço de Transporte de Gás Natural por Redespacho celebrado com a TAG. Esse era o contrato gerador de receita da Gasene e, portanto, a base das garantias de longo prazo. Dessa forma, o pagamento das obrigações financeiras pela Gasene estava assegurado, e os riscos de não pagamento, mitigados.

Havia um contrato entre TAG e Petrobras, pelo qual a primeira realizava serviços para a segunda nos três trechos que constituem o gasoduto, desde Cabiúnas até Catu. Como os trechos do Gascav e do Gascac pertenciam à Gasene, e não à TAG, o contrato de "redespacho" era necessário para relacionar a subcontratação das instalações de transporte de titularidade da Gasene pela TAG. Pela legislação brasileira, o transporte de gás canalizado não pode ser realizado por empresas que comercializem o produto.

Por modalidade de redespacho entende-se o contrato entre transportadores em que um prestador de serviço de transporte (redespachante) contrata outro prestador de serviço de transporte (redespachado) para efetuar a prestação de serviço em parte do trajeto.

A Gasene se relacionava ainda com a Transpetro por um Contrato de Operação e Manutenção (O&M), para prestação dos serviços de operação e manutenção dos sistemas, equipamentos, instrumentos, válvulas, tubulações e demais componentes integrantes da instalação de transporte, incluindo todas as atividades de gerenciamento e engenharia necessárias, inspeção e conservação das instalações de propriedade da Gasene.

Da mesma forma, havia contrato semelhante entre Transpetro e TAG para o trecho Cacimbas-Vitória, que pertencia a esta última. A Transpetro é a subsidiária da Petrobras responsável pela operação e manutenção de dutos, terminais e navios e pelo armazenamento de granéis, petróleo, derivados e gás.

Como a Gasene era uma SPE sem estrutura administrativa, ela mantinha um Contrato de Serviço de Consultoria e Assessoria Administrativa com a TAG para que esta prestasse os serviços administrativos relacionados à atividade de transporte de gás. Esses serviços incluem o acompanhamento de obrigações legais de caráter regulatório, assessoria na contratação de seguros, definição de tarifas de transporte de gás, gerenciamento e acompanhamento das atividades de cobrança e faturamento.

As garantias dadas aos financiadores eram: opção de compra e venda de ações, penhor de direitos creditórios e penhor de ações.

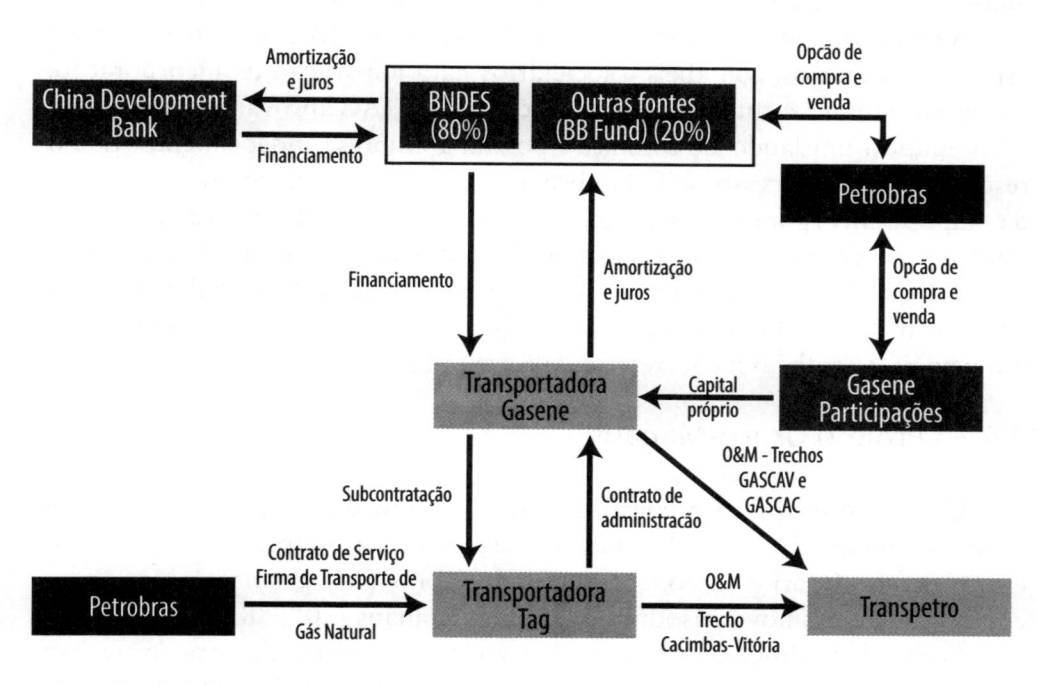

Figura 9.5 – Estrutura do projeto Gasene
Fonte: Petrobras

9.4.1.2 Encerramento

Um *project finance* pode ser encerrado quando seu escopo estiver concluído (obra pronta ou projeto implantado e repagamento dos investidores e acionistas) ou quando novas condições possam tornar esse encerramento mais interessante ou adequado. Em 2011, algumas condições que haviam justificado a estruturação não se faziam mais presentes: estatais já podiam acessar financiamentos do BNDES e a Petrobras fora retirada do cálculo do superávit primário do país, não sofrendo tantas restrições orçamentárias.

Nos contratos iniciais já havia a possibilidade de exercício antecipado da opção de compra das ações da Transportadora Gasene pela Petrobras ou empresa por ela indicada. Assim, foi constituído um grupo de trabalho interdisciplinar, que concluiu que a TAG seria a empresa indicada para tanto.

A seguir o BNDES, principal financiador da estruturação financeira, foi notificado do interesse da compra antecipada das ações da Gasene. Ele aprovou a operação com condicionantes, exigindo uma carta de fiança da Petrobras, válida pelo período de tempo até que o exercício da opção fosse implantado e os novos contratos fossem assinados com a TAG. Em novembro de 2011, houve a compra das ações da Gasene – que passou a ser subsidiária integral da TAG –, seguida por mudanças na diretoria da SPE e alterações societárias simplificadoras.

A etapa seguinte foi a incorporação da Gasene na TAG. Foram analisados aspectos tributários, contábeis e societários para aprovação da incorporação. Tanto a diretoria executiva da Petrobras como a da TAG aprovaram a operação; e foi emitido um laudo de avaliação por uma empresa independente. Como resultado desse processo, a TAG absorveu tanto os ativos como os passivos da empresa incorporada. Os contratos de financiamento foram aditados para mudança do devedor e as notas promissórias passaram a ser dívida da TAG.

A seguir foram solicitadas as baixas das empresas incorporadas na Junta Comercial do Estado do Rio de Janeiro (Jucerja) e demais órgãos estaduais e municipais, e também na Secretaria de Receita Federal.

9.4.2 Projeto Urucu-Manaus

O projeto envolveu a construção de um duto para GLP entre Urucu e Coari (diâmetro de 10" e 279 km de extensão), a readaptação de um duto entre Urucu e Coari – então transportando GLP – para gás natural (18") e a construção de um novo gasoduto de Coari a Manaus (20", 383 km).

O gasoduto Urucu-Manaus, no Amazonas, foi construído para aproveitar as reservas de gás da Bacia de Solimões para uso na geração elétrica em Manaus, possibilitando a substituição gradual de óleo diesel e óleo combustível pelo gás natural. Com isso, é possível obter uma significativa redução no custo da energia elétrica da região (tradicionalmente subsidiada por consumidores de todo o país), além da redução do impacto ambiental pelo uso de um combustível mais limpo. O principal cliente é a Companhia de Gás do Amazonas (CIGÁS), que já comercializava 2,6 milhões de m³/dia no final de 2013. A expectativa de crescimento é alta, já que o distrito industrial do Amazonas, potencial consumidor, tem mais de quinhentas empresas instaladas.

Além de Manaus, o gasoduto atende, por sete ramais, outras cidades amazonenses (Figura 9.6). O gás transportado pode atender também as usinas de Aparecida (251 Mw) e Mauá (462 Mw), além de outras unidades menores (Cristiano Rocha, Jaraqui, Manauara, Ponta Negra e Tambaqui). Sua capacidade é de 6,75 milhões de m³/dia, e o investimento foi de US$ 2,2 bilhões.

A estruturação financeira para o desenvolvimento do projeto, aprovada em novembro de 2004, envolveu a criação de duas SPE: a Transportadora Urucu Manaus S.A. (TUM) e sua holding Codajás Coari Participações Ltda. (CODAJÁS). Não havia qualquer participação acionária do Sistema Petrobras no projeto.

Os recursos financeiros foram obtidos principalmente com o BNDES e por emissão de notas promissórias. Os desembolsos de recursos ocorreram entre novembro de 2005 e fevereiro de 2011. A amortização dos financiamentos contratados com o BNDES começou em 15 de março de 2011 e será realizada em 46 prestações trimestrais, e a amortização das notas promissórias se dará apenas no vencimento.

As principais garantias oferecidas ao BNDES na fase de construção do projeto foram: penhor de direitos creditórios, penhor de ações e cessão e vinculação da receita decorrente dos contratos geradores de receita do projeto.

Antes da entrada em operação dos ativos, decidiu-se pela compra e incorporação da TUM pela TAG, já que as condições da época eram diferentes daquelas vigentes quando do início da estruturação. Assim, em agosto de 2010, todos os contratos celebrados entre TUM e BNDES foram substituídos por um financiamento corporativo celebrado entre TAG e BNDES, tendo a Petrobras como interveniente. A TAG assumiu todas as obrigações da TUM e todo o pacote de garantias de projeto foi substituído por uma Fiança da Petrobras ao BNDES, além da aceitação de *covenants* financeiros preestabelecidos e já aceitos em oportunidades anteriores.

Após a incorporação da TUM pela TAG, esta utilizou recursos próprios para concluir o empreendimento.

Grandes obras na região Norte, e especialmente na Floresta Amazônica, dependem de uma logística complexa. Muitos equipamentos, como os tubos, são fabricados na região Sudeste e demandam uma enorme quantidade de carretas para serem deslocados até cidades como Belém, a partir de onde é utiliza-

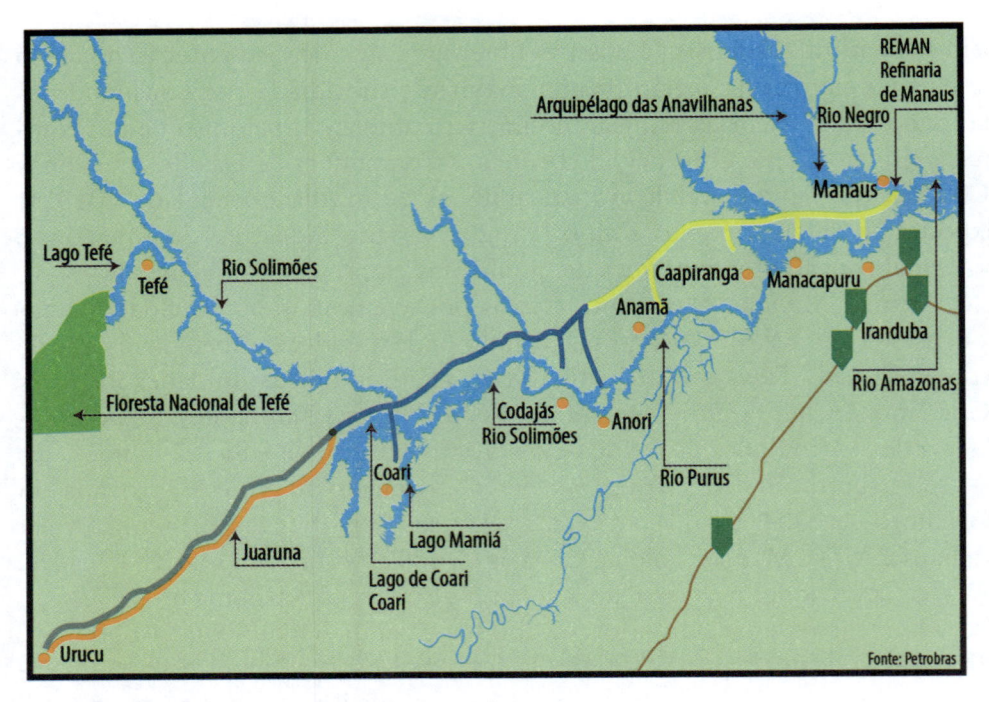

Figura 9.6 – Estrutura física do gasoduto Urucu-Manaus
Fonte: Petrobras

do transporte fluvial até a locação das obras. É necessário escalonar as carretas para evitar sua indisponibilidade para outras atividades, como o transporte de alimentos para diversas regiões do país; o mesmo ocorre com os barcos, para evitar engarrafamentos nas vias fluviais.

As distâncias são bastante longas, a variação da altura dos rios pode variar até 15 metros entre a estação das chuvas e a da seca (inverno e verão). Assim, o transporte tem que aproveitar a "janela de tempo" do "inverno" devido ao calado dos barcos, e o período de "verão" é utilizado para a montagem da tubulação. Outras dificuldades referem-se ao aspecto ambiental, com a complexidade e demora na obtenção de licenças.

10

Meio ambiente e acidentes na indústria do petróleo

10

Neste capítulo são abordados os problemas ambientais gerados pela emissão de gases por fontes energéticas, bem como tentativas de controlar e reduzir suas consequências. São também apresentados alguns acidentes significativos ocorridos na indústria do petróleo, basicamente explosões, incêndios e vazamentos.

10.1 Protocolo de Kyoto

Em 1992, durante a "Cúpula da Terra" (também conhecida como Eco-92), no Rio de Janeiro, vários países do mundo concordaram em combater o aquecimento do planeta – o efeito estufa – e a destruição da camada de ozônio (que protege o planeta contra a penetração dos raios ultravioleta), provocados por gases que impedem que parte do calor do Sol que chega à Terra volte ao espaço e se disperse.

O principal responsável por isso é o dióxido de carbono (CO_2), proveniente de fontes estacionárias (termelétricas, indústrias) ou fontes difusas (automóveis) na queima de combustíveis fósseis. Mas também contribuem para o problema o metano (CH_4, oriundo de aterros sanitários, gado e cultura do arroz), o óxido nitroso (N_2O, oriundo de fertilizantes e processos industriais) e clorofluorcarbonos (CFC, oriundo de líquidos refrigerantes e espuma). Eles geram poluentes, como óxido de enxofre (SO), óxido de nitrogênio (NO) e monóxido de carbono (CO), resultantes da queima de combustíveis fósseis e emitidos principalmente por veículos automotores, apresentando maior concentração nas grandes cidades (Loureiro, 2013).

O efeito estufa é, na verdade, um fenômeno natural e adequado para a vida no nosso planeta, por possibilitar uma temperatura média de 15 °C. Sem ele, a Terra seria coberta por gelo e a temperatura seria de aproximadamente -15 °C. O problema é gerado pelas fontes antropogênicas, decorrentes das atividades humanas, que crescem com os níveis de industrialização e com o tráfego de veículos. O desmatamento é ampliado tanto por camponeses pobres quanto por grandes grupos econômicos, na busca crescente por matérias-primas, petróleo, madeira e área para o gado (Sohr, 2009).

Segundo o Painel Intergovernamental sobre Mudanças Climáticas da ONU (Intergovernmental Panel on Climate Change – IPCC), a temperatura média do planeta aumentou quase 1 °C ao longo do século XX e o nível do mar se elevou em 19 cm entre 1901 e 2010. O IPCC afirma, com 95% de segurança, que o ser humano é o principal responsável pelo aquecimento do planeta. A manutenção dos níveis atuais de emissão de gases poderá provocar, até 2100, uma elevação de mais 2° C na temperatura do planeta e uma elevação dos mares entre 26 cm e 82 cm.

Isso acarretaria:

- Aquecimento dos oceanos, mesmo em profundidade mais elevadas, contribuindo para tempestades e furacões mais violentos e devastadores.
- Alteração no ciclo das estações do ano.
- Formação de desertos em regiões hoje férteis, com redução das safras agrícolas. O calor excessivo tem grande impacto na renda agrícola, provocando migrações, como tem ocorrido no Paquistão no século atual.
- Derretimento das geleiras polares, elevando o nível dos oceanos e inundando cidades litorâneas e até países (como o arquipélago de Tuvalu, no Oceano Pacífico).
- Alterações na acidez da água dos mares, pois parte das emissões de CO_2 é absorvida pelos oceanos. Isso provocaria mudanças no ecossistema, como a extinção de animais e plânctons, base da cadeia alimentar nos oceanos, e com consequências na atividade pesqueira.
- Aumento de doenças transmissíveis (como infecções respiratórias), de fluxos migratórios e de problemas de abastecimento de água potável.

O aumento da concentração de gases do efeito estufa (GEE) no ambiente (medido em partes por milhão por volume – ppvm) vem se elevando mais recentemente (Figura 10.1).

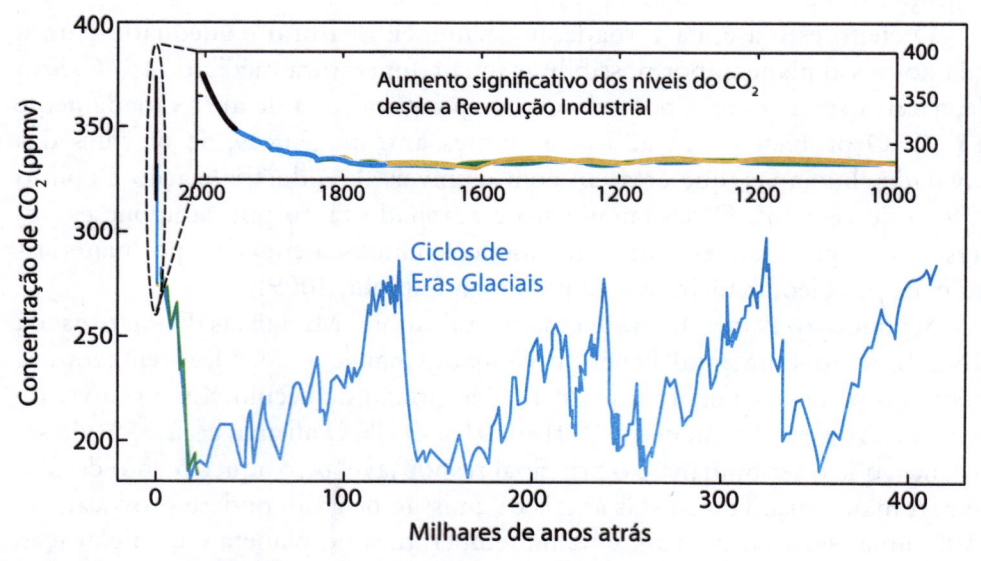

Figura 10.1 – Concentração de gases do efeito estufa no tempo (em ppmv)

Na virada do século XX, as emissões de CO_2 (em bilhões de toneladas) estavam assim distribuídas: Estados Unidos 5,5; União Europeia 3,67 (Alemanha 0,84, Inglaterra 0,56); China 3,48; Rússia 1,54; Japão 1,23; Índia 1.

O valor total emitido no mundo em 2011, na mesma unidade, alcançou 32, sendo a China, que tomou a liderança em 2006 pelo uso intensivo de carvão mineral na geração de eletricidade, responsável por 9,7, os Estados Unidos 5,4, a Índia 1,97 e a Rússia 1,83.

Em 2013, o Brasil emitiu 459 milhões de toneladas, sendo que quase metade foram oriundas do setor de transporte, ultrapassando as queimadas na Amazônia. Isso mostra que o ritmo de desmatamento caiu, pois, no início do século, esse percentual atingia 75%. Em razão da expressiva participação de fontes renováveis na matriz energética, o Brasil emitiu 1,55 toneladas de CO_2 por TEP, enquanto a média mundial alcançava 2,40; contudo, as queimadas cresceram, retomando o processo de desmatamento, principalmente no Pará.

Pela participação que as fontes energéticas têm na emissão dos GEE, tem havido uma preocupação mundial com a redução da intensidade energética, que mensura a energia necessária para produzir uma unidade do PIB de um país ou região. Naturalmente, esse índice é menor nos países desenvolvidos pelo grau de conscientização popular e característica de indústrias menos demandadoras de energia, mas a sua redução no tempo é uma característica global.

O governo brasileiro criou para tanto, em 1985, o Programa Nacional de Conservação de Energia Elétrica (PROCEL), coordenado pela Eletrobrás. Posteriormente, com a ameaça de "apagões", foi intensificada a fiscalização por parte da ANEEL sobre as concessionárias, com novas metas e índices de satisfação de consumidores. Essa é uma prática mundial na busca da eficiência energética, com o estabelecimento de padrões e selos de qualidade/desempenho para a indústria de eletrodomésticos. Tais padrões devem ser periodicamente atualizados, para estimular o desenvolvimento técnico.

Em 1997, na Conferência de Kyoto (Japão), foram negociadas metas para um acordo internacional para a redução da emissão de gases pelos países desenvolvidos. Um dos princípios do protocolo era o do "problema comum, mas responsabilidades distintas", isto é, os países desenvolvidos teriam uma parcela de responsabilidade maior, pois foram os principais emissores de poluentes durante quase um século em virtude de terem sido os primeiros a se industrializar, além de terem melhores condições econômicas de suportar os investimentos necessários para reverter a situação atual (Frondizi, 2009).

Para que o Protocolo de Kyoto entrasse em vigor era necessária sua ratificação por um mínimo de 55 países que fossem responsáveis por pelo menos 55% do total das emissões. Em 16 de fevereiro de 2005, finalmente, o Protocolo foi ratificado por 141 países, que representam 62% das emissões de gases, mas sem a participação dos maiores poluidores, que subestimaram os impactos ambientais: Estados Unidos, que, então responsável por 26% das emissões, considerava o protocolo lesivo à sua economia e à sua segurança energética, pela grande dependência do petróleo importado, e China, que temia criar obstáculos ao seu acelerado desenvolvimento.

O compromisso do Protocolo de Kyoto era de que os 39 países mais desenvolvidos reduzissem a emissão de gases no período de 2008 a 2012 para níveis 5% menores que os de 1990. Aqueles que não cumprissem as metas acertadas teriam que realizar os cortes previstos mais um adicional de 30% num novo período a se iniciar em 2013. As metas eram difíceis de alcançar, pois as emissões em 2005 já estavam 15% acima dos níveis de referência de 1990; e em 2010 o aumento se aproximava de 45% para a mesma referência.

As empresas poluidoras buscam atender as metas com a adaptação de seu consumo de energia e a substituição da matriz energética poluente por fontes renováveis. Na Conferência Internacional sobre o Clima, realizada em novembro de 2006 em Nairobi (Quênia), a Agência Internacional de Energia (IEA) considerou insustentável o consumo energético no ritmo de então. Em dezembro de 2007, a Austrália aderiu ao protocolo de Kyoto, tornando os Estados Unidos o único país industrializado a não aderir ao acordo. A reunião de Copenhagen (dezembro de 2009) acabou frustrando as expectativas, já que nada de concreto foi alcançado, apenas promessas para o futuro. Na reunião de Durban (2011), o Canadá decidiu sair do Protocolo.

Na reunião de dezembro de 2012, em Doha (Catar), foi acertado um segundo período de compromisso, que irá de 2013 a 2020, no qual os países terão a missão de reduzir a emissão em 18% em relação aos níveis medidos em 1990. Mas houve um claro esvaziamento no processo, já que países como Nova Zelândia, Canadá e Rússia não participarão desse novo compromisso. Na Conferência de Varsóvia (2013) os avanços também foram modestos, mas com a confirmação dos objetivos para 2020. Em 2014 o governo do presidente Obama, dos Estados Unidos, divulgou que pretende reduzir em 30% as emissões de carbono até 2030, tomando como referência o volume de 2005.

As manifestações contra as emissões de GEE nem sempre são bem recebidas: trinta manifestantes do Greenpeace foram presos pela polícia russa, em setembro de 2013, ao escalar uma plataforma de exploração de petróleo no Ártico operada pela Gazprom. Três meses depois eles foram libertados.

A liberação de carbono nunca foi tão grande, devido principalmente ao aumento das emissões das nações em desenvolvimento, com destaque para China e Índia. No entanto, os países da Comunidade Europeia obtiveram uma redução de 7%, oriunda de mudanças na matriz energética e também da crise econômica de 2008-2009, da qual ainda lutam para se recuperar.

10.1.1 Mecanismo de Desenvolvimento Limpo (MDL)

De modo a auxiliar o cumprimento das metas acertadas inicialmente, foram incorporadas flexibilizações como o Mecanismo de Desenvolvimento Limpo (MDL), que criou o mercado para os conhecidos "créditos de carbono", negociados na Bolsa de Clima de Chicago (Chicago Climate Exchange). Ele possibilita que empresas de países industrializados que não conseguem reduzir suas emissões compensem a poluição gerada financiando projetos ambientais no Terceiro Mundo (de países que reduziram suas taxas de emissão ou não estão obrigados a isso), recebendo "créditos de carbono" sem que seus países estourem as metas acertadas em Kyoto.

Esse mecanismo visa a reduzir as emissões adicionais àquelas que ocorreriam na ausência do projeto, proporcionando benefícios factíveis, mensuráveis e de longa duração para a mitigação da mudança do clima. Cada crédito é obtido com a redução de uma tonelada de CO_2. Um estudo do Banco Mundial revelou que o valor total do mercado de carbono em 2012 foi de 61 bilhões de euros, com um total de 10,7 bilhões de toneladas de CO_2 comercializados, mas os preços estão muito baixos devido à sobreoferta de créditos. O principal mercado para os créditos de carbono é a União Europeia.

Em setembro de 2007, ocorreu o primeiro leilão mundial de créditos de carbono em Bolsa, quando a BM&F colocou à venda 800 mil certificados de emissão reduzida, títulos referentes à captura e queima de 808.450 toneladas de gás metano no Aterro Bandeirantes, em São Paulo. Os títulos foram adquiridos pelo banco holandês Fortis Bank NV/SA, que ofertou 16,20 euros por certificado (ágio de 27,5% sobre o preço mínimo estabelecido). Com isso, a prefeitura da cidade embolsou R$ 34,5 milhões, a serem usados em melhorias ambientais nos bairros vizinhos ao aterro sanitário. O segundo leilão ocorreu em setembro de 2008, com a aquisição de 713 mil certificados de emissão pela empresa suíça Mercuria Energy Trading por 19,2 euros cada, o que representou um ágio de 35,2%. Em agosto de 2009, o valor do certificado caíra para 12 euros, em virtude da crise econômica e redução da atividade energética.

O setor energético é responsável por 65% das emissões mundiais de CO_2, mas no Brasil representa só 16,5% das emissões nacionais. As ações compensatórias para neutralizar as emissões incluem a substituição de fontes de energia fósseis por outras renováveis e limpas (como automóveis movidos a hidrogênio), reflorestamento de nascentes, preservação de florestas, recuperação da mata ciliar, tratamento de esgotos, reúso da água, coleta e destinação ambientalmente correta de pneus inservíveis, tratamento de lixo e aproveitamento de gases de aterros sanitários.

Incluem ainda a captura e armazenamento de carbono com filtros que retenham os gases diretamente no ar e os injetem em depósitos subterrâneos (armazenamento geológico), o que é um procedimento viável, rápido e confiável, já que qualquer escape de gás é perfeitamente controlável. A parte de captura é a mais cara, e estão sendo desenvolvidas pesquisas com novas tecnologias, com o uso de aminas, nanotecnologia e membranas. Para reduzir o custo de transporte, são procurados reservatórios perto das fontes de emissão. Os reservatórios podem ser áreas em que petróleo e gás já foram extraídos, aquíferos salinos profundos e depósitos de carvão não mináveis.

É fundamental também a conscientização da população. No Brasil, o selo PROCEL, criado em 1993, orienta o consumidor na compra de produtos, indicando aqueles com melhores níveis de eficiência energética. Em 1991 foi criado o Programa Nacional de Racionalização do Uso dos Derivados do Petróleo e do Gás Natural (CONPET), do Ministério de Minas e Energia, que desenvolve oportunidades para a participação nesse tipo de iniciativas. O trabalho é realizado em parceria com entidades representativas de vários setores da economia, visando à conscientização e ao engajamento dos consumidores finais.

No setor de transportes, o programa desenvolve parcerias para realizar avaliações de materiais particulados em ônibus e caminhões, bem como orientar motoristas sobre o uso eficiente dos veículos. Em 2012, foram efetuadas aproximadamente 93 mil avaliações. O CONPET e o Instituto Nacional de Metrologia, Qualidade e Tecnologia (INMETRO) desenvolvem o Programa Brasileiro de Etiquetagem, com o objetivo de estimular a produção e a utilização de equipamentos e veículos mais eficientes. A Etiqueta Nacional de Conservação de Energia informa e compara o consumo de combustíveis dos automóveis e aparelhos a gás, enquanto o Selo CONPET de Eficiência Energética destaca os de melhor rendimento.

Especificamente na área petrolífera nacional, em dezembro de 2012, começou a distribuição do óleo diesel S-10, com teor máximo de 10 ppm (partes por milhão, mg por kg) de enxofre, que proporciona redução de até 80% das emissões de material particulado e de até 98% das de óxidos de nitrogênio, alcançando padrão mundial. A partir de janeiro de 2014, o uso do S-10 passou a ser obrigatório. Um dos problemas causados pela liberação de óxido de enxofre no ar é a ocorrência de chuva ácida, que afeta principalmente os monumentos, florestas e plantações.

Em 2014, passou a ser produzida a gasolina S-50, com teor de enxofre reduzido para 50 ppm, qualidade semelhante ao produto comercializado na Europa, Estados Unidos e Canadá. Ela reduzirá as emissões de gases poluentes no escapamento de motores fabricados a partir de 2009 em até 60% de óxidos de nitrogênio (NOx), em até 45% de monóxido de carbono (CO) e em até 55% de hidrocarbonetos (HC).

10.2 Acidentes

O mercado segurador mundial pagou US$ 33 bilhões em indenizações por conta de acidentes nos setores de óleo e gás a partir de 1973, levando-se em conta apenas as chamadas apólices de propriedade, que cobrem os danos causados por incêndio, clima e outros eventos. As perdas contabilizadas correspondem aos cem maiores desastres nas atividades de petroquímicas, plataformas, refinarias, processamento de gás e distribuição (Furlan, 2012).

Kick é a invasão de um poço por fluidos da formação que está sendo perfurada (ou de alguma outra perfurada acima), porém não adequadamente isolada. Se o fluxo não for controlado, pode tornar-se um *blow out*, acidente muito perigoso que pode colocar em risco o poço, a sonda e as equipes que nela trabalham. O maior *blow out* do mundo ocorreu em 1910, em Ken Court, na Califórnia, quando 9,4 milhões bbl foram produzidos ao longo de dezoito meses até que o poço fosse controlado. A partir daí foram desenvolvidas técnicas de controle com a utilização de equipamentos como o *blow out preventer* (BOP), um conjunto de válvulas para fechamento do poço que é dimensionado em função da máxima pressão esperada.

O acidente com maior número de vítimas na indústria de petróleo foi o da plataforma de produção Piper Alpha, no Mar do Norte, em julho de 1988. O incêndio da unidade – e posterior explosão – provocou a morte de 167 pessoas e prejuízos da ordem de US$ 1 bilhão. Anteriormente, em 1982, a sonda semissubmersível de perfuração Ocean Ranger havia afundado na costa canadense devido a uma tormenta, com a morte de 84 trabalhadores.

Na área de refino ocorreram dois acidentes de grande porte em 1984. Em julho, na refinaria de Romeoville (Illinois, Estados Unidos), com dezenove mortes, e, quatro meses depois, na refinaria San Juan (México), onde uma ruptura na tubulação de gás por excesso de pressão provocou um incêndio que resultou em mais de quinhentos mortos e 5 mil feridos.

A indústria do petróleo pode causar também forte impacto ambiental, principalmente nos acidentes com derramamento de óleo. Entre eles, destacam-se o rompimento da plataforma mexicana Ixtoc 1 na baía de Campeche, no Golfo do México (junho de 1979, 3,4 milhões bbl, 1.600 km²), do navio petroleiro Exxon Valdez no Alasca (março de 1989, 257 mil bbl, despesas acima de US$ 2 bilhões), do Jessica em Galápagos (janeiro de 2001) e do Prestige na Galícia espanhola (novembro de 2003, 470 mil bbl).

Em abril de 2010, houve a explosão e naufrágio da plataforma Deepwater Horizon, pertencente à Transocean, que perfurava para a BP o campo Macondo 252, no Golfo do México, em lâmina d'água de 1,5 mil metros. Como consequência, onze mortos, dezessete feridos e o vazamento de 4,9 milhões bbl (apenas 17% recuperado), controlado só três meses depois. Foi o maior desastre ambiental da região, com significativa presença de óleo em recifes de corais, plantas submarinas, além das áreas costeiras que tiveram mangues destruídos. Na região, pântanos, manguezais e corais formam barreiras naturais contra o avanço do mar e contra os furacões, que perdem força ao entrar em terra. As atividades de perfuração marítima na região foram suspensas por seis meses, o custo de seguro apresentou imediatamente sinais de crescimento e a recuperação do ecossistema levará várias décadas.

A BP teve custos iniciais de US$ 6,1 bilhões, incluindo os gastos com perfuração de poços de alívio, cimentação do poço onde ocorreu o vazamento, pagamento de indenizações aos Estados da costa do Golfo e de sinistros às pessoas que perderam renda ou lucros por causa do incidente, além de despesas médicas para pessoas expostas ao óleo vazado ou aos dispersantes químicos utilizados na sua contenção. Para garantir tais pagamentos, precisou criar um fundo de US$ 20 bilhões, posteriormente usados para indenizar em US$ 7,8 bilhões os quase 100 mil pescadores afetados.

A BP foi considerada responsável por forte negligência e, em novembro de 2012, fez um acordo com o governo federal norte-americano, segundo o qual pagará uma multa de US$ 4,5 bilhões, ao longo de cinco anos, para encerrar todos os processos relacionados a esse acidente na esfera pública; porém, prosseguem alguns na esfera privada, e a BP se queixa de alguns pedidos fraudulentos. Para arcar com todos esses gastos, a empresa teve que realizar um programa de desinvestimento que alcançou US$ 38 bilhões ao longo de três anos.

Em janeiro de 2013, foi divulgado que a Transocean também acordou o pagamento de US$ 1 bilhão relativo ao mesmo caso. Foram as maiores multas já aplicadas no mercado norte-americano, ultrapassando em muito a sofrida pela Pfizer (de US$ 1,3 bilhão).

O relatório de avaliação do acidente apontou as seguintes causas principais:

- Cimentação inadequada, que permitiu a passagem de fluidos da formação para o poço (uso de quantidade insuficiente de centralizadores).
- Avaliação incorreta dos perfis CBL/VDL (que avaliam a qualidade da cimentação em termos da aderência com o revestimento e a formação perfurada) e dos testes de pressão.
- Demora da equipe em perceber o influxo de fluidos para o poço. Quando gás chegou à superfície, não foi desviado imediatamente para a atmosfera.
- Não ativação automática do equipamento de segurança do poço (*blow out preventer* – BOP).

Deve ser ressaltado que a regulação ambiental nos Estados Unidos é menos rigorosa (às vezes, quase uma autorregulação) que no Mar do Norte (principalmente na parte norueguesa), onde as taxas de ocorrência de acidentes (vazamento, *blow-out*) são bem menores. No entanto, a segurança operacional tornou-se mais rígida no Golfo do México, e instituições como o US Bureau of Ocean Energy, Management, Regulation and Enforcement (BOEMRE) e o Bureau of Safety and Environmental Enforcement (BSEE) passaram a exigir das operadoras a elaboração de políticas para situações de emergência e responsabilidade ambiental.

Como consequência do acidente de Macondo, oito grandes empresas internacionais de petróleo – BP, Chevron, ConocoPhillips, ExxonMobil, Petrobras, Shell, Statoil e Total – juntaram-se no Subsea Well Response Project (SWRP). Esse projeto objetiva desenvolver um conjunto de ferramentas de contenção global que apoie a resposta a acidentes em poços submarinos, aumentando o nível geral de segurança na atividade *offshore* e minimizando o impacto ambiental. A Shell é a operadora do projeto, supervisionado por um comitê operacional composto por um representante de cada empresa participante. O projeto opera a partir da sede da Shell em Stavanger, Noruega.

Em agosto de 2012, ocorreu um vazamento de gás e posterior explosão em nove tanques na refinaria venezuelana Amuay, com 42 mortes e mais de cem feridos. Essa planta tem capacidade para 635 mil bpd e funciona combinada com a de Cardon, formando o centro de refino de Paraguana, o maior do mundo, com capacidade para refinar 940 mil bpd. Amuay sofreu novo acidente em uma unidade de destilação em dezembro de 2013, mas com menor gravidade e sem vítimas.

No mês seguinte, um incêndio numa planta de processamento de gás na Pemex (estatal mexicana), em Reynosa, próximo à fronteira norte-americana, causou 29 mortos e a interrupção das operações por dois meses.

Em julho de 2013, na região de Quebec (Canadá), um trem que transportava petróleo descarrilou, incendiou-se e atingiu vários prédios no centro da pequena cidade de Lac-Mégantic, provocando 47 mortes. Em dezembro de 2013, um descarrilamento em Dakota do Norte, nos Estados Unidos, provocou o vazamento de quase 10 mil bbl. As legislações norte-americana e canadense referentes ao transporte ferroviário de petróleo deverão se tornar mais rigorosas, com a substituição de vagões antigos por outros mais modernos, inspeções mais frequentes e redução de velocidade nos centros urbanos, o que poderá levar a um aumento de custos nesse modal de transporte.

Em agosto de 2013, a queda de um helicóptero que transportava trabalhadores de uma plataforma no Mar do Norte para um aeroporto de apoio provocou a morte de quatro pessoas, com mais catorze sendo resgatadas do mar. Foi o quinto acidente com helicópteros Puma na região desde 2009, totalizando vinte mortes.

Em novembro de 2013, a explosão em um oleoduto operado pela Sinopec em Qingdao (leste da China) provocou a morte de 62 pessoas, ferimentos em mais de 150 pessoas e a destruição de uma estrada próxima. Em junho de 2014, ocorreu a explosão de um gasoduto da estatal indiana Gail no estado de Andhra Pradesh que vitimou catorze pessoas.

No início de 2011, a Chevron foi condenada a pagar US$ 9 bilhões em multas por causar danos ao meio ambiente e contaminar a água utilizada por habitantes do interior do Equador. A companhia foi acusada de ter derramado 18,5 bilhões de galões de materiais tóxicos em águas amazônicas entre 1964 e 1992, afetando cerca de 30 mil pessoas. O valor foi aumentado para US$ 19 bilhões em julho de 2012, mas posteriormente a Justiça norte-americana cancelou o julgamento, considerando que houve fraude no processo.

Além dos acidentes, ocorrem também ataques intencionais. Um dos mais sérios ocorreu no final da Guerra do Golfo, em 1991, quando as tropas iraquianas destruíram instalações petrolíferas kuaitianas, ao retrocederem após serem derrotadas pelo exército internacional de coalizão, liderado pelos Estados Unidos. Foram incendiados quase 750 poços, que queimaram mais de 1 bilhão boe durante oito meses, afetando uma área de 150 mil km², além de vazamentos para as águas do golfo Pérsico que impactaram severamente a vida marinha. O gasto atingiu US$ 1,5 bilhão e foram mobilizados mais de 10 mil homens, incluindo profissionais das quatro grandes empresas internacionais de controle de poços: Red Adair, Boots and Coots, Safety Boss e Wild Well Control.

No Brasil, os acidentes mais marcantes foram:

- Incêndio no oleoduto da favela de Vila Socó (Cubatão, São Paulo), em 1984, provocando 93 mortes e deixando 2.500 desabrigados.
- Explosão na plataforma de Enchova, na Bacia de Campos, em 1984, causando 37 mortes.
- Vazamento ocorrido na Baía de Guanabara em janeiro de 2000, lançando ao mar 1,3 milhão de litros de petróleo e atingindo a área de proteção ambiental (APA) de Guapimirim (Magé, RJ), primeira unidade de conservação de manguezais do país. Esse acidente, com grande repercussão, provocou maior atenção para os programas de proteção ao meio ambiente, como o projeto Pégaso, da Petrobras.
- Explosão e posterior naufrágio da plataforma P-36, em março de 2001, em lâmina d'água de 1.200 metros e com onze mortes.
- Adernamento da plataforma P-34, em outubro de 2002, depois contornado.

A Chevron envolveu-se num vazamento de 3.700 barris de óleo na perfuração de um poço no campo de Frade, na Bacia de Campos, em lâmina d'água de 1.184 metros. A empresa teve que pagar uma multa arbitrada pela ANP de R\$ 36 milhões (tendo obtido um desconto de 30%), e tanto ela quanto a Transocean, proprietária da sonda, foram penalizadas com a suspensão temporária das atividades no país. Pouco depois, a punição à operadora de sondas foi restrita apenas ao campo de Frade, onde a produção – que havia sido iniciada em 2009 e interrompida em março de 2012 – foi retomada em maio de 2013, mas com volume reduzido.

Em dezembro de 2012, a Chevron propôs o pagamento de US\$ 149 milhões para encerrar o caso judicial; em setembro de 2013, assinou um Termo de Ajustamento de Conduta (TAC) com o Ministério Público Federal do Rio de Janeiro e o IBAMA, entre outros órgãos, comprometendo-se a pagar R\$ 95 milhões em ações compensatórias relativas aos danos ambientais causados, além de implementar medidas de prevenção. A Marinha do Brasil efetua perícias periódicas nas plataformas para atestar sua segurança operacional e prevenir novos acidentes.

No Complexo Petroquímico do Rio de Janeiro (COMPERJ), em Itaboraí (RJ), os gastos com os condicionantes socioambientais devem alcançar R\$ 1 bilhão. Eles envolvem investimentos em obras de saneamento, abastecimento urbano de água e revegetação do entorno de dois rios. Haverá um sistema de reúso de água de esgoto para tratamento e uso industrial no COMPERJ, que servirá para os processos de geração de vapor e resfriamento de caldeiras.

Já a exploração do campo de Urucu, em plena Floresta Amazônica, é um exemplo extremamente positivo, pela minimização da construção de estradas, falta de estímulo à criação de núcleos urbanos, recomposição da flora nas áreas desmatadas (viveiro com mais de 170 mil mudas de dezenas de espécies da região, orquidário) e promoção de estudos ambientais básicos. Todos os resíduos sólidos domésticos e industriais são tratados e recebem destinação adequada.

11

Temas adicionais relacionados à indústria do petróleo

O século XXI vem sendo marcado por mudanças positivas para o Brasil, que superou as "décadas perdidas" e entrou numa fase de estabilidade econômica e institucional. O processo, iniciado no final do século passado, trouxe o controle da inflação e das contas públicas e o superávit da balança comercial, revertendo os déficits anteriores. No final de 2013, as crescentes reservas internacionais superavam US$ 375 bilhões, enquanto o endividamento do país situava-se em torno de 35% do PIB. Houve redução da dívida externa, substituída parcialmente pela interna, cujo custo pode ser mais alto, mas apresenta risco e volatilidade menores (possibilidade de desvalorização da moeda), indicando uma postura conservadora.

Principalmente na primeira década do século, a economia se expandiu, com o sucesso do agronegócio e a recuperação e diversificação da atividade industrial, a taxa de juros foi reduzida, com queda da taxa básica SELIC, houve forte expansão do crédito (com destaque para os bancos estatais, principalmente o BNDES) e do consumo, e atividades até então sucateadas – como a indústria naval – foram retomadas. Grupos privados cresceram, fundiram-se e se internacionalizaram. Os preços das *commodities* subiram, gerando certa "reprimarização" da indústria nacional.

Com os bons fundamentos econômicos, o país alcançou o nível de *investment grade* dado pelas principais agências de classificação de risco (*rating*) do mundo, passando a ter acesso a uma base de financiamentos mais ampla, com menor custo e maior prazo de repagamento. O grau de investimento foi obtido seguidamente com as agências Standard & Poors (abril de 2008), Fitch (maio de 2009) e Moody's (setembro de 2009); no início de 2014 os graus eram, respectivamente, BBB, BBB e Baa2. Mesmo a crise de 2008-2009 foi menos sentida no país, com a política anticíclica que estimulou o consumo e investimentos internos como elementos compensatórios.

Na parte social, houve queda nas taxas de desemprego (5,45% em 2013), redução da pobreza (ascensão da classe C), queda de quase 50% na taxa de mortalidade infantil (acima da média mundial) e aumento na expectativa de vida. A concentração de renda caiu – ao contrário do que ocorreu nos Estados Unidos e Europa – com políticas de distribuição, como a valorização do salário mínimo, a expansão do programa Bolsa Família, ganhos educacionais e aumento da formalização do trabalho (com carteira assinada). O índice de Gini, que mede a desigualdade socioeconômica, foi reduzido de 0,61 em 1990 para 0,52 em 2012; o IDH subiu de 0,67 para 0,73 entre 2000 e 2012 e o PIB *per capita* triplicou no século atual (US$ 11.339 em 2012). Acrescente-se a estabilidade política, que já atinge três décadas, e a recuperação da autoestima do brasileiro. A partir de 2012 houve uma piora nos fundamentos econômicos, especialmente câmbio e inflação, gerando menor crescimento econômico e queda do saldo comercial; mas, ainda assim, a situação geral é muito superior à experimentada nas últimas décadas do século passado.

Especificamente na área energética, chegou a ser alcançada a autossuficiência do petróleo – depois revertida, mas que deverá ser retomada nos próximos anos –, um sonho de gerações. Volumes recuperáveis significativos no pré-sal foram descobertos, tornando o país um grande produtor e, simultaneamente, um grande mercado consumidor. Houve, ainda, a redução do custo da energia elétrica, a retomada da construção de hidrelétricas, a expansão do uso do gás natural, a manutenção de uma matriz energética na qual a participação de fontes renováveis é das maiores do mundo (41% em 2013) e a expansão do mercado local de fornecedores de equipamentos e serviços.

Mesmo com as mudanças decorrentes da "quebra do monopólio", a Petrobras permanece como o grande ator da indústria petrolífera no Brasil. Tomando o ano de 2013 como referência, em reservas de óleo e gás natural ela detém, respectivamente, 91,7% e 90,2% do total brasileiro; quanto à produção de petróleo e gás natural, ela foi responsável por 94,6% e 80,2% respectivamente. Em refino, sua capacidade nominal alcança 98% e, na capacidade efetiva, quase 100%; na distribuição de combustíveis, por intermédio de sua subsidiária BR, chega a 37,5%.

A quebra do monopólio trouxe mudanças mais fortes no segmento *upstream*, já que no refino não houve investimento significativo por parte das empresas privadas ou internacionais, mantendo-se a Petrobras como ator quase exclusivo.

Neste capítulo são abordados alguns temas que deverão ter impacto significativo na área de petróleo e gás natural brasileiros, como o parque de refino, o conteúdo local, a unitização e as atividades de petroquímica e fertilizantes. E, ao final, encontra-se uma conceituação do que é um poço, como ele é construído e a nomenclatura que o define univocamente.

11.1   Parque de refino nacional

A primeira refinaria brasileira foi a Ipiranga (RS), construída na época em que o país ainda não havia encontrado petróleo e o objetivo era comprar petróleo bruto para refiná-lo em território nacional, em vez de comprar 100% dos derivados, como já ocorria desde o início do século XX. A primeira refinaria estatal foi a RLAM (BA), que entrou em funcionamento antes mesmo da criação da Petrobras. As refinarias REMAN e RECAP eram inicialmente pertencentes a grupos privados e, em 1971 e 1974, respectivamente, foram compradas pela Petrobras.

Após a abertura do mercado do petróleo, no final do século XX, duas novas refinarias privadas foram criadas, a UNIVEN e a DAX, voltadas para o processamento do petróleo produzido por pequenos produtores de campos marginais do Norte e Nordeste do país e, eventualmente, volumes importados. Campos marginais são aqueles com produção de óleo inferior a 500 bpd e produção de gás menor que 70 mil m³/dia.

Na Tabela 11.1 são apresentadas as refinarias em atividade no país. A refinaria Manguinhos está operando com carga reduzida por limitações de capital de giro. O governo do estado do Rio de Janeiro pensou em desapropriar o terreno em que ela está instalada e transformá-lo em zona residencial e de lazer, mas, posteriormente, desistiu. Depois de mais de cinco décadas de funcionamento, teme-se que o solo esteja encharcado com produtos tóxicos e inflamáveis, o que demandaria uma recuperação ambiental cara e cuidadosa.

Há uma forte concentração da capacidade de refino na região Sudeste (mais de 60%), seguida pelas regiões Sul (quase 20%) e Nordeste (17%). Só o estado de São Paulo refina quase 42% do total nacional. Assim, a região Nordeste apresenta um déficit de refino que será atendido pela construção de novas unidades da Petrobras nos próximos anos.

Tabela 11.1 – Refinarias brasileiras			
Refinaria	Local	Capacidade. (bbl)	Início de operação
REPLAN	Paulínia (SP)	415.100	1972
RLAM	São Francisco do Conde (BA)	323.000	1950
REVAP	São José dos Campos (SP)	251.600	1980
REDUC	Duque de Caxias (RJ)	242.100	1961
REPAR	Araucária (PR)	207.500	1976
REFAP	Canoas (RS)	201.200	1969
RPBC	Cubatão (SP)	169.800	1955
REGAP	Betim (MG)	151.000	1968
RECAP	Mauá (SP)	53.400	1954
REMAN	Manaus (AM)	46.000	1956
RPCC	Guamaré (RN)	37.800	1985
LUBNOR	Fortaleza (CE)	8.200	1966
Riograndense	Rio Grande (RS)	17.000	1938
Manguinhos	Rio de Janeiro (RJ)	14.000	1954
UNIVEN	Itupeva (SP)	9.100	2003
DAX	Camaçari (BA)	2.100	2010

A refinaria Abreu Lima (RNEST) está sendo construída na região de Suape, em Ipojuca (PE), com obras de dragagem no porto para permitir que os navios aportem próximo à refinaria. A RNEST, um investimento que poderá alcançar US$ 18 bilhões, processará 230 mil bpd de petróleo pesado, e o óleo diesel representará 70% do volume obtido de derivados, além de nafta, coque e GLP. O primeiro trem (115 mil bpd) deve começar a operar em novembro de 2014, e o segundo (115 mil bpd), em maio de 2015. Houve a possibilidade de participação da estatal venezuelana PDVSA no projeto, mas não foi concretizada.

Serão construídas duas unidades Premium, no Maranhão e Ceará, inicialmente previstas para produzir derivados voltados para a exportação. Porém, nos últimos anos, o consumo de derivados no Brasil cresceu muito, bem acima da média mundial, em função do desenvolvimento econômico e social que o país experimentou, além da contenção no preço de alguns derivados. Assim, as novas refinarias deverão atender prioritariamente o mercado doméstico e deverão ter parceiros estrangeiros.

A unidade maranhense (Premium 1) está sendo construída em Bacabeira e será a maior do país, alcançando 600 mil bpd, em duas fases iguais de 300 mil bpd: a primeira operará em outubro de 2017, e a segunda, três anos depois, e poderá ter a participação da chinesa Sinopec. A unidade do Ceará (Premium 2) será construída no complexo industrial e portuário de Pecém, no município de Caucaia, e refinará 300 mil bpd no seu primeiro trem (dezembro de 2017). Ambas produzirão principalmente óleo diesel.

O COMPERJ, em construção em Itaboraí (RJ), irá processar o óleo pesado extraído da Bacia de Campos, sendo o maior projeto individual já realizado pela Petrobras, com investimento que poderá atingir R$ 26,6 bilhões. A previsão para o início de operação do primeiro trem (165 mil bpd) é agosto de 2016, e a do segundo (300 mil bpd), janeiro de 2018. Serão gerados produtos petroquímicos básicos de primeira e segunda gerações.

11.2 Conteúdo local (CL)

O conteúdo local vem sendo utilizado como critério para a definição do proponente vencedor das licitações de blocos de petróleo desde 1999 e é uma forma de proteger os fornecedores de bens e serviços nacionais, estimulando as compras no mercado local, constituindo-se num processo de substituição de importações.

O objetivo maior é desenvolver a indústria nacional, no que segue comportamento já empregado por diversos países, como Estados Unidos, Rússia, Noruega, México e Angola, entre outros. De forma complementar, o CL auxilia o desenvolvimento tecnológico, a geração de empregos e renda e a capacitação da mão de obra (Quintans, 2010). A ANP estima que os investimentos em bens e serviços para o setor de petróleo no Brasil chegarão a US$ 500 bilhões entre 2013 e 2023, com mais da metade das encomendas sendo feitas à indústria nacional.

Assim, o concessionário do bloco deve incluir fornecedores brasileiros entre os convidados a apresentar propostas, disponibilizar especificações em língua portuguesa e assegurar preferência ao fornecedor brasileiro no caso de preço, prazo e qualidades serem mais favoráveis ou equivalentes aos fornecedores estrangeiros. Para o concessionário do bloco, essa política pode representar redução de custos logísticos, proximidade com os fornecedores e assistência técnica local.

O CL pode ser expresso numericamente pela expressão:

$$\%CL = 1 - (Y / (X+Y)) \qquad \text{equação 11.1}$$

onde:
- X = valor da mão de obra brasileira + equipamentos nacionais (em R$);
- Y = valor da mão de obra estrangeira + equipamentos importados (em R$).

Nas várias licitações promovidas pela ANP sob o modelo de concessão, o CL foi sempre um dos critérios considerados, variando seu peso entre 15% e 40%, que era desdobrado nas fases de exploração e desenvolvimento. Nas quatro primeiras rodadas, o peso do CL foi de apenas 15%, o que fez com que os índices de comprometimento com os fornecedores nacionais também fossem baixos.

Devido a isso, nas rodadas seguintes, foi estipulado um percentual mínimo de CL para cada um dos três tipos de blocos (terrestres, em águas rasas e em águas profundas), e o peso do CL para a definição dos vencedores dos leilões foi elevado para 40%, sendo 15% para a fase de exploração e 25% para a de desenvolvimento. Isso provocou um imenso aumento nos níveis de CL ofertados, como pode ser observado na Tabela 11.2, obtida a partir de dados da ANP.

Tabela 11.2 – Ofertas de conteúdo local por rodada de licitação (%)												
	1	2	3	4	5	6	7	8	9	10	11	12
Exploração	25	42	28	39	79	86	74	–	69	79	63	73
Produção	27	48	40	54	86	89	81	–	77	84	76	84

Fonte: ANP

Embora essas mudanças tendessem a ser positivas para a indústria e o mercado de trabalho nacionais, elas trouxeram imperfeições na aferição real desse comprometimento. Assim, uma empresa poderia prometer um CL elevado para vencer a licitação, mesmo sabendo que tal índice não poderia ser alcançado, e, posteriormente, não cumpri-lo, alegando que a indústria nacional não se capacitara adequadamente ou sujeitando-se a pagar uma multa, pequena em relação aos possíveis lucros da exploração do bloco.

Como consequência, já na sétima rodada, o item CL teve seu peso reduzido para 20% no cálculo que definia o vencedor da licitação (5% para a fase de exploração e 15% para a de produção). Foi estabelecido também um limite máximo de CL a ser ofertado para cada classificação de bloco. Dessa forma, foi criada uma faixa de percentuais de CL (valores mínimo e máximo fixos) que serviam de limite para a pontuação das ofertas.

Conforme a Tabela 11.3 (Santos, 2013), a ANP estabeleceu índices mínimos mais altos para os campos terrestres (equipamentos menos sofisticados que poderiam mais facilmente ser atendidos pela indústria nacional) e para a fase de desenvolvimento (etapa posterior em que a indústria nacional já estaria mais bem preparada). Os itens de maior valor agregado e maior complexidade tecnológica são, em geral, importados ou fabricados no país por subsidiárias de empresas estrangeiras.

Tabela 11.3 – Percentuais de conteúdo local nas rodadas sob o regime de concessão						
	Classificação	Profundidade	Exploração		Desenvolvimento	
			Mínimo	Máximo	Mínimo	Máximo
Rodadas 5 e 6	Águas profundas	Mais de 400 m de lâmina d'água	30%	–	30%	–
	Águas rasas	Até 400 m de lâmina d'água	50%	–	60%	–
	Terra	–	70%	–	70%	–
Rodadas 7 a 12	Águas profundas	Mais de 400 m de lâmina d'água	37%	55%	55%	65%
	Águas rasas	De 100 a 400 m de lâmina d'água	37%	55%	55%	65%
	Águas rasas	Até 100 m de lâmina d'água	51%	60%	63%	70%
	Terra	–	70%	80%	77%	85%

Fonte: ANP

Também foi instituído um conceito de penalidade para o não cumprimento das obrigações acordadas nos contratos de concessão, que são multas proporcionais à parcela de CL não cumprida, o que conduziu a propostas mais realistas e factíveis. Essas regras permaneceram até a 12ª rodada e, com tais alterações, os percentuais de CL ofertados pelas empresas caíram, mas permaneceram bem superiores aos das quatro rodadas iniciais.

Como exemplo, se a parcela de CL acordada para um determinado bem foi de 70% e a efetivamente realizada foi de 56%, o percentual não realizado (%NR) corresponde a: (0,70 – 0,56) / 0,70 = 20%. Para %NR inferior a 65% é aplicada multa (M) correspondente a 60% do valor do referido bem; caso o %NR seja igual ou superior ao limite de 65%, o valor da multa em relação ao bem será calculado por: M = (8 * %NR – 1) / 7. A Figura 11.1 apresenta graficamente esse cálculo.

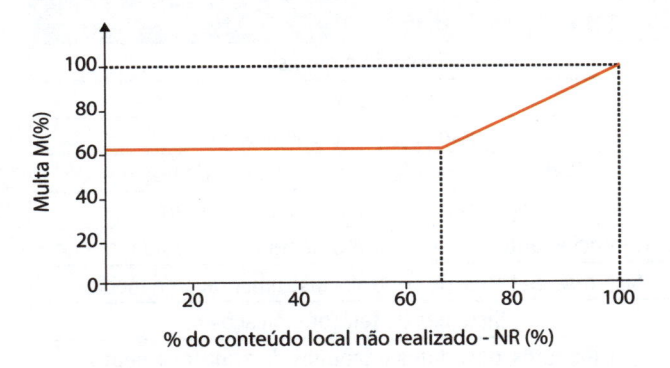

Figura 11.1 – Fator multiplicador para o cálculo da multa do conteúdo local
Fonte: Santos, 2013

Em 2007 a ANP implementou o Sistema de Certificação de Conteúdo Local, emitindo quatro resoluções (36, 37, 38 e 39) que definiram os procedimentos para a aferição e controle dos índices de CL. Para comprovar os investimentos nacionais é necessária a contratação de uma empresa certificadora, homologada pela ANP, que efetua a análise de toda a documentação referente aos serviços realizados, aos equipamentos utilizados e às pessoas executantes e emite relatórios trimestrais para a agencia reguladora (Santos, 2013).

A Resolução 36 define os critérios e procedimentos para execução das atividades de certificação de conteúdo local. Indica as informações que um certificado deve conter e os prazos para sua entrega. O percentual de CL é calculado para cada uma das categorias: bens, bens de uso temporal, serviços e sistemas. Na classe "bens" são considerados equipamentos, máquinas e instrumentos adquiridos para uso em alguma atividade a partir de alguma fonte de energia. Os bens que são alugados, afretados ou arrendados são classificados como "bens para uso temporal". Os "sistemas" são grupo de equipamentos, máquinas ou materiais que, em conjunto, realizam uma função específica; e os "subsistemas" são sistemas que compõem outro maior ou mais complexo.

A Resolução 37 define os critérios e procedimentos para cadastramento e credenciamento das entidades certificadoras, que é realizado por áreas ou categorias de atividade (habilitação a exercer certificação), conforme a Tabela 11.4. As empresas devem comprovar que possuem qualificação técnica, jurídica e financeira para exercer tal atividade, e o credenciamento é valido por quatro anos, podendo ser renovado. Atualmente há cerca de vinte certificadoras credenciadas pela ANP, localizadas no Rio de Janeiro, São Paulo e Bahia.

Tabela 11.4 – Categorias para cadastramento de entidades certificadoras	
Código da área de atividade	Área de atividade
Ge001	Geologia e geofísica
Pe001	Sondas de perfuração
Pe002	Apoio logístico e operacional
Pe003	Perfuração, completação e avaliação de poços
En001	Engenharia básica e de detalhamento
En002	Gerenciamento, construção, montagem e comissionamento
En003	Sistemas elétricos, de controle, instrumentação e medição
En004	Sistemas de telecomunicações
Es001	Oleodutos, gasodutos e tanques de armazenamento
Es002	Bombas de transferência
Up001	Unidades de compressão
Up002	Unidades de geração de energia elétrica
Up003	Unidades de geração e injeção de vapor
Up004	Unidades de tratamento e injeção de água
Es003	Equipamentos e controle submarinos: linhas rígidas, flexíveis, umbilicais e *manifolds*
Es004	Monoboias e quadro de boias
Up005	Sistema de processamento e tratamento de óleo
Up006	Sistema de processamento e tratamento de gás natural
Up007	Construção naval (casco, *turret*, ancoragem e sistemas navais)
Up008	Segurança operacional
En008	Obras civis e utilidades

A Resolução 38 define os critérios e procedimentos de auditoria nas certificadoras quanto aos documentos emitidos e ao cálculo de CL. Em caso de alguma inconsistência, podem ser aplicadas punições como advertência, suspensão e descredenciamento.

A Resolução 39 define a periodicidade, formatação e conteúdo dos relatórios de investimentos locais realizados nas atividades de exploração e desenvolvimento da produção. Para cada fase há uma lista de categorias e subcategorias, nas quais os gastos realizados no trimestre devem ser classificados; eles são separados em parcela "Nacional" e parcela "Estrangeira", levando em consideração os percentuais de CL já certificados. Os itens controlados são: "geologia e geofísica", "perfuração, avaliação e completação", "apoio operacional", "sistema de coleta de produção" e "unidade estacionária de produção"; os subitens alcançam algumas dezenas. A Tabela 11.5 apresenta uma planilha para cálculo do CL em um bloco marítimo.

Entretanto, alguns participantes do mercado de petróleo consideram que a indústria nacional ainda não está capacitada a ofertar um percentual elevado de itens necessários, o que provoca aumento nos preços, qualidade inferior de bens/serviços e atraso nos prazos de entrega, contribuindo para a perda de competitividade. Alguns segmentos são menos competitivos ou pouco atrativos para que investimentos sejam feitos objetivando o aumento de capacidade.

Entre os itens mais críticos estão: serviços de sísmica que utilizam *softwares* estrangeiros para aquisição e interpretação, brocas especiais que ainda não são fabricadas no Brasil, e afretamento de sondas, que representa um valor de custo muito alto. Para solucionar esses problemas, as companhias de petróleo procuram auxiliar seus fornecedores, para que estes possam ampliar seu portfólio e capacidade de produção. Esses incentivos devem atingir os vários elos da cadeia produtiva, chegando também aos fornecedores dos fornecedores.

Também o processo de controle, certificação, prestação de contas e auditorias é detalhado e trabalhoso, onerando principalmente as empresas de menor porte. As multas aplicadas às operadoras são calculadas em três níveis (global, por item, por subitem) e, até a décima rodada, tinham caráter cumulativo, o que podia gerar multas milionárias, levando até a inviabilização da continuidade de operação em um bloco. Isso foi alterado a partir da 11ª rodada.

Para as próximas rodadas, as companhias de petróleo pleiteiam com a ANP a redução dos percentuais mínimos de alguns itens em que entendem que a indústria nacional não acompanhou o nível de investimento da atividade de petróleo e gás. Pedem ainda que as empresas que excederem os níveis de CL prometidos recebam bônus por isso e que os valores referentes a multas sejam reaplicados no setor em vez de serem encaminhados ao Tesouro Nacional. E, também, que os investimentos em P&D no país sejam convertidos em créditos de CL.

Tabela 11.5 – Planilha para cálculo do conteúdo local em bloco marítimo de águas profundas

ÁGUAS PRODUNDAS > 400 metros				SETOR		BLOCO		
Sistemas	CL sistema (%)			Subsistemas	Item	Peso do item no custo do empreendimento (%)	CL ofertado no item (%)	CL mínimo item (%)
	Mínimo	Ofertado	Máximo					
Exploração	37	Valor deverá ser entre 37 e 55	55	Geologia e Geofísica	Interpretação e processamento			40
					Aquisição			5
				Perfuração, Avaliação e Completação	Afretamento Sonda			10
					Perfuração + completação (obs. 1)			30
					Sistemas auxiliaries (obs. 2)			55
		0		Apoio operacional	Apoio logístico (marítimo/aéreo/base)			15
				Total na fase de exploração		0		
Desenvolvimento	55	Valor deverá ser entre 55 e 65	65	Perfuração, Avaliação e Completação	Afretamento Sonda			10
					Perfuração + Completação (obs. 3)			30
					Sistemas auxiliaries (obs. 4)			55
					Apoio logístico			15
					Árvore de Natal			85
		0		Sistema de Coleta da Produção	Umbilicais			40
					Manifolds			80
					Linhas de produção/injeção flexíveis (Flowlines, Risers)			80
					Linhas de produção/injeção rígidas			100
					Dutos de escoamento			100
					Sistema de controle submarine			50
					Engenharia básica			50
					Engenharia de detalhamento			95
					Gerenciamento, construção e montagem			60
				UEP	Engenharia Básica			50
					Engenharia de Detalhamento			95
					Gerenciamento, construção e montagem			60
					Casco			80
					Sistemas navais			50
					Sistema múltiplo de ancoragem			70
					Sistema simples de ancoragem			30
					Instalação e integração dos módulos			95
					Pré-instalação e Hook-up das linhas de ancoragem			85
				Plantas (obs. 6)	Engenharia Básica			50
					Engenharia de Detalhamento			95
					Gerenciamento de service			90
					Materiais (obs. 5)			75
					Construção e montagem			95

11.3 Unitização

Embora os blocos licitados pelos agentes reguladores sejam polígonos definidos na superfície sem restrições de profundidade, as jazidas minerais, na subsuperfície, não necessariamente estão contidas num único bloco, podendo estender-se para blocos pertencentes a outros concessionários ou regiões ainda não ofertadas à exploração de hidrocarbonetos. No início da indústria do petróleo, era seguida a "Regra da Captura", pela qual o proprietário de um bloco podia, através de um poço situado em sua propriedade, produzir todo o óleo do reservatório, mesmo que parte dele fosse oriundo de uma região situada num bloco que não lhe pertencesse.

Mas isso pode conduzir à concorrência predatória e à perfuração defensiva de poços, objetivando minimizar o tempo de retorno dos investimentos realizados e apropriar-se do petróleo situado num bloco vizinho. Esse problema já havia sido levantado na literatura infantil brasileira, no livro *O poço do visconde*, de Monteiro Lobato, em que os vilões da história compravam terrenos contíguos ao do Sítio do Pica-Pau Amarelo para perfurar poços direcionais e roubar o petróleo contido nas terras de Dona Benta. Mas, na realidade, o problema só surgiu no Brasil após a quebra do monopólio, pois até então todas as bacias eram exploradas por uma única empresa, a Petrobras.

É necessário um mecanismo jurídico que discipline a atuação dos vários participantes envolvidos nas áreas em que está contida a jazida, garantindo uma exploração unificada e compartilhada, que otimize os recursos empregados e garanta uma distribuição de lucros entre as partes tão justa e proporcional quanto possível (interesse particular). E, ao mesmo tempo, proporcione o aproveitamento máximo da reserva, evitando o desperdício advindo de uma baixa recuperação e oferecendo um melhor resultado para a União (interesse público).

Esse mecanismo é a unitização, um acordo de cooperação, voluntário ou compulsório, entre os detentores de direitos em áreas sobre um reservatório. Tais acordos surgiram no direito norte-americano no século passado (década de 1930 para reservas de gás e década de 1940 para as de petróleo) e, a partir daí, se espalharam para todo o mundo (Bucheb, 2007).

Para complicar mais a situação, um reservatório de petróleo pode estar contido no subsolo de países diferentes, o que obriga a uma unitização entre Estados soberanos, que podem seguir legislações muito díspares. Vários exemplos podem ser citados: no Mar do Norte, Grã-Bretanha e Noruega fizeram acordos para os campos de Frigg, Statfjord e Murchison; Grã-Bretanha e Holanda fizeram o mesmo para o campo de Markham. Mas há casos de insucesso, e a situação se agrava quando as fronteiras internacionais não estão bem delimitadas, podendo levar a conflitos armados, como ocorreu entre Iraque e

Kuwait na década de 1990, quando este último foi acusado de estar drenando reservas iraquianas no campo de Rumaila. Existem discussões também no Mar do Sul da China entre a China e o Vietnã, e entre Rússia e Noruega a respeito de áreas no Oceano Ártico e Mar de Barents.

No Brasil, com os blocos menores licitados a partir da quinta rodada (2003), aumentou a importância da unitização. Para campos situados em blocos de concessionários distintos, a negociação é obrigatória e a operação deve ser efetuada de forma conjunta, unificada, para garantir a recuperação eficiente do reservatório; para tanto, é criado um plano de desenvolvimento para toda a área, como se fosse um único bloco. O processo precisa da concordância da ANP e inclui a definição do operador, a individualização da produção (percentual de participação de cada empresa envolvida) e hipóteses/critérios de revisão. Caso não haja acordo entre as partes, a ANP determina uma solução compulsória, baseada em laudo arbitral.

A unitização é uma tarefa complexa, que envolve valores financeiros elevados e questões técnicas que demandam vários especialistas buscando prever as condições e comportamento futuro do reservatório (quinhão justo). Com o desenvolvimento do campo, novas informações são obtidas e a produção real pode se afastar das condições inicialmente previstas. Por isso podem ser feitas revisões, a chamada redeterminação, com efeitos que retroagem à data de celebração do acordo para individualização da produção (Bucheb, 2007).

Há um fator complicador quando os blocos envolvidos na unitização são de licitações diferentes com regras distintas. Isso poderá se agravar com a existência de blocos licitados sob o regime de concessão e outros blocos sob regime de partilha, além da cessão onerosa. Há ainda consequências em termos de apuração de participações governamentais, especialmente da participação especial, que onera os campos de maior produtividade.

A ANP entendeu que Piracaba e Baúna constituem um único campo. A agência reguladora e a Petrobras discutem sobre a unitização dos campos de Lula e Cernambi. Se houver a decisão de que eles formam uma única jazida, os valores de participação especial serão bem superiores, pois a produção da concessão única será naturalmente maior do que se fossem consideradas duas independentes. A demanda poderá ser levada à Corte Internacional de Arbitragem da Câmara Internacional de Comércio.

Caso semelhante ocorreu na bacia do Espírito Santo, onde a ANP considera que sete campos na área do Parque das Baleias devem ser unificados. Inicialmente, na exploração do pós-sal, os reservatórios eram isolados, mas, quando da exploração no pré-sal, constatou-se que toda a área forma um reservatório único.

Em novembro de 2013, a ANP aprovou o processo de individualização da produção dos campos de Xerelete e Xerelete Sul, descobertos em dois diferentes blocos da Bacia de Campos. Petrobras e BP Energy serão sócias da Total na operação da área unitizada.

No início de 2014, iniciou-se a discussão da acumulação Gato do Mato no bloco BM-S-54, explorada pela Shell sob o regime de concessão: a reserva se estende para uma área ainda não licitada, mas incluída no polígono do pré-sal. Em casos que envolvam áreas do pré-sal ainda não licitadas, a PPSA representará os interesses da União.

11.4 Petroquímica

A petroquímica é a parte da indústria química que transforma derivados de petróleo (nafta), gás natural (metano e etano) e GLP (propano, butano e mistura desses) em bens de consumo e bens industriais. Os produtos advindos da primeira geração (petroquímica básica) são obtidos pelo craqueamento de matérias-primas como a nafta ou oriundos do gás, e são os petroquímicos básicos como as olifenas (eteno, buteno, propeno, butadieno) e os aromáticos (benzeno, para-xileno).

Na etapa seguinte (petroquímica final), obtêm-se os produtos de segunda geração, basicamente polímeros e resinas termoplásticas, como polietilenos (PE), polipropileno (PP) e policloreto de vinila (PVC). Estes, por sua vez, serão utilizados pelas indústrias de transformação (terceira geração) na elaboração de artigos para o consumo público, como embalagens, filmes, tubos, cabos, fios, pneus, brinquedos etc.

As empresas de primeira e segunda geração tendem a se concentrar geograficamente, junto às refinarias que fornecem a matéria-prima. Formam polos, onde compartilham serviços básicos de infraestrutura e são facilitadas as trocas de matérias-primas e produtos.

A petroquímica é uma atividade intensiva em capital e tecnologia, com investimentos e custos operacionais elevados. Necessita de escala mínima de produção para manter-se competitiva, visando a obter ganhos de escala e taxas de ocupação, em geral, a partir de 90%. Em ciclos de demanda reprimida, as unidades menos eficientes tornam-se economicamente inviáveis e são fechadas. Os investimentos ocorrem em degraus, com a construção de novas unidades em ciclos de oito a dez anos, o que gera momentos de escassez ou excesso de produção. Na hora de investir, é importante sair na frente dos concorrentes, pois as margens são altas mas decrescentes. A concorrência é acirrada em termos mundiais, devido à globalização, o que conduz a um processo de concentração, com menos e maiores empresas. A China é o grande e crescente mercado consumidor e produtor (Litewski, 2012).

Como os produtos finais são materiais de consumo, a demanda é fortemente influenciada pelo ambiente econômico, beneficiando-se da expansão de renda e da vitalidade empresarial. O preço dos produtos finais é fortemente influenciado pelo do petróleo, já que a matéria-prima responde por até 60% do custo final. A integração refino/petroquímica agrega muito valor à cadeia, pela captura de margens e diversificação de produtos, podendo triplicar do petróleo cru até as resinas.

No século XXI, tem havido uma migração geográfica de produção e consumo, com plantas sendo fechadas na Europa enquanto outras, mais modernas e eficientes, são criadas no Oriente Médio (usando o gás disponível) e Ásia (a partir da nafta). A Arábia Saudita está construindo, na região leste do país, um dos maiores complexos petroquímicos do mundo, almejando que sua estatal, a Saudi Aramco, se transforme na líder de produtos petroquímicos. Os Estados Unidos recuperam sua competitividade com o desenvolvimento do *shale gas*, e grandes plantas de eteno (oriundo do etano do *shale gas*) permitem obter polímeros com custo bem inferior ao da nafta. Com isso, petroquímicas se instalam nos Estados Unidos, o que seria impensável no início do atual século.

No Brasil, a petroquímica começou a tomar corpo com a criação da Petroquisa (subsidiária da Petrobras), em 1967, e a implantação do modelo de associação tripartite: Estado (através da Petroquisa), empresário nacional e parceiro estrangeiro, que, em geral, aportava a tecnologia. As empresas constituídas eram separadas, e nos anos 1970 e 1980, foram instalados os três polos nacionais, em Camaçari (BA), Capuava (SP) e Triunfo (RS), que tinham como centrais de matérias-primas, respectivamente, a Petroquímica União (PQU, de 1972), a Companhia Petroquímica do Nordeste (Copene, de 1978) e a Companhia Petroquímica do Sul (Copesul, de 1982).

Nos anos 1990, com o advento dos governos liberais, pôs-se fim ao modelo até então desenvolvido e foi reduzida a participação do Estado, com a Petroquisa ficando com participações minoritárias em algumas empresas. A seguir houve o crescimento do grupo baiano Odebrecht (que entrara na petroquímica em 1979), o qual adquiriu várias empresas do polo de Camaçari – com destaque para a Copene, em 2001 – e criou a Braskem, em 2002, que cresceu intensamente, incorporando quase toda a petroquímica nacional, após inúmeras fusões e aquisições, como da OPP Química, Nitrocarbono e Trikem.

Em 2005 a Ipiranga foi adquirida por um grupo formado por Petrobras, Braskem e Ultra, e sua parte petroquímica ficou com as duas primeiras. No mesmo ano a Petrobras comprou os ativos do grupo Suzano e, no ano seguinte, juntou-se à Unipar para constituir a Quattor. Esta foi incorporada pela Braskem em 2010, consolidando a petroquímica numa grande empresa, com 36 unidades, sendo sete no exterior (cinco nos Estados Unidos e duas na Alemanha) e produção anual de 16 milhões de toneladas entre resinas e outros produtos químicos (site da Braskem). Em resinas, a empresa está entre as dez maiores do mundo, é a maior das Américas, quase monopolista no país e tem participação acionária da Odebrecht (54%) e da Petrobras (46%).

Em 2005 foi inaugurada a Rio Polímeros, no primeiro polo gás-químico do país, em Duque de Caxias (RJ), e em 2007 foi constituído o polo de Suape (PE), que garantiu a autossuficiência do país em resinas PET, polímero termoplástico muito utilizado na indústria de bebidas. Está em construção o COMPERJ, em Itaboraí (RJ), que disponibilizará produtos petroquímicos básicos de primeira e segunda gerações.

No Brasil, a principal matéria-prima petroquímica é a nafta, com quase 80% de participação, sendo que mais da metade do volume consumido é importado. A nafta deve atender a requisitos de qualidade, como possuir baixo teor de contaminantes, ser quimicamente estável e não ser corrosiva.

A petroquímica é responsável por 60% do faturamento da indústria química nacional, e a principal matéria-prima no país é a nafta, com 80% de participação. O consumo *per capita* ainda é baixo (em torno de 30 kg/habitante), mas com grande potencial de crescimento: tem se expandido a 3% ao ano, principalmente PP e PET. Quase 40% do mercado é atendido por importações (que provocam déficit comercial elevado) e a capacidade de produção nacional é concentrada no Sul-Sudeste (com cerca de 67%).

Em 2013 o governo federal estimulou a indústria química nacional com a desoneração fiscal (redução de PIS e Cofins) de produtos como a nafta petroquímica.

As principais tendências para a atividade no país são:

- Integrar refino e petroquímica agregando valor à cadeia (15% da capacidade de refino destinam-se à petroquímica).
- Aumentar a competitividade da indústria nacional diante das empresas internacionais, garantindo seu papel relevante.
- Aumentar escala de produção e ganhar sinergias.
- Ampliar a capacidade de captação de recursos e realizar investimentos de expansão.
- Proporcionar estrutura de capital mais adequada.
- Garantir investimentos de longo prazo para atender o crescente mercado doméstico.
- Melhorar o desempenho da balança comercial brasileira.
- Gerar empregos, principalmente no segmento de transformação do plástico.
- Aumentar investimentos em P&D.

11.5 Fertilizantes

Fertilizantes são substâncias orgânicas (esterco animal, resíduos de colheita) ou minerais, naturais ou sintéticas, que fornecem nutrientes às plantas. Os macronutrientes primários são nitrogênio, fósforo e potássio, usados em misturas ou como elementos simples. A função dos fertilizantes é manter ou ampliar o potencial produtivo do solo, repondo os elementos retirados em cada colheita. Sua eficácia é mensurada pela produtividade da lavoura em que são utilizados: maior quantidade e qualidade do que é plantado e menor tempo, área e custo de cultivo. Os fertilizantes minerais apresentam maior concentração de nutrientes e qualidade mais consistente que os orgânicos.

As unidades de fertilizantes processam gás natural, nafta e resíduos asfálticos para a produção de amônia e ureia, que são utilizadas na agricultura (fertilizantes), pecuária (suplemento proteico alimentar), indústria química e petroquímica.

A amônia é matéria-prima para a produção de fertilizantes nitrogenados (ureia, sulfato de amônio e nitrato de amônio) e fertilizantes fosfatados (fosfato monoamônico e fosfato diamônico). É usada também na indústria alimentícia e na produção de desinfetantes, tinturas de cabelo, materiais plásticos, couro e explosivos. A ureia pode ser usada na produção de cosméticos, medicamentos, resinas, colas e hidratantes corporais. Outro fertilizante nitrogenado, o sulfato de amônio, também é utilizado na produção agrícola (Fatos e Dados Petrobras, 2013).

A primeira fábrica de fertilizantes minerais no mundo surgiu na Inglaterra em 1842. No início do século XX, Fritz Harber e Carl Bosh criaram o processo de síntese da amônia a partir do hidrogênio e nitrogênio, proporcionando a produção de fertilizantes nitrogenados; nesse período a agricultura passou de atividade de subsistência para operação comercial.

Na segunda metade do século passado, houve uma difusão tecnológica na produção de alimentos nos países pobres, a chamada "revolução verde", que envolveu, além da adição de fertilizantes, técnicas apropriadas de cultivo e manejo, rotação de culturas, correção de acidez do solo, irrigação, manejo integrado de pragas, uso de defensivos agrícolas e de sementes geneticamente modificadas (Sohr, 2009).

No século atual, a população tem aumentado, chegando a 7 bilhões de habitantes, e se alimentado de forma mais farta, com a taxa de crescimento do consumo de alimentos sendo superior à do crescimento populacional. Cresce especificamente o uso de proteína animal, que requer mais grãos para sua produção e, por consequência, um maior consumo de fertilizantes.

Isso ocorre principalmente nos países em desenvolvimento e pode ser atribuído ao crescimento econômico, à urbanização e à melhoria na distribuição de renda, que permitiram a ascensão de populações que viviam abaixo da linha de pobreza. Assim, o preço dos alimentos vem subindo e, com as restrições de terras agricultáveis, o aumento da produção virá da melhor produtividade dos solos. Na exportação de alimentos, as barreiras tarifárias vêm sendo substituídas pelas não tarifárias, como padrões de qualidade e de segurança, demandando maior monitoramento e fiscalização (Costa; Silva, 2012).

Isso fez com que o uso de fertilizantes aumentasse numa média de 2% ao ano, sendo que os nitrogenados representam 60% do total. China, Índia e Estados Unidos são os maiores produtores e, também, exportadores. A indústria de fertilizantes é intensiva em capital e precisa de escala.

No Brasil, a primeira fábrica de amônia remonta a 1958; em 1971 foi criada a primeira fábrica nacional de ureia. Em 1970 foi constituída a Ultrafértil, que foi o maior complexo de fertilizantes da América Latina e, quatro anos depois, teve seu controle acionário assumido pela Petrobras. A atividade de fertilizantes se expandiu nos anos 1970 e 1980, mas sofreu um enfraquecimento nos anos 1990, quando a Ultrafértil (como outras empresas pertencentes à Petrobras Fertilizantes) foi privatizada e, posteriormente, incorporada à Fosfértil, fazendo parte do grupo Bunge, que, em 2010, a vendeu à Vale Fertilizantes.

A utilização de fertilizantes é extremamente importante no Brasil pela ocorrência de solos de baixa qualidade, havendo necessidade de construir sua fertilidade. Mesmo na região Centro-Oeste, onde são encontradas áreas planas e de fácil mecanização, a qualidade do terreno não é boa, necessitando de grande quantidade de fertilizantes Nos solos ácidos a absorção de nutrientes é dificultada, e a fertilização torna-se mais cara. Mas o país possui um clima diversificado, chuvas regulares e abundância de energia solar e água.

O Brasil é o quarto maior consumidor de fertilizantes do mundo (29,6 milhões de toneladas em 2012), e sua taxa de consumo por unidade de área ainda é baixa, mas vem aumentando em taxas superiores à média mundial. Permanece como grande importador de amônia (mais de 50% do consumo nacional) e ureia (60%), o que prejudica a balança comercial e coloca em risco a segurança alimentar. Para o custo total contribui também o frete marítimo, devido aos altos custos portuários e à demora nas operações de descarga.

A atividade é fortemente ligada ao agronegócio voltado para a exportação, como soja, milho, cana-de-açúcar, café, algodão e laranja, que concentram 75% do consumo nacional de fertilizantes. Aqui são utilizados mais fertilizantes à base de potássio (cerca de 40% do total) devido ao peso da cultura da soja, que é responsável por mais de um terço do total de fertilizantes usados no Brasil. O país é o segundo maior produtor mundial de soja (81,456 milhões de toneladas na safra 2012-2013), e Mato Grosso é o principal estado produtor, com quase 30% da safra nacional. Arroz, milho e soja representam mais de 90% da safra agrícola nacional e respondem por mais de 85% da área colhida.

O Brasil possui apenas uma usina de potássio, situada em Sergipe (complexo Taquari-Vassouras) e pertencente à Vale, que atende menos de 10% do consumo nacional. As importações vêm principalmente de Canadá, Rússia e Bielorrússia. Já as reservas de fósforo estão concentradas em Minas Gerais.

As quatro principais fábricas de fertilizantes do Brasil localizam-se em Laranjeiras (SE), Camaçari (BA), Araucária (PR) e Cubatão (SP). As três primeiras pertencem à Petrobras e produzem tanto amônia quanto ureia, sendo que a de Araucária – situada junto à refinaria REPAR, no Paraná, que fornece sua matéria-prima – foi comprada da Vale em dezembro de 2012 por US$ 234 milhões. A de Cubatão é controlada pela Fosfértil, do grupo Vale, e produz apenas amônia.

Nesse segmento, três projetos estão sendo desenvolvidos: Três Lagoas (MS), com produção de ureia e amônia; Linhares (ES), ureia e metanol; e Uberaba (MG), amônia.

Com entrada em operação prevista para o segundo semestre de 2014, a planta de Três Lagoas (com capacidade de produção de 1,2 milhão de toneladas/ano de ureia e 761 mil toneladas/ano de amônia) será a maior da América Latina e permitirá dobrar a produção nacional de ureia, contribuindo significativamente para a redução das importações desse insumo essencial à produção agrícola. A demanda por fertilizantes tem se concentrado na região Centro-Oeste (Mato Grosso, Mato Grosso do Sul, sul e sudeste de Goiás), além do interior de São Paulo e norte do Paraná. Outra vantagem logística é a proximidade do gasoduto Brasil-Bolívia, já que o gás natural é um importante insumo para os fertilizantes.

A planta de Uberaba tem capacidade projetada de 519 mil toneladas/ano de amônia, investimento de cerca de R$ 2 bilhões e início da operação previsto para o primeiro semestre de 2017. Essa unidade provocou uma disputa entre os governos de Minas Gerais e São Paulo, com este último tentando levar a fábrica para São Carlos. Deverá ser construído um gasoduto entre Betim e Uberaba, com extensão de 470 km e custo estimado de R$ 1,8 bilhão, que será o maior duto de distribuição do país.

Em Laranjeiras (SE), está sendo construída uma planta de sulfato de amônio com capacidade para produzir 303 mil toneladas/ano, que deverá iniciar a operação em 2014.

11.6 Poço

O poço é uma ligação entre um ponto da superfície onde é posicionada a sonda – a locação – e um ponto na subsuperfície que se deseja atingir – o alvo ou objetivo – dentro de um raio de tolerância aceitável. Esses pontos são definidos por coordenadas (UTM) Universais Transversas de Mercator, sistema de coordenadas planas, bidimensional, que não considera a curvatura da Terra. A latitude X é informada em metros, considerando que, no Equador, X = 10.000.000, crescendo para o norte. Para a longitude Y, o globo terrestre é dividido em sessenta fusos de 6° cada. Dentro de cada fuso, o meridiano central recebe o valor de Y = 500.000, crescendo para leste.

Empregado a partir de fins do século XIX, oriundo de poços de água, o método de perfuração *rotativo* é hoje utilizado com quase total exclusividade na perfuração de poços de petróleo e gás natural. Usa uma broca, na extremidade inferior de uma coluna formada por tubos de aço, que recebe continuamente peso (de elementos mais pesados da coluna, chamados comandos ou *drill collars*) e rotação, de forma a fragmentar as rochas. O movimento rotacional pode ser gerado na superfície (mesa rotativa ou *top drive*) ou por motor de fundo. Por dentro dessa coluna é injetado um fluido sob pressão que passa pela broca e retorna pelo espaço entre a coluna e o poço (anular). As principais funções desse fluido são (Thomas, 2001):

- Remover os cascalhos das rochas já perfuradas, evitando o seu retrabalho e riscos de prender a coluna, permitindo o prosseguimento normal do avanço.
- Criar uma pressão hidrostática que impeça tanto o desmoronamento das formações atravessadas quanto a produção dos fluidos nelas contidos.
- Refrigerar a coluna, pois as profundidades são elevadas (coeficiente geotérmico) e o processo envolve arrastes e perdas de carga.

Periodicamente, quando se torna inviável técnica ou economicamente a sustentação das formações por esse fluido, são descidos os tubos de revestimento (tubos de aço especial de diâmetro pouco inferior ao do poço perfurado), que são posicionados no trecho aberto do poço e cimentados por meio da injeção de uma pasta de cimento e aditivos no espaço anular revestimento-poço. Naturalmente, a perfuração terá que prosseguir com uma broca de diâmetro menor, que passe por dentro do revestimento, o que constitui uma nova fase do poço.

Já durante a produção, um poço pode ser ou não surgente. Ele é surgente quando o mecanismo de produção (capa de gás, gás dissolvido, influxo de água, por exemplo) gera uma pressão de formação suficiente para escoar os fluidos pelo poço até a superfície. Caso a pressão não seja suficiente, há a necessidade de métodos de elevação artificial como o *gas lift*, bombeio mecânico ("cavalos de pau"), bombeio centrífugo ou bombeio por cavidades progressivas.

Um poço pode ser classificado quanto ao ambiente físico, trajetória e finalidade.

a) Ambiente físico

Quanto ao ambiente físico, os poços podem ser terrestres (*onshore*) ou marítimos (*offshore*).

As locações terrestres são definidas considerando a facilidade de acesso, e topografia existente. Os poços são mais simples tecnologicamente e mais baratos, embora possam se situar em locais de difícil acesso, como florestas, desertos e regiões polares; ou, ainda, demandar cuidados especiais em locações junto a centros urbanos. Quanto à profundidade, são considerados poços rasos, em geral, os que atingem até 1,5 mil metros; daí até 2,5 mil metros são poços médios, e a partir de então, poços profundos.

Nas locações marítimas são consideradas a profundidade da água (distância entre a superfície e o fundo do mar, anteriormente chamada de lâmina d'água), condições ambientais hostis (ondas, correntezas, ação dos ventos) e existência (ou previsão) de facilidades de escoamento, armazenamento e transferência (linhas e dutos) dos hidrocarbonetos que venham a ser produzidos. Os poços marítimos exigem sondas e equipamentos especiais, equipe maior, estrutura mais complexa para posicionamento, transporte e suprimento e operações mais sofisticadas.

A classificação é quanto à profundidade da água. Com até 300 metros (limite de mergulho), os poços são considerados rasos; a partir daí até 1,5 mil metros, são profundos; e, acima desse valor, são ultraprofundos.

A atividade de perfuração *offshore* é mais recente, tendo se iniciado de forma precária na década de 1920, mas alcançando significância somente nos anos 1950 no Golfo do México. No Brasil, o primeiro poço marítimo foi perfurado em 1968. Embora os campos terrestres e marítimos rasos sejam muito mais numerosos, os volumes de reservas e a produção média em águas profundas são muito maiores. Porém, o desenvolvimento da produção nesses campos requer dutos de coleta e de escoamento mais extensos e com diâmetros maiores do que aqueles tradicionalmente utilizados, acarretando a necessidade de navios de lançamento com maior capacidade de manuseio e maior autonomia de carregamento de dutos.

b) Trajetória

Quanto à trajetória, os poços podem ser verticais, direcionais ou horizontais.

O poço é *vertical* quando a projeção da locação sobre o plano x-y na profundidade do objetivo coincide com esse objetivo (só aumenta a cota z). Naturalmente, há um raio de tolerância aceitável em torno desse ponto. Isso porque dificilmente um poço é totalmente vertical, em virtude da dureza das formações perfuradas, da inclinação e direção das rochas atravessadas e das características de composição e desgaste da coluna de perfuração utilizada.

O poço é *direcional* quando intencionalmente se pretende alterar sua trajetória, gerando uma inclinação para que atinja o alvo. Assim, a partir de um trecho vertical é iniciado no *kickoff point* o processo de orientação da broca para ganho de ângulo (*buildup*), conforme a configuração pretendida.

As principais razões para perfurar um poço direcional são (Thomas, 2001):

- Objetivo a atingir situado em local de difícil acesso (alvo sob um lago, montanha, cidade ou abaixo de formação extremamente dura ou abrasiva; alvo sob o mar, mas próximo ao continente ou a uma ilha).
- Necessidade de controlar um poço já perfurado que esteja em erupção (*kick, blowout*): poços de alívio.
- Desvio de um poço muito tortuoso ou obstruído (pescaria), ou reaproveitamento de trecho de um anteriormente perfurado (compartilhamento).
- Perfuração em jaquetas, *templates* (no mar) ou *clusters* (em terra), proporcionando redução de tempo e custos de posicionamento, facilidade e economia no futuro sistema de produção e escoamento.
- Objetivo descoberto após o início da perfuração.

O poço *horizontal* é um caso particular do direcional quando a inclinação alcança 90°. Essa tecnologia surgiu na década de 1980, e em 1991 foi perfurado o primeiro poço horizontal *offshore* no Golfo do México.

As vantagens da utilização desse tipo de poço são:

- Maior trecho de formação produtora exposta, contribuindo para maior drenagem e recuperação dos fluidos nela existentes (principalmente se o reservatório tem pequena espessura).
- Menor queda de pressão ao redor do poço, proporcionando maior fator de recuperação.
- Menor número de poços a perfurar no reservatório.
- Menos problemas de cone de gás e água (movimentação vertical desses fluidos penetrando na área ocupada pelo petróleo).

Em poços direcionais e horizontais, há um permanente controle tanto da inclinação quanto da direção, com a determinação da profundidade medida (total extensão do poço) e da profundidade vertical (distância vertical entre a superfície e o final do poço).

c) Finalidade

Quanto à finalidade, os poços podem ser exploratórios, explotatórios ou especiais (Tabela 11.6).

Os *exploratórios* são os que visam à descoberta de novas jazidas de petróleo, a avaliação de reservas ou obtenção de dados geológicos. Recebem um código que varia de um a seis.

Os poços *explotatórios* visam à fase seguinte, isto é, produzir ou auxiliar a produção dos reservatórios encontrados. Recebem o código sete ou oito.

E os poços *especiais* são aqueles que não se encaixam nos casos anteriores, como os poços-piloto (para determinar topo e base de um reservatório que será produzido a seguir por poços horizontais), os poços de produção de água (para posterior injeção nos poços que necessitem aumentar os mecanismos de surgência), os poços de alívio para poços em acidente etc.

Os mais comuns são:

- Poços pioneiros: para descobrir hidrocarbonetos em função dos indicadores obtidos pela atuação geológica ou geofísica. Em geral são mais caros, mais arriscados e com menor taxa de sucesso, em função do desconhecimento da área e inexistência de uma curva de aprendizagem.
- Poços de extensão: visam à delimitação de uma jazida já descoberta.
- Poços de desenvolvimento: são os mais frequentes, para drenar um campo já provado e considerado comercial.
- Poços de injeção: para injetar água ou gás, aumentando a pressão no reservatório e a capacidade dos mecanismos naturais de produção.

Tabela 11.6 – Classificação de poços		
Finalidade	Tipo	Código
Exploratório	Pioneiro	1
	Estratigráfico	2
	Extensão	3
	Pioneiro adjacente	4
	Jazida mais rasa	5
	Jazida mais profunda	6
Explotatório	Desenvolvimento	7
	Injeção	8
Especial	Especial	9

11.6.1 Nomenclatura de poços

A ANP estabeleceu uma nomenclatura para todos os poços perfurados no Brasil (ANP, 2013). O nome do poço é designado por um conjunto de quatro componentes que o constituem, do tipo X– Y– Z –W.

O componente X corresponde ao código do tipo de poço (ver Tabela 11.6). É, portanto, composto por um único dígito numérico que informa a finalidade do poço.

O componente Y é composto por dois a quatro caracteres alfabéticos que informam o campo em que o poço está situado. No caso de terra, costuma-se empregar referências geográficas próximas como: cidade, vila, fazenda, rio, lago etc. Em campos *offshore*, a referência é de um elemento da flora ou fauna marítima. Assim, temos: FZB (Fazenda Belém), LUC (Leste de Urucu), MRL (Marlim), AT (Atum), CP (Carmópolis).

O componente Z informa a ordem sequencial de poços perfurados naquele campo (um a quatro caracteres numéricos), podendo ser acrescido ou não de caracteres alfabéticos (um a três) que indiquem uma característica especial do poço. Esse acréscimo pode ser:

- D: poço direcional.
- H: poço horizontal.
- P: poço compartilhado ou multilateral, quando se aproveita um poço (ou parte dele) já perfurado mas com objetivo (alvo) diverso. A motivação é a economia de não perfurar todo um trecho que pode ser aproveitado do poço já existente.
- A, B, C, E...: (repetição de um poço).
- Combinações dos casos anteriores: DP, HP, DA, HB, DPC, HPE...

Quando um poço que está sendo perfurado sofre um acidente que implica perda de um trecho, pode ser colocado um tampão, feito um desvio, reperfurado o trecho correspondente e reiniciada a perfuração até a sua conclusão (alcance do alvo). Nesse caso o poço permanece com o mesmo nome.

Já quando o acidente obriga o abandono total do poço e o início de um outro próximo à antiga locação, com o mesmo objetivo, esse novo poço recebe o nome do anterior acrescido da letra A, indicando repetição e segunda tentativa. Caso o problema se repita, um novo poço receberá a letra B (terceira tentativa, segunda repetição) e daí sucessivamente, pulando as letras reservadas (D, H, P).

O componente W é composto por dois ou três caracteres alfabéticos que indicam a unidade federativa (padrão do IBGE) em que o poço está sendo perfurado; e o terceiro dígito é S, caso o poço seja submarino (*offshore*). Assim temos BA (poços terrestres na Bahia) e RJS (poços marítimos no Rio de Janeiro). Uma exceção é a sigla BSS (bacia sedimentar submarina), que é empregada quando os limites interestaduais no mar não estão claramente estabelecidos. Isso ocorre em campos marítimos da Bacia de Santos, cuja projeção da locação em relação ao continente provoca controvérsias entre os estados de São Paulo, Paraná e Santa Catarina, e também na Bacia de Pelotas.

No caso de poços exploratórios ou especiais em que ainda não foi definido um nome para o campo, o componente Y recebe a sigla da empresa perfuradora: BRSA (Petrobras), SHEL (Shell), ELPS (El Paso), CHEV (Chevron), PTX (Partex), AURI (Aurizonia), MPE (Marítima), REPF (Repsol-Sinopec). E o componente Z recebe o número sequencial do poço perfurado pela empresa (1-REPF-12D-RJS).

Exemplos:

- 7-CP-1308-SE = poço terrestre, de desenvolvimento, 1308º perfurado no campo de Carmópolis, no estado de Sergipe;
- 1-BRSA-11B-CES = poço pioneiro, perfurado pela Petrobras na área marítima do estado do Ceará, repetido pela segunda vez, 11º perfurado pela empresa no país sem relação a um campo específico.
- 8-AB-52HPA-RJS = poço de injeção, horizontal compartilhado, primeira repetição, 52º no campo marítimo de Roncador no estado do Rio de Janeiro.
- 3-MA-18DP-RJS = poço de extensão, direcional compartilhado, 18º perfurado no campo marítimo de Marimba, no estado do Rio de Janeiro.

Referências

AEPET. **AEPET 50 anos:** pelo Brasil, Petrobras e seu corpo técnico. Rio de Janeiro, 2011.

ALHAJJI, A. F.; HUETTNER, D. OPEC and Other Commodity Cartels: a Comparison. **Energy Policy,** n. 28, 2000, p. 1151-1164.

BICALHO, R. A privatização do setor elétrico brasileiro: a experiência da década de 90. **Boletim Infopetro,** ano 7, n. 5, set./out. 2006.

_____. O pré-sal e o controle do Estado. **Blog Infopetro,** nov. 2010. Disponível em: http://infopetro.wordpress.com/2010/11/22/o-pre-sal-e-o-controle-do-estado/. Acesso em: ago. 2013.

BORGES, L. F. X. Covenants: instrumentos de garantia em *Project Finance.* **Revista do BNDES,** v. 5, n. 09, 1998, p. 105-121.

BP. **Statistical Review of World Energy,** 2013. Disponível em: http://www.bp.com/content/dam/bp/pdf/statistical-review/statistical_review_of_world_energy_2013.pdf. Acesso em: ago. 2014.

BRAGA, A.; FREITAS, P. S. A Petrobras conseguirá explorar plenamente o pré-sal?. **Site Brasil Economia e Governo.** Disponível em: <http://www.brasil-economia-governo.org.br>. Acesso em: ago. 2013.

BUCHEB, J. A. **Direito do petróleo:** a regulação das atividades de exploração e produção de petróleo e gás natural no Brasil. Rio de Janeiro: Lúmen Juris, 2007.

BUENO, R. **Petrobras:** uma batalha contra a desinformação e o preconceito. Rio de Janeiro: Anais, 1994.

CAMARGO, J. **Cartas a um jovem petroleiro:** viver com energia. Rio de Janeiro: Elsevier, 2013.

COSTA, L. M.; SILVA, M. F. O. A indústria química e o setor de fertilizantes. In: **BNDES 60 Anos:** Perspectivas Setoriais. Rio de Janeiro, v. 2, 2012, p. 12-60.

COSTA, M. A. **Comentários à lei do Petróleo:** Lei Federal nº 9478, de 6-8-1997. Rio de Janeiro: Atlas, 2009.

CREA-RJ. Submarino nuclear. **Revista do CREA-RJ,** n. 94, ago./set. 2013, p. 18-21.

CRUZ, V. Crise pode afetar pré-sal, diz Gabrielli. **Folha de S.Paulo,** 17 set. 2008. Disponível em: <http://www1.folha.uol.com.br/fsp/dinheiro/fi1709200823.htm>. Acesso em: 31 ago. 2014.

D'ALMEIDA, A. L. **Estruturação e dimensionamento de frota e pessoal numa empresa de sondagem e serviços especiais em petróleo.** 2000. Tese (D. Sc.) – COPPE/UFRJ, Rio de Janeiro, 2000.

_____. Marlim – Project Finance of the Largest Brazilian Oilfield. In: **XL Asamblea Anual de Consejo Latinoamericano de Escuelas de Administración.** Santiago, Chile, 2005.

_____. O uso de estruturações financeiras no desenvolvimento dos campos de petróleo da bacia de campos. In: **XLI Asamblea Anual de Consejo Latinoamericano de Escuelas de Administración.** Montpelier, França, 2006.

_____. Projeto Gasene – o project finance para a construção do maior gasoduto brasileiro. In: **Rio Oil & Gas Expo and Conference.** Rio de Janeiro, Brasil 2010.

EMPRESA DE PESQUISA ENERGÉTICA. **Balanço Energético Nacional 2014:** ano base 2013. Rio de Janeiro: EPE, 2014. Disponível em: <http://www.mme.gov.br/mme/galerias/arquivos/publicacoes/BEN/2_-_BEN_-_Ano_Base/1_-_BEN_Portugues_-_Inglxs_-_Completo.pdf>. Acesso em: ago. 2014.

FALCÃO et al. Perfuração em formações salinas. **Boletim Técnico da Produção de Petróleo,** Rio de Janeiro, v. 2, n. 2, 2008, p. 261-286.

FARIA, M. J. S. **Programação linear De Novo aplicada a projetos de explotação de petróleo.** 2013 Tese (M.Sc.) – IBMEC, Rio de Janeiro, 2013.

FINNERTY, J. D. **Project finance:** engenharia financeira baseada em ativos. Rio de Janeiro: Qualitymark, 1998.

FORBES. **The World's biggest public companies, 2014.** Disponível em: <http://www.forbes.com/global2000/list/>. Acesso em: 31 ago. 2014.

FRONDIZI, I. M. R. L (coord.). **O mecanismo de desenvolvimento limpo:** guia de orientação 2009. Rio de Janeiro: Imperial Novo Milênio, 2009.

FURLAN, F. Petrolíferas tomam US$ 33 bi de seguradoras. **Valor Econômico,** São Paulo, 28 fev. 2012.

FUSER, I. **Petróleo e poder:** o envolvimento militar dos Estados Unidos no Golfo Pérsico. São Paulo: Ed. Unesp, 2008.

GAO, Z. Current developments of world petroleum contracts. In: **Seminário Internacional Mineração & Petróleo:** os Novos Caminhos. Brasília, out. 1996.

GOMES, K. Engenheiro com cabeça de geólogo. **TN Petróleo,** n. 91, set./out. 2013, p. 126-129.

GUTMAN, J. **Tributação e outras obrigações na indústria do petróleo.** Rio de Janeiro: Freitas Bastos Editora, 2007.

HULTS, D. R.; THURBER, M. C; VICTOR, D. G. **Oil and Governance:** State-owned Enterprises and the World Energy Supply. Cambridge: Cambridge University Press, 2011.

HUNT, J. M. **Petroleum Geochemistry and Geology.** San Francisco: W. H. Freeman, 1979.

IBP. Estatísticas de petróleo, gás e biocombustíveis. **Monitor IBP,** Rio de Janeiro, jun. 2013.

_____. **GNV News,** Rio de Janeiro, n. 82/2013, dez. 2013.

IEA. **World Energy Outlook 2013.** Paris: IEA, nov. 2013. Disponível em: <http://www.worldenergyoutlook.org/pressmedia/recentpresentations/LondonNovember12.pdf>. Acesso em: ago. 2014.

ISMAIL, K. The Structural Manifestation of the Dutch Disease: The Case of Oil Exporting Countries. **IMF Working Paper,** n. 10/103, abr. 2010.

KENNEDY, J. L. Pre-salt development gathers speed. **World Oil,** v. 231, n. 9, set 2010, p. 67-71.

KULKARNI, P. Gulf of Mexico: permit by permit, Gulf of Mexico drilling activity returns from the dead. **World Oil,** v. 232, n. 4, abr. 2011, p. 78-90.

LITEWSKI, R. M. **Apostila de petroquímica.** Rio de Janeiro, 2012.

LOBATO, M. **O Poço do Visconde.** São Paulo: Brasiliense, 1960.

LOUREIRO, L. N. **Introdução às emissões atmosféricas na indústria do petróleo e energia.** Rio de Janeiro: Petrobras, 2013.

MARINHO JÚNIOR, I. P. **Petróleo:** política e poder. Um novo choque do petróleo? Rio de Janeiro: José Olympio, 1989.

MAUGERI, L. **The age of oil:** the mythology, history and future of the world's most controversial resource. Westport: Praeger, 2007.

MILANI, E. J. *et al.* Petróleo na margem continental brasileira: geologia, exploração, resultados e perspectivas. **Revista Brasileira de Geofísica,** São Paulo, v. 18, n. 3 2000.

NEIVA, J. **Conheça o petróleo.** Rio de Janeiro: Ao Livro Técnico, 1986.

NEVITT, P. K.; FABOZZI, F. J. **Project Financing.** London: Euromoney, 2000.

PERTUSIER, R. R. **Sobre a eficácia da Opep como cartel e de suas metas como parâmetros de referência para preços de petróleo.** 2004. Tese (M.Sc.) – IE/UFRJ, Rio de Janeiro, 2004.

PORTO, A. E. C.; GUERRA, L. C. T. **Comércio internacional de petróleo e derivados.** Rio de Janeiro: Interciencia, 2008.

RIBEIRO, M. R. **As** *joint ventures* **na indústria do petróleo.** Rio de Janeiro: Renovar, 2003.

RODRIGUES, G. Um olhar geopolítico sobre a América Latina e o Caribe. **Jornal dos Engenheiros,** n. 2.488, mar. 2000.

ROSS, S. A.; WESTERFIELD, R. W.; JORDAN, B. D. **Princípios de administração financeira.** São Paulo: Atlas, 1998.

ROSTKER, B. **Environmental exposure report:** oil well fires. Washington: US Department of Defense, 2000.

SACKS, J. D.; WARNER, A. M. The course of national resources. **European Economic Review,** n. 45, 2001, p. 827-838.

SANTOS, D. C. **Impactos e desafios do conteúdo local na indústria de petróleo no Brasil.** 2013. Trabalho de Conclusão de Curso– UFF/Engenharia de Petróleo, Niterói, 2013.

SHAH, S. **Crude:** the story of oil. New York: Seven Stories, 2004.

SILVA, J. F. F. **Análise crítica das devoluções dos blocos do pré-sal concedidos nas rodadas de licitação da ANP.** 2013. Projeto de Graduação– Escola de Engenharia, UFRJ, Rio de Janeiro, 2013.

SOHR, R. **Chao, petróleo:** el mundo y las energías del futuro. Santiago de Chile: Random House Mondadori, 2009.

SOUSA, F. J. R. **A cessão onerosa de áreas do pré-sal e a capitalização da Petrobras.** Brasília: Biblioteca Digital da Câmara de Deputados, 2011.

SOUZA CESCON, BARRIEU & FLESCH ADVOGADOS. Adotado marco regulatório do pré-sal. **Informe Infra-Estrutura,** jan. 2011.

SZUSTER, N. *et al,*. O fim do *off-balance sheet* em *project finance*: um estudo dos aspectos contábeis da consolidação de sociedades de propósito específico. **Revista Universo Contábil,** Blumenau, v. 4, n. 1, jan./mar. 2008, p. 6-24.

THOMAS, J. E. **Fundamentos de Engenharia de Petróleo.** Rio de Janeiro: Interciência, 2001.

TINSLEY, R. **Project finance:** project finance risks, structures and financeability. London: Euromoney, 2000.

TOLMASQUIM, M. T.; PINTO JÚNIOR, H. Q. **Marcos regulatórios da indústria mundial do petróleo.** Rio de Janeiro: **Synergia,** 2011.

VICTOR, M. **A batalha do petróleo brasileiro.** Rio de Janeiro: Civilização Brasileira, 1993.

YERGIN, D. **O petróleo:** uma história mundial de conquistas, poder e dinheiro. São Paulo: Paz e Terra, 2010.

ZACOUR, C. et al. Petrobras and the new regulatory framework for the activities of exploration and production of oil and natural gas in the brazilian pre-salt. **Journal of World Energy Law & Business,** v. 5, jun. 2012, p. 90.

Sites

ANP: <www.anp.org.br>.
Braskem: <http://www.braskem.com.br>.
CCEE: <http://www.ccee.org.br>.
EMBRAPA: <www.cnpso.embrapa.br>.
Fatos e dados Petrobras: <fatosedados.blogspetrobras.com.br>.
FINEP: <www.finep.gov.br>.
GWEC: <www.gwec.net>.
IPCC: <www.ipcc.ch>.
Petrobras: www.petrobras.com.br
Setebrasil: <www.setebr.com>.
Subsea Well Response Project: <http://subseawellresponse.com/>.